全球网络空间安全战略与政策研究

（2022—2023）

赵志云 孙小宁 王晴 付培国 杨彦超／编著

A Review of Global Cyberspace Security Strategy and Policy (2022-2023)

人 民 邮 电 出 版 社
北 京

图书在版编目（CIP）数据

全球网络空间安全战略与政策研究. 2022—2023 / 赵志云等编著. -- 北京 : 人民邮电出版社, 2023.12
ISBN 978-7-115-63242-5

Ⅰ. ①全… Ⅱ. ①赵… Ⅲ. ①网络安全-研究-世界-2022-2023 Ⅳ. ①TN915.08

中国国家版本馆CIP数据核字(2023)第225765号

内 容 提 要

本书从空间维度分析了全球网络安全和信息化的总体形势，梳理了美国、俄罗斯、亚洲、欧洲、非洲等国家和地区的网络安全与信息化战略和政策变化发展情况，展现出全球网络空间的总体格局与地域特色。分析了 2022 年网络安全形势与治理的月度特点和重点，描摹了全球网络空间形势的动态变化与相关政策的调整方向。针对一些国家和地区的重要战略政策文件、法律法规等进行深度研判，对俄乌冲突中的网络信息对抗、数据泄露、数据跨境流动、全球半导体政策等热点议题进行了深度分析，全景式展现和反映了全球网络空间安全政策变化形势。

本书主要面向党政机关、事业单位、高校、科研机构、企业等相关从业人员，以及对网络空间安全感兴趣的读者，可以帮助读者了解全球网络空间安全的方方面面。

◆ 编　　著　赵志云　孙小宁　王　晴　付培国　杨彦超
　责任编辑　唐名威
　责任印制　马振武
◆ 人民邮电出版社出版发行　　北京市丰台区成寿寺路 11 号
　邮编　100164　　电子邮件　315@ptpress.com.cn
　网址　https://www.ptpress.com.cn
　北京捷迅佳彩印刷有限公司印刷
◆ 开本：700×1000　1/16
　印张：18　　　　2023 年 12 月第 1 版
　字数：295 千字　　　　2025 年 1 月北京第 3 次印刷

定价：169.80 元

读者服务热线：(010) 53913866　印装质量热线：(010) 81055316
反盗版热线：(010) 81055315
广告经营许可证：京东市监广登字 20170147 号

前言

科幻电影《流浪地球 2》中，有重启根服务器以启动“行星发动机”的桥段，也有人工智能帮助人类实现“流浪地球计划”的内容。目前，对宇宙中人类命运这一恢弘主题与虚拟世界中的网络技术融合的描述与讨论，在诸多科幻文学作品和电影中已经屡见不鲜。网络技术和数字科技正以前所未有的速度渗透、融合到现实世界，一个更加智能泛在、虚实共生的时空正在全面展开，一个与物理世界深度融合的数字世界正在向我们走来。

俄乌冲突中，大规模网络战、信息战与传统战争的结合在人类历史上尚属首次。网络空间的冲突较量已成为地缘政治博弈乃至世界百年未有之大变局之下的关键因素。2022 年，全球网络空间安全态势更加复杂紧张，新兴技术发展与布局出现新的动向，各国的相关政策与布局也出现了调整。“大风起于青萍之末”。2022 年发生的许多事情已经影响到当下，并将影响到未来，因此对其做一个全面的梳理、总结与分析是一件有意义的事情。

本书力图通过对 2022 年全球网络安全与信息化动向的观察以阐幽明微，展现时代发展中复杂而多变的网络空间真实现状并展望未来走向。本书第 1 章从空间维度分析了全球网络安全和信息化的总体形势，全面覆盖了美、俄、亚洲、欧洲、非洲等国家和地区。编者希望通过对不同国家和地区的相关发展情况与布局的梳理、分析和研判，展现出全球网络空间的格局分布与不同地域特色。第 2 章则是基于时间线展开，希望通过对 12 个“时间切片”的观察，描摹出 2022 年全球网络空间形势的动态变化与相关政策的调整与发展方向。第 3 章对一些国家和地区的重要战略和立法进行了梳理和分析。第 4 章对 2022 年的热点事件、热点话题进行了系统梳理和深入分析，涉及俄乌冲突中的网络空间交锋、数据跨境流动、元宇宙、Web3.0 等。第 5 章选编了若干国家和地区的重要战略文件，供读者参阅。

本书包含 2022 年全球网络安全与信息化发展的总体形势，读者可以将之作为“网络空间 2022 年年历”而“观其大略”；本书对重要战略文件进行了摘编，对热点问题进行了分析，政府部门和研究人员可将之作为参阅或研究对象；由于本书中罗列了诸多案例，将之作为一本“黄页”或“词典”以供查询、索引，也未为不可。

本书通俗易懂，重点介绍事件、分析问题、总结特点、提出建议，并不涉及复杂的技术细节，相信读者可以顺畅地阅读本书。由于编者水平有限，书中编者所作之分析、所提之建议难免存不妥之处，恳请业界专家、广大读者朋友批评指正。

作　者

2023 年 6 月

目 录

第 1 章

2022 年全球网络安全和信息化发展总体形势

1.1 美国网络安全和信息化综述
1.2 德国网络安全和信息化综述
1.3 法国网络安全和信息化综述
1.4 英国网络安全和信息化综述
1.5 俄罗斯网络安全和信息化综述
1.6 日本网络安全和信息化综述
1.7 韩国网络安全和信息化综述
1.8 印度网络安全和信息化综述
1.9 欧盟网络安全和信息化综述
1.10 非洲网络安全和信息化综述
1.11 其他国家网络安全与信息化重要战略与举措

1.1 美国网络安全和信息化综述

2022年，美国政府在网络安全和信息化方面倾注的精力更多，国家安全战略立法等顶层设计更多着墨网络安全，并成立专门组织和相关委员会、专业小组等部门或者组织推动战略规划的落地实施，持续推动高新数字技术研发应用，力图抢占高科技阵地，更加注重强化与盟友之间的合作，推动“扩圈联盟”。对外继续泛化国家安全概念，深度介入俄乌冲突，借机打压中国、俄罗斯等互联网高科技企业。

一、美国网络安全和信息化主要政策措施

（一）网络安全是关注重点，多方面推进网络安全能力建设

一是出台多项涉及网络安全的战略规划。美国《2022年国家安全战略》着力将网信领域渲染成对美国家安全产生威胁的重要话题，要求制定网络空间规则、构建集体快速响应能力，扩大执法合作、应对网络攻击，投资先进技术、增强军队战场部署能力，推动构建全球负责任国家网络空间行为框架。网络安全也成为《国防授权法案》（NDAA）重要议题。该法案要求美国军方、国防部及情报部门评估对手网络攻防实力，强调微电子供应链安全，重视美国军队信息网络、工控网络、武器系统网络安全运维和网络攻防能力建设，强化军方网络人才队伍建设等。此外，美国政府多个部门发布网络战略及规划，如美国网络安全与基础设施安全局（CISA）发布了“2023—2025年战略计划”，明确了加强网络防御、降低风险与增强恢复能力、推动业务合作和信息共享、深化机构整合四大网络安全目标。美国政府问责局（GAO）发布“2022—2027年战略计划”，在“确保国家的网络安全”部分，提出评估建立全面的国家和全球网络安全战略的成效并实施有效的监督、保护联邦系统和信息的安

全、保护国家关键基础设施免受网络威胁并及时做出响应、保护隐私和敏感数据等战略目标。美国司法部（DOJ）发布《2022—2026 财年战略规划》，为应对勒索软件攻击设定新目标，以保护数字供应链、联邦信息系统和关键基础设施免受漏洞影响。美国国务院情报与研究局（INR）发布了一项网络安全战略，强调要“主动寻找潜在威胁”，优先考虑和利用新技术，建立现代IT基础设施、软件、硬件和系统等，有效应对“实时威胁”，从被动的网络安全转向主动的网络安全。

二是围绕网络安全发布多项总统行政命令。1 月，美国总统约瑟夫·拜登签署《关于改善国家安全、国防部和情报界系统网络安全的备忘录》，为美国国防部、情报界和其他联邦机构运行的敏感国家安全系统提出了新的网络安全要求。3 月，拜登签署《关键基础设施网络事件报告法》，以及时地开展网络事件报告和信息共享，保护关键基础设施；拜登还延长了“国家紧急状态”，以应对日益普遍和严重的恶意网络威胁，具体包括对美国国家安全、外交政策、经济健康或金融稳定构成重大威胁的关键基础设施入侵、数据窃取事件等。

三是推出系列涉及网络安全的两党法案。2022 年，美国两院及其下属委员会通过了一系列涉及网络安全的法案，从抵御网络攻击、评估网络风险、改进漏洞报告机制、加强网络安全培训、增加对下一代通信技术的投资等多个方面进行立法，不断完善美国的网络安全保障能力。相关法案包括《小企业管理局网络意识法案》《国家网络安全防范联盟法案》《保护开源软件法案》《联邦数据中心增强法案》《量子计算机网络安全防范法案》等。

四是联邦政府多措并举提升网络安全。美国国务院正式成立网络空间和数字政策局（CDP），重点关注国家网络安全、信息经济发展和数字技术三大领域，负责牵头落实拜登政府的网络外交政策，统筹美国针对其盟友及伙伴的“网络能力援助”，强化美国在全球网络及新兴技术规范标准领域的话语权。CDP 设置三个处：国际网络安全处主要关注国际网络安全问题，例如网络威慑、政策制定以及与盟友和对手的谈判；国际信息和通信政策处致力于数字政策工作，例如与国际电信联盟和其他标准制定机构合作，促进多边议程等；数字自由处旨在推进数字自由，如在线保护人权、与民间社会加强合作等。美国国土安全部（DHS）成立网络安全审查委员会（CSRB），负责审查和评估重大网络安全事件，提升网络安全水平。美国 CISA 在伦敦开设办事处，以推进其在网络安全、关键基础设施保护和应急通信等方面的工作。在资金投入与人才队伍建设方面，9月，美国政府宣布启动价值10亿美元的网络安全拨款计划，以帮助州、地方政府更好地防御网络威胁并加强关键基础设施安全。7月，美国白宫召开国家网络人才和教育峰会，推出了为期120天的网络安全学徒冲刺计划，以培养合格且多样化的网络安全劳动力。

（二）数据、隐私保护是重要议题，隐私立法和数据跨境流动合作加速推进

2022年以来，美国各州延续了之前争相出台消费者隐私保护法的潮流，持续关注消费者数据和隐私保护。如爱荷华州众议院通过《爱荷华州消费者数据隐私法案》，康涅狄格州签署《康涅狄格州数据隐私法》（CTDPA），加州隐私保护局修订《加州隐私权法案》（CPRA）草案。美国两院提出或通过了包括《数据消除和限制广泛跟踪与交换法案》《促进公平数据使用的建议》《保护美国人数据免受外国监视法案》《改善数字身份法案》等在内的诸多法案，在规范数据经纪人行为、防止私人敏感信息出口、推动美国数字身份基础设施现代化、促进公平数据使用等方面进行明确要求。考虑到数十个州不同的隐私法规可能带来碎片化执法的严重风险，美国统一法律委员会（ULC）提出了一项示范法案——《统一个人数据保护法》（UPDPA），为各州的立法提供了更适合于商业的隐私法律框架。

同时，美国高度重视数字隐私技术的研究，众议院通过了《促进数字隐私技术法案》，法案关注的领域包括：研究个人信息剥离、假名化、匿名化或模糊化技术，以减轻数据集中的隐私风险，同时保证公平性、准确性和效率；用于保护个人隐私的算法和其他类似工具；与其他相关联邦机构和项目协调的隐私增强技术研究奖，为数据与隐私保护提供技术保障。

推动美国主导的跨境数据流动圈进一步扩大，在与欧盟跨境数据流动方面取得重要进展，如美国和欧盟达成新的《跨大西洋数据隐私框架》，发布关于欧盟—美国数据隐私协议的行政命令，进一步促进美欧数据传输。美国发布“全球跨境隐私规则”宣言，联合其盟友成立全球跨境隐私规则（CBPR）论坛，推动建立全球数据流动的国际认证体系，定期审议成员的数据保护和隐私标准，将亚太经合组织（APEC）框架下的跨境隐私规制体系转变成全球规则，致力于在数字经济国际规则制定中掌握主动。

（三）新技术新应用是立法和投资热点，坚持推动发展与规范治理同步进行

美国推出的《国防授权法案》《美国创新与竞争法案》《2022年芯片与科学法案》《下一代电信法案》等重要法案，均有激励微电子和半导体、人工智能（AI）、量子技术、机器学习、先进制造等新技术研发和应用的专门章节及条款，为美国新技术研发和应用提供了政策、资金以及机制保障。特别是美国的《2022 年芯片与科学法案》，被称为标志“美国在 21 世纪领导地位的转折点”。该法案涵盖两个重要方面：一是向半导体行业提供约 527 亿美元的资金支持，以鼓励企业在美国研发和制造芯片，并为企业提供 25% 的投资税抵免；二是在未来几年提供约 2000 亿美元的科研经费支持，尤其是在人工智能、机器人技术、量子计算等前沿科技领域，以巩固与扩大美国科技产业优势。美国政府宣布追加 15 亿美元资金用于“建设和升级”联邦政府的国家实验室。美国 FCC 重新设立了技术咨询委员会（TAC），助力美国人工智能和 6G 发展。美国国家人工智能咨询委员会（NAIAC）成立了五个工作组，集中精力开展人工智能工作。此外，美国政府愈发重视对关键技术、供应链的安全审查与出口管制，通过列出所谓的“国家安全威胁清单”等措施加强对电信设备、产品的管理，以维持高科技领域领先地位，确保竞争力和国家安全，体现出“科技冷战”态势。

在大力推动高新技术发展的同时，美国也注重对加密货币、人工智能、量子技术等新兴技术与应用的规范管理与风险防范。3 月，拜登签署《关于确保负责任地发展数字资产的行政命令》，呼吁政府机构对加密货币的风险和益处进行深入研究，呼吁监管机构“确保充分监督并防范数字资产带来的任何系统性金融风险”。美国司法部成立国家加密货币执法小组，打击非法滥用加密货币和数字资产。5 月，白宫发布《提升国家安全、国防和情报系统网络安全备忘录》，概述了美国政府应对量子计算威胁的计划。9 月，美国信息技术产业协会（ITI）发布了《实现人工智能系统透明度的全球政策原则》，强调透明度是开发负责任和可信赖的人工智能系统、避免意外或有害影响的关键部分。

（四）“拉帮结派”成为重要抓手，在各个领域大力推行美式规则

一是推动网络安全领域合作，积极打造“小圈子”。5 月，美日印澳“四国峰会”领导人发布联合声明，承诺采取交换威胁信息、识别和评估数字化产品和服务供应链的潜在风险、协调政府采购软件的安全基础标准、改善软件开发生态系统等措施加强国家关键基础设施保护。10 月，美国和来自欧洲的 36 个国家签署《2022 年国际反勒索软件倡议联合声明》，承诺建立对勒索软件的集体防御能力。北约、七国集团（G7）分别发布联合声明，协同加强网络安全防御，推动威胁信息共享；美国与东盟十国举行首次特别峰会并发表共同愿景声明，致力于提高网络安全能力，提升数字素养和包容性。网络安全演习方面，北约召集乌克兰和北约国家的网络专家举行大型网络防御演习；“五眼联盟”等国家共同开展“网络旗帜”（Cyber Flag）演习。

二是推动在关键和新兴技术领域合作，积极塑造美国主导的全球产业链、供应链。美国和印度宣布启动一项新的印美关键和新兴技术倡议，专注于在人工智能、半导体、5G/6G、量子计算、生物技术和空间技术等领域加强两国政府、产业界和学术界的关系。美国“6G联盟”和欧洲“6G智能网络与服务行业协会”签署了一份谅解备忘录，就双方在共同感兴趣的6G通信系统和网络领域的工作计划交换信息。7月，美国联合17个伙伴经济体在“供应链部长级论坛”上发表《关于全球供应链合作的联合声明》，提出了针对全球供应链的四大原则，通过合作疏导运输、物流、供应链中断瓶颈，应对未来将面临的挑战。美国—欧盟贸易和技术委员会（TTC）在巴黎举行第二次部长级会议，将从扩大中小型企业对数字工具的使用范围、保护关键供应链两个方面来深化美欧合作。

三是试图在数字领域重塑国际规则。美国提出要利用“印太经济框架”和“美洲繁荣经济伙伴关系”等机制为数字经济规则“建章立制”。10月，美国新版《国家安全战略》将网络空间和数字经济放在了“重塑国际规则”一章，推测网络空间和数字经济的国际标准、国际协作、国际规则将是未来几年的重要发力点。4月，美国联合50多个国家签署并发布《互联网未来宣言》，强调“互联网分裂”日益严峻，阐释“网络空间面临的一系列威胁”，并提出了“关于互联网和数字科技的一系列关键原则”，推动制定符合美西方价值观与利益的网络空间行为准则。

（五）俄乌冲突成为网络空间“试炼场”，政企深度介入并影响危机走势

俄乌冲突爆发后，美国政府部门、企业等纷纷介入冲突，并在网络空间、高科技领域制裁俄罗斯。6月，美国网络司令部司令兼国家安全局局长保罗·中曾根（Paul Nakasone）公开承认，俄乌冲突爆发后，美国对俄罗斯发起过进攻性的网络活动“前出狩猎”。欧盟委员会和美国发表联合声明，双方将致力于推进网络安全合作，努力协调网络安全援助，并为乌克兰和摩尔多瓦政府提供互联网接入。美国国防部（DoD）10月表示，作为第24次对乌安全援助的一部分，其将向乌克兰提供四个卫星通信天线，旨在帮助乌克兰对抗俄罗斯军队，给俄罗斯军事行动及国内经济社会造成巨大压力。美国还与十多家民用卫星公司签署协议，合作公布乌克兰卫星图片，监视俄军动向并将其发布于社交媒体，助力乌克兰军事行动。美国大型互联网企业加入对俄信息作战与制裁。美国骨干互联网供应商Cogent通信干线切断了与俄罗斯供应商的联系，网络安全公司Sectigo停止了向俄罗斯人发布SSL证书，域名服务提供商Namecheaper停止了对俄罗斯域名的维护等，对俄罗斯发起了“断网行动”。美国资助埃隆·马斯克（Elon Reeve Musk）向乌克兰提供星链服务，帮助乌克兰军队奇袭俄军坦克等军事目标；美国微软（Microsoft）公司向乌克兰用户提供安全防护，移除攻击乌克兰服务器的foxblade木马程序。

（六）对华博弈打压不断升级，在关键核心技术、产品方面加大对华遏制力度

2022 年，美国持续泛化“国家安全威胁”，并以此为借口对中国科技企业进行打压。5 月，美国商务部工业与安全局发布网络安全出口管制的最终规则，禁止未经许可向中俄及其他重点国家出售任何黑客软件及设备。据统计，截至 2022 年 12 月 12 日，被美国商务部列入“实体清单”的中国实体已达 2029 个，横跨通信、金融、交通航运等多个领域，包括华为、中芯国际这样的前沿科技企业。其中，中国企业达 1000 多家。美国在芯片领域打压中国尤为突出。8 月，拜登政府签署《2022 年芯片与科学法案》，以打压中国芯片发展。该法案中的两项财政补贴计划都包含针对中国的约束性条款。一方面，在美国建厂的半导体公司，如果同时也在中国或其他潜在“不友好”国家建设或扩建先进的半导体制造工厂，将无法获得该法案补贴；中国军事实体也不得参与该法案所授权的芯片相关计划。另一方面，虽然法案提供大量科研资金，但将禁止与中国有教育合作关系（即孔子学院）的大学获得研究经费，除非大学确保对孔子学院有完全管理权，才能获得豁免。此外，美国还搭建“芯片四方联盟”，试图抓住芯片业龙头区域的产业链、人才、上下游企业等要素，组建芯片“小圈子”遏制中国在半导体领域的发展势头，将中国排除在半导体产业链之外。12 月 15 日，美国商务部发布公告，将 36 家中国实体列入美出口管制“实体清单”，其中包括寒武纪、合肥兆芯电子、长江存储及其日本子公司等芯片、半导体制造企业。

美国以国家安全为由勒令社交媒体平台及科技公司交出核心数据。美国多个部门围绕TikTok进行炒作，要求TikTok等社交媒体平台交出核心算法、用户数据，严令其将数据存储在美国甲骨文公司（Oracle）；美国政府还要求赴美上市公司交出审计底稿和涉及国家安全的用户数据，遏制外国企业发展。

二、美国网络安全和信息化布局特点与趋势

（一）注重体系建设和落地实施，网络安全范畴不断扩大

美国网络安全及信息化领域的发展，更加注重体系建设与落地实施，相比之前美国在策略上的“雷声大雨点小”有了改进，相关战略和法案将成为美国推动网络安全和信息化发展治理的重要抓手。尤其是2022年，高度重视网络安全，通过发布行政命令、立法、制定战略计划等多项举措，赋予网络安全机构更大的权力，加强网络安全能力建设顶层规划，将网络犯罪、网络安全准则、软件和供应链安全、网络恢复能力、网络审查、威胁情报收集分析、保持新兴技术领先地位等新要求、新变化纳入保障网络安全的范畴，不断完善美国的网络安全框架和国家战略，提升网络安全防御能力，巩固网络安全保护屏障。同时，大力加强对网络安全和信息技术的投入，通过各种法案、计划、方案，加大网络安全预算资金，加强网络安全培训，更新网络知识，提高实战经验。各项具有实质性落地内容、聚焦科技前沿领域竞争的法案顺利通过和实施，其趋势和后续影响不容小觑。

（二）注重政企协作和官民配合，科技企业作用凸显

一方面，美国政府重视政策法律对企业的指导性作用，充分调动各方积极性，提高企业对关键基础设施防护的支撑作用，出台相应政策标准加强对企业安全防护的指导和强制性要求，有效落实美国“数字化进程”中强化安全和隐私保障的目标。另一方面，美国科技企业积极响应政府系列战略举措。谷歌（Google）公司称已斥资9000多万美元，增加资源、系统和人员配置，改进关于数据治理法律程序合规计划；Babel X软件公司与美国联邦调查局签订了美国政府机构有史以来签订的最大的监控软件合同，跟踪社交媒体进行“预测分析”；推特（Twitter）成立工作组，监控美国会大厦暴乱一周年相关内容；脸谱网（Facebook）、优兔（YouTube）表示将持续监控并及时删除平台上有害内容；微软、亚马逊（Amazon）等公司配合美国国防部共建军民两用的“太空互联网”等。各个社交巨头在俄乌冲突中也发挥了在国际舆论中的强大影响力，配合美国政府深度介入并影响国际局势，体现了政府与企业合作影响全球重大事件的趋势。

（三）注重联合盟友和合作伙伴，强化国际网络空间合作及影响力

美国通过网络外交政策手段，不断修复与盟国的关系，在国际电信联盟

（ITU）、区域互联网治理论坛（IGF）、APEC等国际组织与平台，通过多、双边对话交流机制及国际会议交流，强调与盟友加强合作的立场，并与欧洲国家、日本、澳大利亚等达成了合作共识，强化其国际影响力。一是构建技术联盟抢抓主导权。利用欧美贸易和技术委员会等机构和领导人峰会，推动跨大西洋数字经济、隐私保护、网络安全防护、新科技研发等合作发展。二是利用“五眼联盟”等既有组织，进一步利用云计算、大数据、人工智能等新技术、新应用，在原有互信基础上建立军事联盟关系，增强网络空间主导权和安全性。三是积极构建网络集体防御体系。美国通过北约网络防御组织不断扩展全球协同联防能力。韩国、日本加入北约合作网络防御卓越中心（CCDCOE），北约在亚太地区进一步扩展势力影响，为美国前置防御战略提供有效支撑。

（四）网络空间敌我意识愈发强烈，大国博弈竞争成为主题

无论是积极扶持本国高新技术产业发展，还是通过政策立法、技术封锁、结盟等方式遏制打压俄罗斯、中国，都体现出美国在网络空间逐步构筑“铁幕”“高墙”，美国分裂网络空间的趋势更加凸显。新兴技术是美国大国博弈的重要手段，美国政府发挥早期的技术优势为产业加码，对内出台网络安全相关政策加强供应链安全和技术出口管制，对外加强安全审查、加大对外国信息通信技术的管控，力图维护本土产业的竞争力。当前，美国正在以更宏大的历史视角来看待中美科技博弈，一边在国际网络空间不断抹黑、打压、污名化中国，一边调整科技遏华策略，网络空间成为中美博弈的关键领域。

三、启示建议

（一）持续完善顶层设计、法规建设，全面提升网信领域发展治理水平

持续完善中国网信领域发展的战略规划与相关法律法规，在制度设计、政策支持等方面推动网络安全与信息化发展，对于与美国网信相关的战略、法案、政策重点，及时分析研判，一方面可借鉴其合理条款和内容，另一方面要警惕美国打压和限制中国信息产业和科技企业相关政策举措，未雨绸缪，做好主动应对和风险防范。

（二）坚持自力更生、艰苦奋斗，推动网信领域关键核心技术发展

聚焦网络信息核心技术的自主研发和科技创新，加强对核心技术攻关的政策、资金、人才保障力度，推动在芯片制造、量子加密、人工智能等战略性技术上取得新的重大突破。同时，发挥我国作为全球中间产品供应链枢纽的优

势，加快与全球高技术产业链深度融合，有效应对美西方对我国网信领域技术和产品的打压。

（三）坚持对外开放、合作共赢，积极在国际场合推出中国方案

坚持网信领域高水平开放，积极与新兴国家、发展中国家等加强政策协调、技术交流、信息互通、市场整合、人才培养合作，强化网信领域国际交流与合作。充分利用联合国、中非合作论坛、上合组织、金砖国家等多种国际平台，宣介中国理念与中国方案。积极参与双、多边网络安全和数字经济规则谈判，围绕网络安全、数据隐私保护、数字贸易与数字治理相关议题，共同探讨制定反映各方意愿、尊重各方利益的网络空间治理和数字经济发展国际规则，提升中国国际影响力和话语权。

1.2 德国网络安全和信息化综述

2022 年，德国加大对网络安全和信息化的投入，以数字化建设为引领，不断加强网络安全防御能力，维护德国的数字主权和国家利益，抢夺信息技术话语权，维护德国的网络空间安全。相关情况综述如下。

一、德国网络安全和信息化主要政策措施

（一）更新数字化战略，推动“数字化觉醒”

2016 年，德国多个部门联合推出“数字战略 2025”，首次对数字化发展做出统一安排，提出了十个行动步骤，涉及数字基础设施扩建、促进数字化技术和研究投资与创新、发展智能互联、加强数据安全并发展信息化主权等。德国在此战略的基础上，对未来数字化战略进行了重新设计。德国联邦数字化和交通部 2022 年主导编制了新“数字战略”草案，并于 8 月 31 日提交内阁讨论。新战略以“全面数字化觉醒”为口号，以“共同创造数字化价值”为既定方针，聚焦相关经济和技术政策。新战略草案总结了联邦政府在数字化跨领域主题中的优先事项，确定了三个重点行动领域：网络和数字主权社会；创新经济、工作环境、科学和研究；学习型、数字化国家。与原有战略相比，新战略不仅确立了更为长远的规划，且在行动领域上更为集中，突出了基础设施建设、科学与研究等重点领域。同时，为保障战略的实施，德国联邦数字化和交

通部成立了一个咨询委员会，其职责包括：对战略进行指导和调控，在欧洲层面实现横向协调，在中央和地方实现纵向协调，广泛吸引经济和社会领域力量参与；建立涵盖 135 个目标的数据库，对战略实施进展进行评估；制定科学的政策措施分析指南，以衡量该战略的影响，并提出调整建议。

（二）重视网络安全防御，提升国家网络弹性

受俄乌冲突、新冠疫情等因素给网络空间安全带来的影响，德国在 2022 年持续关注网络安全态势，正如德国内政部长南希·费泽（Nancy Faeser）所言，“鉴于爆发的俄乌冲突，我们面临着巨大的变化，这要求我们对网络安全进行战略重新定位和重大投资。”

一方面，德国加强了涉及网络安全的研究攻关。德国网络安全创新局在俄乌冲突爆发后提交了 2022—2025 年战略文件，将在“安全社会”“安全系统”“关键技术”三大重点领域，发起、资助、控制和委托“网络安全领域开创性的、面向未来的研究项目”，在网络安全领域“找出可能具有突破性的创新”，从而使德国在这一领域拥有战略优势。另一方面，德国推出一系列网络安全强化计划，力图强化政府部门网络安全、提升行业网络弹性、加强基础设施安全等。德国政府 7 月宣布了增强国家网络防御的计划，包括提高中小型企业和提供交通、食品、卫生、能源和供水等关键服务的企业的网络弹性，以及为联邦政府引入安全的中央视频会议系统。该计划还包括建设各州和联邦机构之间交换网络攻击信息的中央平台，以及推动情报机构和警察部门的IT基础设施现代化的计划。德国联邦信息安全办公室（BSI）7 月还发布了一套最低标准草案，提出了一系列针对政府部门使用浏览器的安全标准，禁止联邦雇员在政府事务中使用不合规的浏览器，增加政府部门设备的安全性，杜绝潜在安全隐患。

（三）强化反垄断监管权力，维护本国数字利益

2021 年，德国联邦议会通过了《德国反限制竞争法》第十修正案，其中第 19 条a款规定，反垄断监管机构联邦卡特尔办公室（FCO）可以禁止具有显著跨市场竞争影响力的公司从事反竞争行为，实际上强化了反垄断机构事前监管的能力。该修正案正式实施后，FCO充分利用新法规赋予的权力，对科技巨头的反竞争行为进行严厉打击。2022 年 1 月 5 日，FCO将谷歌指定为“对市场具有关键影响力”的公司，谷歌成为第一个获得该标签的公司。FCO可根据最新的反垄断法赋予的权限，就谷歌的个人数据使用方式以及Google

News Showcase新闻平台产品展开广泛调查。该机构同时表示，考虑将调查进一步扩及亚马逊、苹果和Meta公司。此后，德国监管机构频频对数字市场开展反垄断监管行动。6月14日，FCO宣布对苹果追踪第三方应用的方式展开调查，以确定其对第三方应用程序的追踪规则是否给予了自己优惠待遇，或在打击大型科技公司权力的最新行动中削弱了竞争对手；6月21日，FCO对谷歌公司展开调查，理由是其涉嫌限制谷歌地图与第三方地图服务相结合；11月，FCO表示扩大了对美国电子商务巨头亚马逊的两项调查。

（四）寻求“战力突破”，网络军事化进程明显加快

长期以来，由于历史和现实多种层面的特殊性，德国国家安全政策一直较为克制。但受时局影响，德国开始着手制定新的国家安全战略。从各方面透露的信息来看，该战略无论是范围还是资金投入方面都较为“激进”。德国外交部3月18日启动的国家安全战略讨论会上，与会者提出将安全概念延伸至经贸、科技、能源、数字、网络安全乃至发展援助等领域。网络可能成为其未来国家安全概念下的重点领域。尤其是德国一直将发展网络战部队视为摆脱“军事克制”的重要举措，德国倾向于认为“俄乌冲突为德国提供了在全球网络空间舞台上定位自己的独特机会”。2022年上半年，德国网络战部队启用了高性能量子计算机，以开展数据分析和技术开发等工作，德国是欧洲首个将该技术应用在网络空间领域的国家。有媒体认为，该举措凸显出，德国网络战部队已经借助人力、财力和技术等优势开始在欧洲地区网络和军事安全事务中扮演重要角色。

同时，受俄乌冲突等刺激，德国国防建设在2022年大幅“松绑”，部队数字化建设有望提速。2022年6月3日，德国联邦议院投票批准了一项1000亿欧元的特别国防基金，使德国国防开支达到GDP的2%，成为全球第三大军费开支国。借此机会，德国进一步提升网络数字技术在军队中的应用，提出将投资210亿欧元，用于推动部队数字化建设，提升通信能力，使部队能够通过安全加密进行通信。

（五）加速技术创新应用，强化技术主权建设

德国是欧盟技术主权的倡导者和重要推动者，并一直通过推动自身的技术主权实践来维护欧盟的数字主权。2022年，德国的技术主权实践在政策设计、机构设置、资金保障等方面持续推进。德国新《数字战略》将网络化、数字化主权作为重要内容，提出“德国技术和数字主权是联邦政府数字和创新政策的指导原则，并隶属欧洲战略主权的高级目标。技术和数字主权是加强行动能力和减少依赖性所必需的。”德国将针对性地鼓励并促进创新，扩展诸如软件开发和微芯片、传感器、人工智能、量子计算机、通信技术等关键技术领域的能力，扩建先进的数字基础设施，持续鼓励并促进开源方法发展。2022 年 10 月 25 日，德国联邦教研部官网公布《研究与创新未来战略》草案。该草案取代 2018 年发布的“2025 年高科技战略”，成为德国科研创新的新指导战略。该草案主要聚焦科研创新领域目标、里程碑式研究事项和优先发展领域等，旨在增强德国创新实力、确保欧洲技术主权。为加速技术应用转化，德国联邦教研部 4 月 11 日启动了转移和创新署（DATI）的组建，该机构将发挥区域创新孵化器的作用，对现有资助计划进行统筹，对知识转移、创新生态体系和区域进行系统链接，同时调动尚未充分发掘的创新潜力。

除政策和机构保障之外，德国还加大了资金投入，通过设立专项基金来推动技术主权的产业化发展。2022 年 2 月，德国与其他 15 个欧盟成员国签署联合声明，成立拥有 100 亿欧元的“欧洲技术冠军倡议”（ETCI）基金，重点资助领先规模企业和科技公司；5 月，德国又启动主权技术基金以支持支撑互联网的开源软件，确保数字基础设施安全。

二、德国网络安全和信息化动向与影响

（一）强调技术主权将导致德国对外合作的矛盾心态

德国深刻认识到自身乃至欧洲在网络和数字化领域与中美的差距，因此进一步旗帜鲜明地推动“技术主权”。尤其是当前德国政府在增强德国技术主权以及未来数字政策的发展方向上形成了跨党派共识，其网络安全和信息化施政方面有着强烈的战略自主倾向。如其在新版《数字战略》中提出“数字化主权社会”；在《研究与创新未来战略》中新增“技术主权”主题，推动“保障德国和欧洲技术主权”等。强调技术主权的背后，是德国在数字经济时代做大做强本国产业的愿景，以及掌握关键技术的迫切愿望。在中美博弈的大背景下，强调技术战略自主能避免德国完全倒向美国，但同样使德国对中国的数字技术和数字基础设施保持警惕态度。未来德国的网络空间国际合作，尤其是技术、产业、市场等方面的合作，至少在短期内仍将面临“选边站”的困境。

（二）国家安全概念泛化或导致德国网络主张日趋“激进”

在欧盟 2022 年 3 月批准“战略指南针”行动计划和 6 月 29 日批准的北约

新战略构想框架下，德国联邦政府正在力推制定二战后首份《国家安全战略》，这体现出德国实行“积极有为”安全政策的政治愿景。虽然该战略目前因种种原因仍处于“难产”状态，但已经释放鲜明的“泛安全化”的信号，尤其是将在继续推动“价值观”外交的基础上，推动德国在经贸、科技、网络安全、数字合作等领域的国际制度安排方面发挥重要作用。基于这种路线，德国在网络部队方面的建设可能仅仅是“先行军”。默克尔时代为德国建立的“东西方协调者”角色可能面临颠覆，其未来在网络安全、国际技术合作、数字供应链等方面的对外合作和国际规则制定中可能更加会采取保障或提升本国数字主权与能力的立场。

（三）技术产业发展水平将制约德国网络和信息化战略施行

德国虽然提出发展“网络强国”的决心，但当前其面临的阻碍问题仍然未看到解决方案。一方面，德国数字产业发展的“存量”不尽如人意。欧洲高等商学院欧洲数字竞争力中心2022年1月发布的《2021年全球数字竞争提升情况报告》称，德国2021年数字竞争力分数下降176分，在产业生态和数字经济观念两项中分别倒退77分和99分，与全球数字经济快速发展的国家拉开更大差距。欧盟委员会发布的《2022年数字经济与社会指数》报告显示，德国在欧盟成员国中数字基础设施整体水平排名第11，在企业数字技术整合方面排名第18，中小企业的数字化水平也不容乐观。作为欧洲最大经济体，德国的数字基础设施建设存在明显短板。与此同时，德国数字技术领域还面临着网络人才缺乏的难题。另一方面，德国在数字产业和技术方面未进行科学的“增量”规划。德国在2022年确立了对量子技术的发展规划，但对于云计算、大数据等未予以足够重视，寄希望于“跨越式”发展将面临较大难度。同时，除了在新“数字战略”草案对“光纤入户”提出了发展目标之外，对其他数字基础设施的建设并未进行前瞻性规划，这方面的短板将持续存在。

三、总结与启示

德国2022年在网络空间和数字领域的动向表明，德国建立“积极有为”的网络大国的积极性正在上升。受制于技术发展水平和联合政府执政下的理念，德国战略目标的实现仍让人存疑。但其在数字经济尤其是在网络军事力量建设方面具有强烈的国内共识，将在新一届政府的推动下出现更大的转向，“谨慎克制”的政策有可能逐步被打破，其转变速度及可持续性与欧洲安全局势的发展演变息息相关。

在网络安全议题上我国与德国仍旧缺乏广泛互信，这成为中德深化网络空间交流合作面临的一大挑战。中德作为网络空间的两个大国，追求并维护一个开放、自由、和平、安全、有序的网络空间不仅符合各自利益，也是大国应有的责任担当。一方面，在尊重各自的数字主权的基础上，推动两国在数字经济、网络空间多边治理等方面的合作，努力实现优势互补、合作共赢。另一方面，我们应密切关注德国及欧盟的政策动向，积极主动推进双边对话机制建设，呼吁其在网络空间政策制定方面避免被美国所裹挟，努力消除意识形态偏见，增信释疑，促进共识，持续深化务实合作。

1.3　法国网络安全和信息化综述

2022年，法国网络空间和数字战略按照既有战略持续推进，既强化政府的主导作用，也发挥行业力量；既保障国家安全，也兼顾“私有权利”；既强化自身能力，也意图继续“领导欧洲”。

一、法国网络安全和信息化主要政策措施

（一）高度重视网络安全，构建公私合作的保障体系

法国在对世界新形势的战略分析基础上，进一步强调网络安全在国家安全中的重要性，继续推动国家网络安全能力建设。2022年，法国在国防预算中针对网络类项目安排了2.31亿欧元的资金，主要投向网络安全保障、网络防御作战、网络攻击作战、网络心理战等四个领域。2022年11月9日，法国政府时隔5年发布新版国家战略报告，该战略对网络安全予以高度重视，将构建“世界一流的网络弹性”作为十大战略目标之一，并提出“提高法国网络弹性，维护主权”“巩固法国模式的成就”“长期投入以期获得最佳的网络弹性”等举措。法国总统埃马纽埃尔·马克龙（Emmanuel Macron）指出，提升网络安全水平能够帮助法国有力应对自身所面临的战略威胁，法国必须在5年内成为世界网络防护强国。法国政府认为，随着网络攻击的数量、频率和复杂性的增加，网络攻击有可能威胁到企业的生存，抵御网络风险是一个重大的主权问题，因此极为注重与企业合作强化国家网络安全能力，如2022年2月开设新

的商业园区，聚集顶级网络安全专家和安全企业，共同应对网络攻击；9月7日，法国经济、财政及工业、数字主权部宣布了一项发展网络风险保险的行动计划，推动明确网络风险保险的法律框架、促进更好地评估网络风险等，以应对经济数字化发展带来的网络风险挑战。

法国同时推动以欧盟为战略依托，捍卫区域网络安全能力。9月，法国联合奥地利、芬兰、荷兰、西班牙和罗马尼亚，提出旨在影响欧盟网络防御政策的非正式文件，呼吁欧盟网络防御政策应强调网络防御在更广泛的欧盟安全和军事架构中的作用，并就5个优先领域提出建议，包括加强国家和非国家行为者之间的合作、危机管理机制、与北约等合作伙伴的协调、促进研究和创新以及能力建设。

（二）完善数据保护战略设计，提升政府对监管的主导作用

在数据保护监管方面，法国政府重视发挥监管机构国家信息自由委员会（CNIL）的作用，强化其监管权力，使其持续承担企业合规支持与指导、调查与处罚、立法等职能。CNIL于2022年2月17日宣布发布2022—2024年战略计划。该计划概述了三大优先事项：促进对个人权利的控制和尊重；将《一般数据保护条例》推广为组织的信任资产；优先针对隐私风险高的主体采取有针对性的监管行动。在三大优先事项中，该战略分别强调了“提高执法有效性”“开发认证和行为准则工具”“三大重点监管领域”等多项目标，为法国未来一段时期的数据执法提出了明确的要求。

在该战略的指引下，CNIL的数据及隐私执法工作在2022年全年保持了“高压”态势，不断对违规的企业开出巨额“罚单”，以起到震慑作用。CNIL 1月31日宣布，为了保护民众个人信息，2022年该机构做出21项制裁决定，总罚款金额超过1.01亿欧元，发出“催告令”次数达147次，其中72项涉及网络安全问题。8月，CNIL认定法国广告巨头Criteo公司违反了欧盟GDPR的相关规定，计划对其处以约6000万欧元的罚款；10月20日，CNIL宣布对美国识别公司Clearview AI处以2000万欧元罚款，因其违反GDPR第6、12、15、17和31条；12月22日，CNIL对微软处以6000万欧元的罚款，因该公司的搜索引擎必应没有让用户“足够容易地”拒绝在线广告的cookies，同时该公司通过跟踪在线浏览的数据获取利润。

（三）强调信息内容安全，多管齐下构建内容安全保障体系

2022年，法国持续推动信息内容安全保护工作。法国对大型平台的内容治理工作提出了更高的要求。马克龙 2022 年 12 月 3 日与马斯克会面时表达了他对推特内容审核机制的担忧，呼吁推特确保透明的用户政策，大幅加强内容审核并保护言论自由，还谈到推特为遵守欧洲法规必须做出的努力，推特将致力于清除网络上的恐怖主义和极端主义内容。法国影音和数字传播监管局 11 月 28 日发布第三份关于“打击信息操纵”的年度报告，直接点名推特、谷歌、雅虎、TikTok 在打击虚假信息方面缺少透明度。

为了更好地开展信息内容监管，法国加强了技术层面的体系构建。1 月，法国国民议会投票通过名为“鼓励在法国销售的某些设备和服务使用家长控制并允许访问互联网”的法案，通过强制设备制造商在其设备上预装免费、用户友好的家长控制工具，保护儿童免受互联网上的暴力和色情内容的侵害；5 月，法国数字监管机构被曝正在建立一个系统，允许技术研究人员广泛访问推特、优兔、TikTok 和其他平台，以打击网上的滥用、歧视和错误信息。

在防范境外“数字操纵”方面，法国通过强化机构职能来推动相关工作的开展。法国于 2021 年 7 月成立了名为“Viginum”的机构。在运行的一年中，该机构较为活跃，尤其将工作重点放在保护 2022 年总统和立法选举方面。该机构 2022 年 10 月发布的首份年度报告称，其共发现了 84 种可能与外国数字干扰有关的现象，其中包括涉及 2022 年选举期间的 60 种，并对其中的 12 种进行了彻底调查。受益于该机构的工作成效，有消息称法国政府将对该机构进行“升级”，以便更好地开展防止外国信息干预工作。

（四）重视新兴技术应用，打造欧洲技术高地

法国一贯重视新兴技术和国家战略的关联，致力于将自身打造为技术中心。2022 年，法国持续在 5G、人工智能等领域开展布局，力图以技术创新带动数字经济发展。

5G 方面，法国政府 3 月 3 日发布首份“工业 5G 评估”报告，指出法国工业 5G 发展存在七大障碍，包括难以获得频谱、合适设备和服务的可用性不足、难以找到合适的技能、法国和欧洲工业 5G 生态系统缺乏成熟度等。对此，法国政府公布一系列措施加快部署工业 5G 网络，如政府承诺分配 2.6GHz 频率鼓励工业 5G 项目，联合德国发起 5G 专用网络项目，打造 5G 产业园、追加投资等。

人工智能方面，法国从技术监管和平台建设两方面入手，双管齐下，推动人工智能技术健康发展。CNIL 于 4 月 5 日发布了关于人工智能的指南，讨论了识别人工智能技术的重要性以及人工智能会出错的原因，并表示指南正在制定关于人工智能使用的若干监管框架，应该“在未来几年看到曙光”；8月，法国国防部批准了Artemis大数据和人工智能处理平台开发的最后阶段，创建的操作平台将于2023年交付，Artemis的目标是为法国提供一个完全自主的、安全的大数据和人工智能处理平台。

同时，法国也在推动本国卫星互联网发展，以回应马克龙在2022年2月16日有关“欧洲应强化技术主权和竞争力以打造太空战略”的表态。一方面，法国政府2022年4月以垄断为由，撤销了2021年2月授予“星链”的在当地提供互联网服务的许可证，认为该公司的业务对法国的卫星发射、互联网服务等造成了多重竞争关系，这无疑为本国相关产业发展减少了竞争压力。另一方面，法国也在积极推动本国“卫星互联网”技术发展。9月7日，法国运营商欧洲通信卫星公司（Eutelsat）通过阿丽亚娜5型火箭（Ariane 5）部署了一颗创纪录的大功率Konnect VHTS通信卫星，这颗卫星将向欧洲客户提供高速互联网接入服务。

二、法国网络和信息发展布局特点

（一）保持战略政策的连贯性，利于长期目标的实现

2022年全年，法国并未出台具有开创性的网络和信息化重大战略，表面上看来相关布局乏善可陈，这种看法实际上忽视了法国政府的“战略定力”。得益于马克龙连任等因素带来的政府执政理念的持续性与稳定性，法国在保持既有战略不变的情况下，结合阶段性目标完成情况、国内外形势等因素，在2022年网络和信息化方面的布局更多的是对此前相关战略和政策进行补充、延伸、纠正，以此推动相关战略的完善、深化、扩围等。如法国政府在网络安全方面对网络弹性、公私协作等方面的布局，实际上是2021年2月18日发布的网络安全国家战略的深化；9月13日法国政府重申了2021年5月17日发布的“国家云”战略，并发布支持相关行业发展的新措施。“云战略”对于欧洲和法国来说具有极大经济潜力，也是数字主权以及法国战略自主权的重要支柱，此次重申旨在进一步推动法国企业及政府数字化转型。

（二）发挥政府作用的主导性，兼顾公私目标的共同实现

法国强调欧洲的互联网监管和数字经济发展的“价值观”，即重视私营企业、社会力量的作用，看重个人的权利。但从相关布局动作来看，其在互联网

监管与治理等方面主要通过发挥政府的主导作用来推动相关工作的整体进度。马克龙等政府官员经常就网络安全、技术布局、欧洲数字化战略等议题公开表态。同时，法国经济、财政及工业、数字主权部、CNIL 等政府部门在技术产业应用、数据监管方面的作用愈来愈凸显。但这种作用并非通过公权与私权的“此消彼长”来实现，而是通过职能设计来平衡“整体安全稳定”与“特定群体的数字权利”。以 CNIL 为例，其成立之初主要是应对民众隐私焦虑，而在 2022 年已经发展出受理投诉与信息发布、企业合规支持与指导、调查与处罚、技术监控与立法咨询等职能，不仅充当了民众、企业与政府之间的枢纽，同时通过立法和合规性指导完成了法律法规和实践的双向推进。

（三）强调欧盟利益的整体性，积极嵌入欧盟发展框架

2022 年 1 月 1 日，法国正式接任 2022 年上半年欧盟理事会轮值主席。马克龙在阐述法国担任轮值主席国期间的政策立场时，重申欧盟应实现战略自主，并将“复兴、强大、归属感”作为三大政策目标。“强大”重在维护欧洲“战略主权”，“归属感”旨在增强欧盟内部凝聚力。法国的网络安全和信息化布局也真正体现了相关政策烙印。如在网络安全方面，法国积极从构建欧盟整体安全角度出发强调欧盟相关政策的演进，并积极推动“法国模式”在欧盟内部的“认可”和“可复制”；在数据和隐私保护方面，CNIL 等在 GDPR 的框架下开展相关执法工作，力图寻找 GDPR 与法国自身政策的兼容性，同时满足 GDPR 与本国国家法律法规；在数字主权方面，法国作为欧洲数字经济大国和技术大国，积极推动本国“技术主权”“数字主权”建设，以此推动“欧洲主权”战略。

三、总结与启示

2022 年，法国网络安全和信息化部署整体体现出“稳定”的特点。这种稳定体现在对相关战略的持续推进、政府发展理念的延续，为法国实现战略目标提供了有力保障，这方面与我国网络空间战略发展思路有较大的相似之处。中法两国网络空间战略的持续演进，为双方合作提供了更多的机遇和“试错”可能性，为中法两国深化长久的网络空间合作伙伴关系提供了更多可能。

相较于德国的网络空间自主战略意愿更为强调德国自身，马克龙政府更愿意将法国嵌入欧盟的网络空间发展框架中，未来在欧盟范围内可能会比德国发挥更为重要的作用。作为欧盟网络空间体系的重要领导者，以及欧盟战略自主重要的推动者，法国在维护多边主义、完善全球网络治理方面有着极强的愿望，法国对华合作的意义不言而喻。

1.4 英国网络安全和信息化综述

2022年，英国明确提出建设“网络大国”的目标，在网络空间和数字化方面的布局较为积极主动，包括完善网络安全战略、推出符合自身利益的数字规则体系、建立多个数字贸易和数据跨境合作关系等。同时其紧跟美国脚步，在中美技术博弈中扮演着美国“马前卒”的角色。

一、英国网络安全和信息化主要政策措施

（一）网络安全战略密集出台，强调“网络大国”展露雄心

作为最早将网络安全提升至国家战略高度的大国之一，英国在近两年加快战略规划出台步伐，从多个层面建立了完备的发展体系，力图实现“网络大国”的战略愿景。英国在2021年12月17日发布《2022年国家网络战略》，将“提升英国的全球领导地位和影响力，建立更安全、繁荣和开放的国际秩序”作为未来五年的五大目标之一。一个多月之后，即2022年1月25日，英国政府又发布了《政府网络安全战略（2022—2030）》，阐释了政府网络安全发展面临的挑战和机遇，强调政府在面对风险时如何建立和保持网络弹性，通过明确战略支柱、目标方针及实现方式等，力图树立“英国作为网络大国的权威”。2022年5月9日，英国国防部（MoD）又发布了《国防网络弹性战略》，明确指出2026年、2030年的阶段性核心目标，确立了七大优先事项及其实现途径，以确保实现“建立网络弹性防御，确保防御系统能够继续交付，加强英国在网络领域的国家努力，巩固网络大国权威”的战略愿景。以上战略分别体现了英国在国家层面、政府层面和国防层面的“全球角色”定位，以及试图在网络空间提升全球影响力的雄心。

除了政府层面的战略之外，英国还提出了网络安全行业层面的愿景目标。2022年10月，英国网络空间安全委员会发布《2025年网络未来战略》，提出了旨在推动英国网络安全行业发展的七个目标和优先事项，包括“提升行业知名度”“推出网络安全专业职称授予计划”“推动网络安全伦理框架构建”“引

入网络职业框架”等，以助力英国网络安全行业发展。该委员会指出，新战略将为实现英国打造世界级网络安全产业这一目标发挥核心作用。

（二）各方博弈不断，内容监管纲领性法案艰难推进

从 2021 年 5 月发布《在线安全法案》草案之后，英国就将该法案视为在线内容监管的“纲领性”立法，这是一个对用户更安全的新数字时代的里程碑。2022 年，英国加速了该法案的推进过程，力图使该法案成为英国乃至全球在线内容监管的标杆法案。3 月 17 日，《在线安全法案》提交英国议会，4 月 19 日通过二读，英国政府宣布《在线安全法案》有望在两个月内正式生效，远快于之前起草时预计的两年。

但受到领导人更迭、党派意见不一、企业联合反对等因素影响，该法案的推进进程并非英国政府原本预计得那么乐观。在各方博弈下，该法案不断被修改、调整。如 2022 年 3 月 8 日，英国数字、文化、媒体和体育部（DCMS）宣布该法案增加新的法律义务，要求社交媒体、搜索引擎停止在其服务中出现付费欺诈广告；4 月，该法案又新增了对科技公司高管的法律责任规定，若科技公司高管有销毁证据、拒不接受监管调查或提供虚假信息等行为，其就要承担刑事责任；7 月，该法案又新引入“外国干涉罪”，以阻止和破坏与国家有关的虚假信息等威胁活动；7 月 6 日，英国内政部宣布该法案的修正案，允许英国通信管理局（Ofcom）对不符合儿童保护标准的科技公司处以 1800 万英镑（约合人民币 1.5 亿元）或年度营业额 10% 的罚款；8 月，英国政府又表示该法案将要求在线服务提供商根据“所有合理可用的相关信息”评估信息内容，以判定是否合法；11 月，在立法者和公民自由团体的强烈反对下，该法案又对“合法但有害内容”的规定有所“软化”，不再强制科技公司删除“有害但合法”的互联网内容，以避免“损害言论自由”。12 月，英国发布了法案最新修正案，英国数字、文化、媒体和体育大臣米歇尔 · 多内兰（Michelle Donelan）对法案的修订进行了解读，把修订内容总结为以下四点：加强了对儿童的保护、加强了对年龄的限制、赋予用户对推送消息的控制、加强了对言论自由的保护。

（三）顶层战略与对外合作并进，数字产业发展有亮点

2022 年，英国通过完善顶层战略设计，对数字产业发展进行长远的规划。6 月 13 日，英国发布新版《英国数字战略》，这一战略是对 2017 年 3 月 1 日出台的数字战略的更新。新战略重点关注数字基础、创意和知识产权、数字技

能和人才、为数字增长畅通融资渠道、高效应用和扩大影响力、提升英国的国际地位六大关键领域的发展。该战略旨在通过数字化转型建立更具包容性、竞争力和创新性的数字经济，使英国成为世界上开展和发展科技业务的最佳地点，提升英国在数字标准治理领域的全球领导地位。

而在具体实践方面，英国在2022年的数字经济发展亮点主要体现在积极推动数据跨境规则体系建设，为数字贸易奠定安全基础。2022年1月，英国宣布成立国际数据传输专家委员会，就开发新的国际数据传输工具和机制提供建议；2月，英国信息专员办公室（ICO）发布新的示范条款以支持英国的数据传输；3月，英国新国际数据传输协议（IDTA）正式生效；5月，英国DCMS发布关于跨境数据沙箱的报告，对数据跨境传输的风险挑战进行分析并提出对策；11月，英国信息专员办公室宣布，发布更新的国际数据转移指南，其中包括转移风险评估（TRA）的新部分和新的TRA工具。7月5日，英国与韩国签订了新的数据协议，这是其脱欧后首个“充分性原则协议”，该协议11月23日在英国议会获得通过，为英韩双方中小企业数字合作提供了较大便利。

（四）新兴技术发展各有侧重，规制与发展并行

2022年，英国在5G/6G、人工智能、数字货币等方面采取了不同的思路。对于较为成熟的5G技术，英国在现有基础上进一步推进技术应用的扩展和下一代技术的研发。2022年1月，跨国电信公司沃达丰（Vodafone LSE）宣布开通英国首个5G Open RAN站点，英国政府希望到2030年该国35%的移动流量通过Open RAN网络承载；7月，英国政府为大学和电信公司提供高达2500万英镑的资金资助，以研究和开发下一代5G和6G网络设备；10月，英国正式启动英国电信创新网络，将其作为英国电信生态系统中的单一协调点，确保在电信行业中有效、高效地共享知识。该网络的范围远超出5G，覆盖了无限基础设施、卫星、系统集成、网络安全、网络管理、人工智能和数据云基础设施等。

对于人工智能，英国正视技术外溢风险，强调技术发展伦理和应用准则，不断探索规制机制。7月，英国国防科学与技术实验室宣布成立国防人工智能研究中心，将专注于在国防环境中以合乎道德的方式开发和应用人工智能；10月，英国信息专员办公室警告各组织不要使用生物识别技术进行人工智能情绪分析，认为这可能导致系统性失准、偏见和歧视。2022年8月31日，英国国家网络安全中心（NCSC）推出《机器学习的安全原则》指南，为开发、部署或操作具有机器学习组件的系统的人提供帮助。

数字货币方面，英国采取了谨慎推进的态度，在测试、风险评估的基础上考量下一步应用举措。2022 年 7 月，金融科技公司 MillicentLabs 宣布，已在英国完成对零售全额储备数字货币的沙盒测试；8 月，英国宣布成立一个专注于数字货币的跨行业组织联盟“数字金融市场基础设施联盟”，旨在评估英国数字货币生态系统路径，未来数字货币生态系统、环境和经济形势，以及当前受监管的数字资产和中央银行数字货币等情况；8 月，英格兰银行研究人员称，元宇宙加密货币的使用将增加系统性金融风险，需要“强有力的消费者保护”框架。

（五）积极推进双边、多边合作，提升英国全球网络空间话语权

2022 年，英国积极参与国际网络空间活动，推动网络空间安全、数字合作，积极参与盟国的网络演习。2022 年 1 月，英国与澳大利亚签署一项协议，以打击利用网络攻击破坏“自由和民主”的国家行为者、勒索软件组织和其他“恶意行为者”；4 月，英国和印度政府就一项加强两国网络安全的联合计划达成一致；6 月，时任英国外交大臣利兹 · 特拉斯（Liz Truss）在英联邦政府首脑会议上宣布提供 1500 万英镑的一揽子资助计划，以支持英联邦国家发展网络安全能力；8 月，英国和东盟达成东盟—英国对话伙伴关系（2022 年至 2026 年），加强双方在网络安全、打击网络犯罪、应对网络威胁和网络攻击等方面的合作；9 月，印度联合英国政府为 26 个国家组织了“勒索软件弹性网络安全演习”；10 月，英国与美国等合作伙伴开展一项联合演习，旨在提高互操作性，加强网络复原力，并将演习的成果与所有合作伙伴分享，以便加强安全性和对恶意网络活动的一致性。

英国不仅通过加强国际网络空间活动来强化其“存在感”，更是积极提出或制定国际涉及网络安全、数字供应链的标准来提升其地位。2022 年 1 月，英国政府宣布一项制定人工智能全球标准的新举措，英国艾伦 · 图灵研究所将试行设立人工智能标准中心，旨在改善人工智能治理；9 月，英国政府宣布已经制定一项计划，拟通过与国际合作伙伴定义“负责任的网络行为”，以塑造开放且安全的网络空间；11 月 10 日，英国发布英国、加拿大和新加坡《敏捷国家工作组关于消费者联网产品网络安全的联合意向声明》，表示将共同努力促进和支持国际标准和行业指南的制定，加强和支持联网产品的网络安全措施，鼓励采用符合国际人工智能安全要求的方法促进安全实践，降低网络安全风险。

二、英国网络和信息发展布局特点

（一）探索网信治理机制革新，以降低“含欧量”

2022年，英国在内容监管、反垄断、数据保护等方面加速进行制度构建。英国试图在欧盟之外，建立具有自身特色的制度环境。除了大力推动《在线安全法案》，试图引领全球在线内容监管风向之外，英国尤其重视数据保护法规的制度设计，试图推出英国版的GDPR。为此，英国在5月宣布了《数据改革法案》，通过改革《一般数据保护条例》（GDPR）和英国的《数据保护法案》，指导英国偏离欧盟隐私立法。7月，英国下议院通过了《数据保护和数字信息法案》，这是英国脱欧后数据保护框架计划改革的重要一步，但9月份暂缓了立法程序。2023年3月8日，英国科学、创新和技术部长米歇尔·唐兰（Michelle Donelan）对《数据保护和数字信息法案》进行了公开介绍，称该法案作为英国版的GDPR，将引入一个简单清晰且对企业友好的框架，在沿用GDPR的优势的基础上为企业提供更大的灵活性；确保新制度与欧盟数据容量保持一致；进一步减少合规性文书；不会为企业增加额外成本；明确何时可在未经同意的情况下处理个人数据；确保自动化决策有所保障，从而提升公众和企业对人工智能技术的信心等。

（二）“网络大国”愿景契合自身“全球英国”的长远目标

英国脱欧公投启动后，时任外交大臣鲍里斯·约翰逊提出“全球英国”的概念，成为英国对外政策层面的核心关键词，即英国要重新获得自主权，维系有全球影响力的大国地位。虽然2022年英国首相连换三任，但这种维持大国的国际战略意图并未改变。全面梳理英国2022年网络和信息化布局可发现，其顶层战略频频提出“网络大国”“全球领导地位”等目标。在国内行业发展方面，通过推动本国科技企业的创新发展，在全球获得更大的影响力。在外交实践中，注重通过多变、双边合作来加强与盟国、伙伴国家、东南亚国家等的联系。这实际上是契合了脱欧后英国国际战略的转向。

（三）紧紧跟进美国“遏华”脚步，主动与中国“切割”

2022年，英国三任首相在对中国的网络空间合作方面均抱有极大敌意。如伊丽莎白·特拉斯（Elizabeth Truss）下令修订由约翰逊政府制定的《安全、防务、发展与外交综合审查》报告后，对中国的定位从原本的“制度性竞争者”改为“威胁”；里希·苏纳克（Rishi Sunak）提出寻求建立“北约式”的国际合作，以应对所谓的“中国在网络空间的威胁”。英国持续以“维护国家安全”等为由，严格控制中国参与其关键战略领域，限制中国使用英国研发的技术专利，阻挠中资科技公司在其国内的发展，诬称中国进行大规模知识产权盗窃，渲染中国对其国家网络安全构成长期、重大威胁。不过，2022 年美英真正达成的实质性技术合作并不多，其对美国的“示好”能带来多大利益仍有待观察。

三、总结与启示

脱欧之后，英国政府在数字规则和国际数字技术贸易方面开展了积极的尝试，目前来看取得了一定成效。如其提出《在线安全法案》加强内容治理，以引领国际监管范式；提出《数据保护和数字信息法案》以减轻企业的合规成本，制定英国本土化的GDPR。对于我国而言，应充分认识到数据制度改革的紧迫性，进一步探索完善数据隐私保护与经济增长、科技创新相协调的数据治理机制，主动参与相关国际规则体系标准的制定。

同时需警惕，英国在战略上紧跟美国步伐，中英网络空间合作面临巨大阻碍。中国应本着求同存异的原则，通过共同打击网络犯罪和网络恐怖主义、网络空间多边对话协商机制、进行数字和技术贸易谈判等方式，拓展与英国合作空间。另外，密切关注英国政府实施科技遏华的新举措，尤其在技术投资、贸易壁垒等方面的最新动向，研判反制预案，帮助我国出海科技企业降低合规风险，减少制裁损失。

1.5　俄罗斯网络安全和信息化综述

2022 年 2 月，俄乌冲突正式爆发，俄罗斯遭到美西方国家轮番制裁，波及俄罗斯网络与信息安全体系。在与西方国家关系急速降温的背景下，俄罗斯延续其独特的网络信息安全观，持续强化国家网络和信息主权，加快发展先进技术，确保本国网络安全体系发展的可持续性，以积极对抗美西方国家降下的科技“铁幕”，抵御外来信息技术对俄罗斯政权的冲击。

一、俄罗斯网络安全和信息化主要政策措施

（一）加大推动互联网自主、可控，强化网络防御

俄乌冲突爆发后，俄罗斯以《主权互联网法》为基础，持续强化互联网自主、可控。一是建立互联网流量监控系统，对部分虚拟专用网络（VPN）协议进行封锁。根据俄罗斯联邦数字发展、通信和大众传媒部（以下简称俄数字发展部）发布的一项政府法令草案，俄罗斯联邦通信、信息技术和大众传媒监督局（Roskomnadzor）计划在两年内投资12亿卢布，建立互联网流量监控系统。该系统将监测所有运营商和通信供应商之间的数据传输，并识别不符合Roskomnadzor要求的人，这有助于防止攻击者利用VPN系统发起分布式拒绝服务（DDoS）攻击和边界网关协议（BGP）攻击。二是对互联网进行“单点控制”。俄乌冲突爆发初期，俄罗斯要求政府机构将放在外国主机上的公共资源转移到俄罗斯主机，并把公共资源转移到本国域名区域“.ru”下。针对网络威胁，俄罗斯政府还准备在紧急情况下启动主权互联网“RuNet”，断开与全球互联网的联系。三是建立网络安全违规清单。针对机构和企业网络安全风险声明过于抽象的问题，俄数字发展部计划在2022年年底前建立不可接受的网络安全违规清单，并向所有组织开放，该清单涵盖国家机关、国家机构和关键信息基础设施，还包括对IT企业有危险的场景。组织和机构需要进行安全分析并向政府提交报告。四是成立专门机构防御网络攻击。例如，俄数字发展部成立行业网络安全中心，该机构除了保护国家信息系统之外，还能侦查网络攻击组织者，分析确定网络罪犯的身份，以及其与特定国家及某些黑客组织之间的联系等。

（二）强化互联网“自给自足”，缓解制裁导致的“断供”问题

当前，西方对俄罗斯的封锁越来越严厉，并波及俄罗斯的网络安全行业。为此，俄罗斯先后采取一系列措施，意在减轻西方制裁的影响。一是创建国家证书授权中心机构。由于西方国家制裁，主流证书授权中心不再为俄罗斯提供服务，大量俄罗斯网站陷入传输层安全协议（TLS）无法更新的困境。为此，俄数字发展部创建了国家证书授权中心，专门负责TLS证书的独立颁发与更新。为网站提供免费替代方案，使用“国内证书+国产浏览器”解决无法访问的问题。二是加大法律与资金支持，加快向国产软件过渡。2022年3月，俄罗斯国家杜马通过一项法律，要求政府机关、地方政府及其下属单位，自

2026 年 1 月 1 日起，不得使用非国内的、不符合相关规定要求的地理信息软件工具。当月，俄罗斯总统普京签署法令，要求自 3 月 31 日起，禁止在未经授权执行机构同意的情况下，为关键信息基础设施采购外国软件。自 2025 年 1 月 1 日起，禁止政府和客户在其关键信息基础设施的重要对象上使用外国软件，确保关键信息基础设施技术的独立性。自微软公司暂停在俄罗斯产品销售后，俄罗斯政府机构开始从微软的 Windows 转向使用由 Rusbitech 公司开发的 Astra Linux 操作系统。此外，俄罗斯政府还选择 216 个国内工业软件项目实施软件进口替代，涉及冶金、工程、电力、交通、建筑、农业、住宅公用事业等多个领域。为此，俄数字发展部计划从预算中拨款 280 亿卢布，俄罗斯企业承诺提供超 1550 亿卢布的资金。三是建立本土移动应用商店。7 月，俄罗斯联邦委员会批准一项关于加强个人数据保护的法律，其中一项条款规定将“创建俄罗斯移动应用商店”，国产应用商店将强制预装在技术设备上。俄数字发展部控制和批准可供下载的程序和应用程序列表。四是开发超级计算机平台，摆脱对外国供应商的依赖。为完善计算机相关技术及相关产品的供应链，科罗廖夫能源火箭航天集团在俄罗斯政府的授权下，开发了“RSK Tornado”服务器平台，应用于高性能计算系统、数据处理中心和数据存储系统，以期将高性能计算、人工智能和大数据处理从英特尔（Intel）的 x86 处理器移植到国产的 Elbrus 处理器上。

（三）依托立法加强数据治理，建立有序流动规则

俄罗斯将保障数据安全与个人数据权利作为数据有序流动的首要前提，认为只有将数据风险降到最低，才能有效保护数据安全。一是修改个人数据跨境传输程序，强化运营商数据安全责任。俄罗斯此前尚无立法规范个人数据的跨境传输，这不利于俄罗斯的外交政策形势。为改变这种局面，7 月，俄罗斯国家杜马通过关于修订联邦《个人数据保护法》的第 266-FZ 号联邦法律。修订法案加强了对用户的保护，明确了数据运营商的泄密责任，增加了通报个人数据跨境传输的前置程序，即运营商要向监管机构 Roskomnadzor 履行“个人数据处理通报”义务和“个人数据跨境流动通报”义务。大多数修正内容从 2022 年 9 月 1 日起生效，小部分将于 2023 年 3 月 1 日起生效。二是更新个人数据充分性保护国家名单。9 月，Roskomnadzor 公布“为个人数据主体的权利提供充分保护的外国名单”。名单共包括 89 个国家，奥地利、墨西哥、意大利、中国、澳大利亚、白俄罗斯、日本等国家在列。三是修订法案，严管违规

收集个人数据的行为。5月，俄罗斯总统普京签署《消费者权益保护法》修正案，禁止卖家和服务提供商不合理收集个人数据。当月，俄罗斯国家杜马通过法案，修正《俄罗斯联邦行政违法法典》第14.8条，禁止强制消费者提供个人数据的行为。卖方以消费者不同意提供个人数据为由拒绝签订和履行合同的，官员将面临5000至1万卢布的罚款，法人实体将面临3万到5万卢布的罚款。四是加强措施防范数据泄露。2022年，在线平台遭受网络攻击活动增加，俄数字发展部计划创建一个“不可接受的IT安全实践”登记册，帮助提高组织领导者的意识。

（四）持续强化国家网络与信息技术主权，加快技术标准“国有化”

在美西方制裁风险增加的背景下，俄罗斯发展数字主权的步伐进一步加快。一是成立安全理事会跨部门委员会。4月14日，俄罗斯总统普京颁布法令，成立安全理事会跨部门委员会，确保俄罗斯在发展关键信息基础设施方面的技术主权。俄罗斯安全理事会副主席德米特里·梅德韦杰夫被任命为该委员会的负责人。委员会将制定措施，确保关键信息基础设施的技术独立性，为这些设施配备国内无线电电子产品、技术设备、软件和硬件系统，包括软件和信息支持。二是实施国家信息系统转移。7月，俄罗斯副总理德米特里·切尔内申科表示，俄罗斯政府打算在2024年前将所有国家信息系统转移到“国家技术”平台，目前已清点约500个国家信息系统，其中150个将优先转移。“国家技术”平台是一个可在其中创建国家数字服务和信息系统的平台，其受到最严密的保护，所有元器件均采用国产产品。三是开发本土代码托管平台。俄数字发展部宣布，俄罗斯将于11月1日起开发本土版本的GitHub平台，平台预计将于2024年4月30日全面投入使用。

（五）实施社交媒体“平台替代”，反击美西方舆论战

俄乌冲突爆发后，美西方国家在全球网络空间发动了史无前例的针对俄罗斯的信息战，形成强大的反俄宣传联合阵线，俄罗斯与西方阵营的舆论战愈演愈烈。俄罗斯虽被重重封锁，但也开展了坚决的反击。

一是持续强化本土平台影响力。俄乌冲突爆发一周内，俄罗斯本土社交软件“电报”（Telegram）的新闻频道新增订阅量激增至1950万。全俄舆论调查中心4月的调查数据显示，Telegram在俄罗斯市场普及率上升至第四名，取代美国社交平台照片墙（Instagram），同期脸谱网和推特也遭遇用户流失。同时，俄罗斯也在大力推广RuTube、Fiesta等应用，替代优兔、照片墙等平台，并取得了一定的成功。梅德韦杰夫表示，将大力支持建立本土社交网络，对抗西方“彻底抹掉俄罗斯，将俄罗斯从网络上删除”的企图。

二是对西方国家歧视俄媒体采取反制措施。在欧盟封杀“今日俄罗斯”电视台和俄罗斯卫星通讯社，美国社交媒体巨头联手“禁言”俄官方媒体后，3 月，Roskomnadzor 宣布，限制俄境内访问部分外国媒体机构网站，包括美国之音、自由欧洲电台，以及英国广播公司、德国之声、脸谱网、推特等。5 月，俄罗斯国家杜马通过一项关于允许对歧视俄罗斯媒体的国家采取对等措施的法律草案，赋予俄罗斯总检察长封锁“重复传播虚假信息”的外国网站的权力。

三是加大对外国互联网企业在俄违法行为的惩处力度。3 月，俄罗斯总统普京签署俄罗斯联邦刑法修正案，严惩散播涉及俄军虚假信息的行为。7 月，俄罗斯国家杜马通过一项新法案，规定对未能在俄罗斯开设办事处的外国互联网企业实施更严格的处罚。罚款可高达企业前一年在俄罗斯营业额的 10%，重复违规罚款可能高达 20%。因涉嫌拒绝在俄罗斯境内存储用户的数据，莫斯科塔甘斯基地方法院对多家国外大型互联网企业处以罚款。例如，对 WhatsApp 所属的美国 Meta 公司处以 1800 万卢布罚款，对在线交友平台 Tinder 所属的美国 Match Group 公司处以 200 万卢布罚款等。谷歌公司因滥用优兔视频托管服务的主导地位，被处以 20 亿卢布的罚款。

（六）加快先进技术发展，推动信息化建设

一是启动生产首颗全国产通信卫星。据俄罗斯“航天通信”公司总经理阿列克谢 · 沃林 2022 年 10 月在 Satcomrus-2022 会议上的介绍，俄罗斯卫星通信公司和俄罗斯列舍特涅夫信息卫星系统公司已联合开始生产第一颗全国产通信卫星“快讯-AMU4”。该卫星将成为俄“太空通信”星座的第 13 颗“快讯”系列通信卫星，预计 2026 年发射后将广泛用于为俄罗斯和外国消费者提供电视广播、电话、数据传输和互联网服务。二是成立人工智能中心促进智能化应用。俄罗斯于 9 月启动国家人工智能中心，该中心专注于寻求和分析跨域人工智能技术，覆盖商业、科学和政府各界，还将促进人工智能项目在研究机构和技术公司等不同组织中的扩展。三是启动国家空间数据系统。目前，俄罗斯的土地、房地产、森林、水和其他基础设施的数据分散在不同的国家信息系统中，获取相关空间数据较为困难。对此，俄罗斯政府于 6 月 7 日批准一项关于国家空间数据系统的规定。系统将创建一个整合土地和房地产信息的数字平

台，预计于 2023 年年底前试点运行，2024 年投入使用，并在 20 个区域实现互通。

二、特点分析

（一）渐进式“自我隔离”，进一步走向互联网“孤岛化”

一方面，大国角力加上新冠疫情带来的非传统性风险，使得国际秩序表现出更多动荡和调整。俄罗斯结合时代背景和内外环境的变化，对国家安全不断进行新的审视和定义，并积极应对威胁和挑战。在既有的网络空间整体部署基础上，俄罗斯网络空间建设更加务实且坚定。另一方面，俄高层认为未来世界将是多中心世界，集团化趋势明显，俄罗斯作为重要一极，必须拥有并捍卫本国的技术主权。俄罗斯总统特别代表佩斯科夫指出，未来 10 年到 15 年世界可能走上“孤岛化”发展模式，即大型技术经济集团相互分离。随着俄乌冲突持续升级，俄罗斯官方不断出台新的政策和措施，推动互联网更加自主可控。

（二）紧握数据主权，形成“内外双严”的“俄罗斯模式”

2002 年以来，俄罗斯对跨境数据流动和个人信息保护法律进行了立体化完善，形成了“内外双严”保护数据主权的法律特征。具有强制性的数据监管模式，成为俄罗斯规范数据流动的主导方向。总体来看，俄罗斯的立法规定十分严格，通过施加严格的法定义务，对企业的数据处理、跨境传输等环节进行控制，牢牢掌握本国数据流动与监管的主动权。

（三）进口替代战略被赋予新内涵，技术主权地位再提升

俄乌冲突加速全球科技创新网络分裂，西方对俄制裁力度空前，力图削弱俄技术基础、破坏俄国民经济，这使得发展技术对俄罗斯国家安全和发展的重要性更加凸显。在此背景下，2022 年 2 月以来，进口替代战略不仅备受俄罗斯重视，并且呈现出鲜明的新特点。俄罗斯认为，技术主权是与其他国家建立联盟时的强大谈判筹码，也是确保国家安全和发展的关键步骤，而进口替代则是实现技术主权的重要路径。俄联邦安全会议副主席梅德韦杰夫甚至提议将“进口替代”一词更换为“技术主权”或“技术独立”。可见，建立技术主权被摆在更重要、更迫切的位置。

（四）本土平台赋能国家安全，成为提升内部凝聚力的利器

在俄乌冲突初期，知识精英、文化精英一度引领舆论，呼应西方对俄政府

的谴责之声。为凝聚共识、增强社会向心力，俄罗斯先后出台刑法修正案，严惩传播有关俄罗斯军人的虚假消息、极端思想和恐怖主义信息的行为。同时，加强防范外部网络渗透的工作，利用本土社交平台宣传爱国主义和俄罗斯价值观。随着事件的发展，俄罗斯社会对美国及其盟友挤压俄罗斯发展空间、引发和深化国内危机等行为的认识逐渐清晰，支持政府行动和支持普京的意见逐渐占据了上风，使得俄罗斯在战事开局不利和被西方全面制裁的情况下，社会信心和凝聚力非但没有崩塌，反而越来越牢固。

三、总结启示

在俄乌冲突的冲击下，俄罗斯经受了来自乌克兰以及美西方国家的网络战、舆论战、信息战、科技战，并不断推进网络信息空间的自主可控。拥有独立的网络主权是一国预防他国网络攻击和网络制裁、保障国家网络安全与网络主权的关键。俄罗斯在保障网络安全与促进网络独立运行上，为我国提供了技术与法律的借鉴空间。

俄乌冲突加速全球科技创新网络分裂。面对美西方国家的信息技术封锁，俄罗斯努力打破“技术依附”困局，守住信息技术自主可控的“命门”。对于我国而言，增强产业链供应链自主可控能力是一项重要任务，提高信息技术的原始创新应成为普遍共识。必须统筹国际和国内、安全和发展两个战场、两个大局，在关键信息技术和核心技术领域补短板、强弱项，确保在关键技术上战略自主、安全可控，避免“卡脖子”风险。一是要勇于领跑“开新链”，主动打破科技依附关系；二是要加速并跑“强本链”，扩大自主产品应用范围。三是要时常体检“勤补链”，优化供应链安全评估机制。四是要扎牢防线“固全链”，建设网络安全立体防护体系。

1.6 日本网络安全和信息化综述

2022 年，日本在网络安全和信息化领域出台了多部重量级法律法规与战略文件。一方面，不断强化网络空间作战能力、提升网络安全治理能力，应对全球网络空间对抗加剧新形势。另一方面，多举措加速推进网信领域日美合作。相关情况综述如下。

一、日本网络安全和信息化主要政策措施

（一）强化网络空间作战能力、积极布局网络防御

2月，日本内阁网络安全中心发布了新版《网络安全战略》，将网络安全领域威胁视为国家安全威胁，首次明确提出中国、俄罗斯和朝鲜对他们构成所谓的“网络威胁”，并表明将同美国、澳大利亚和印度等国开展合作。7月，发布新版《防卫白皮书》，将提升网络和太空领域作战能力作为防卫政策调整的重点方向，拟全面加大人力和财政投入，力图抢占国际安全前沿领域的优势地位。3月，日本自卫队成立540人规模的“网络防卫队”，专门承担网络防御和作战任务，并计划将相关队伍扩员至5000人规模，以应对迅速增长的网络威胁。日本首次主办多国网络战演习，来自美、澳、法、越、菲和印尼军方的网络战人员，以及来自日本陆海空自卫队和防卫大学的10支队伍参与了演习。4月，日本第三年参加北约合作网络防御卓越中心（CCDCOE）主办的“锁盾2022”网络防御演习。10月，日本参加美国网络司令部“网络旗帜”多国联合演习；与澳大利亚签署新的《日澳安全保障联合宣言》，协议涵盖军事、情报和网络安全合作。11月，日本宣布正式加入北约合作网络防御卓越中心，以强化与各国之间在网络防御领域的合作及情报共享。日本防卫省还将在2023年度预算申请中列入调查研究和强化体制的经费，强化对策应对敌国通过散布虚假图像和视频的信息战。

12月，日本发布新版《国家安全保障战略》，对网络安全进行了战略部署。新战略首先分析了当前面临的网络安全形势，即日本当前面临着二战以来最严峻的安全形势，尤其是针对关键民用基础设施的跨境网络攻击以及通过虚假信息传播的信息战不断发生，从而进一步模糊了应急与和平间的界限；自由进入和利用网络空间的风险日益严峻，网络攻击威胁正在迅速增长，包括攻击关键基础设施、干涉外国选举、勒索赎金和窃取敏感信息等；结合军事和非军事手段的混合战争很可能将在未来以更复杂的形式进行，例如在武装攻击前开展信息战。提出加强日本网络防御的战略方针，包括加强日本的防卫体系、深化与美国的安全合作、加强全方位无缝保护日本的力度等。在提升网络安全领域应对能力方面，提出将引入主动网络防御，以提前消除可能对政府和关键基础设施造成国家安全担忧的严重网络攻击，并防止此类攻击造成损害蔓延。此外，还将国家网络安全事件准备和战略中心（NISC）重组为一个新机构，以

统筹协调网络安全领域政策等。

（二）提升网络安全治理能力、打击网络违法犯罪

一是高度关注关键信息基础设施安全与供应链安全。日本内阁于 2 月批准一项立法草案，将加大支出以加强供应链安全，并采取更多措施防范通过进口系统和软件发起的网络攻击。5 月，日本参议院正式通过《经济安全保障推进法》，严格限制重点技术领域民企和科研人员的国外合作，对敏感科技领域进行专利封锁，以加强关键供应链安全。9 月，日本政府要求国防承包商采用美国国家标准与技术研究院（NIST）的网络安全准则，日本当局将对承担额外支出的承包商予以支持，旨在推动国防承包商提升网络安全能力。11 月，日本经济产业省发布《工厂系统网络和物理安全指南》，为工厂系统的安全措施实施提供参考概念和步骤，并根据行业的具体情况制定相应的准则。二是完善相关法律法规以应对网络犯罪。1 月，日本内阁批准了《警察法》修正案，要求日本国家警察厅成立网络警察局，应对日益严重的网络犯罪。6 月，日本参议院通过严惩“侮辱罪”的刑法修正案，将监禁作为对网络侮辱行为进行更严厉惩罚的一部分，标志着日本在应对网络欺凌方面迈出了重要一步。

（三）加强个人信息保护、推动跨境数据流动合作

作为亚洲国家中较早颁布法律对个人信息进行保护的国家之一，日本早在 2003 年就颁布了《个人信息保护法》，其后多次进行修订，最新修订的《个人信息保护法》于 2022 年 4 月 1 日起施行。根据 2020 年修订的《个人信息保护法》，日本经济产业省（METI）于 2022 年 2 月 18 日发布《数字化转型时代企业的隐私治理指导手册 1.2》，指导企业的隐私保护活动。3 月，日本政府通过了一项法案，要求企业在向第三方发送浏览历史记录等个人信息时必须通知用户。4 月，日本根据正式生效的《个人信息保护法》修正案对《个人编号法》《邮政和信件服务个人信息保护指南》进行修订更新。7 月，修订《提高特定数字平台透明度和公平性法》第 4 条第 1 款规定的业务类别和规模，增加数字广告领域作为其监管对象。

日本积极推进与欧美盟友的数据跨境流动合作。4 月，日、韩与美、加、新等国共同发表了关于建立全球跨境隐私规则论坛的声明，旨在 APEC 跨境隐私规则（CBPR）和处理者隐私认可（PRP）系统基础上建立数据治理国际认证系统，并向全球推广。10 月，日本和欧盟在布鲁塞尔讨论将跨境数据流动规则纳入其双方的经济伙伴关系协定。此举旨在规范数据跨境流动，提升与消费者之间的关系，同时，能够促进欧盟价值观推广，并为规范企业运营、制定全球规则手册提供路径支撑。

（四）推进新兴技术产业发展、强化日美技术合作

一是制定出台新兴技术产业发展政策。4月，日本政府公布《量子未来社会愿景：通过量子技术实现未来社会愿景及其战略》，提出政府投资建设研究中心，并承诺通过政府类基金，扶持开发量子技术的初创企业；日本非同质化代币（NFT）政策审查项目组发布《NFT白皮书——日本Web3.0时代的NFT战略》，概述了Web3.0产业政策的指导方针和标准。6月，日本政府批准《2022年经济财政运营和改革的基本方针》，其中包括促进日本加密货币、非同质化代币和去中心化自治组织（DAO）等领域发展。10月，日本首相岸田文雄表示，在经济产业省下新设立了Web3.0政策办公室，负责制定相关法律法规。11月8日，日本最大移动运营商NTT Docomo总裁在记者会上宣布，该公司将投入5000亿至6000亿日元开发与Web3.0相关的基础设施和服务，主要是基于区块链技术，将成立一家专注于Web3.0的新公司，并从2023财年开始运营，以此加速Web3.0在日本的实施。

二是大力投资尖端技术发展。7月，日本政府提案，将从人工智能、半导体和网络安全等20个领域甄选重要技术促进经济安保发展，政府计划拨款5000亿日元，通过公私合作促进尖端技术发展。日本总务省将在2023财年的第二次补充预算中拨出662亿日元，在日本国家信息与通信技术研究所设立一个基金，以支持6G无线网络的研究。日本扎实推进6G技术标准研发，重视程度前所未有。4月，日本6G标准推进组织“Beyond5G促进联盟”，公布了日本将向国际电信联盟（ITU）提交的6G技术愿景需求草案。值得注意的是，该草案内容详尽完整，对15个垂直行业细分应用场景及其对6G技术指标要求进行了细致阐述。该草案显示，日本在6G技术标准方面开展了充分和扎实的基础研究，尤其对垂直行业开展了充分的调研，对于后续技术标准研发和提前培育6G应用具有促进作用。

三是美日技术合作不断加深。1月，日美“2+2”国防和外交部长会议明确，双方将在正式交换联合研究、开发、生产和测试框架文件基础上推进新兴技术合作。6月，日本创新网络和美国竞争力委员会宣布成立日美创新与竞争力委员会，旨在推进联合研发、联合创新举措和新商业模式。7月，在美日经济政策磋商委员会首次会议上，两国将强化供应链的相关合作内容纳入联合文件，计划共同研究新一代半导体，并最早于 2025 年在日本国内建立量产体制。11 月，日本经济产业省宣布启动“后 5G信息通信系统基础设施强化研究开发项目”，日本政府将向丰田汽车、索尼、日本电信电话、日本电装、软银等 8 家日企合资成立的半导体公司 Rapidus 提供约 4.9 亿美元补贴，旨在 2030 年前建立下一代半导体设计和制造基地，并实现大规模生产芯片。此举被视为在全球半导体市场追回“失落的三十年”，该项目也将涉及与美国的深度合作。

二、特点分析

（一）积极进行战略调整，主动性凸显

日本 2022 年通过新版《国家安全保障战略》《国家防卫战略》《防卫力量整备计划》三份安保文件，宣称日本应拥有反击能力。这将使日本实际上放弃战后奉行的“专守防卫”原则。种种动向表明，日本防卫策略正在进行战略性调整，而与日本整体防卫策略转变相一致，日本在网络防御方面的动向也逐渐趋向“主动”。新版《国家安全保障战略》提出日本将加强在太空战、网络战和电磁战等新兴领域的作战部署，强调日本面临的严峻网络安全形势，提出将引入“主动网络防御”，赋予自卫队更大权限，使之不仅可对网络空间实施常态化监控、侦测攻击征兆和锁定攻击源头，还可采取先发制人的反制行动，日本抢占国际网络安全领域主动权的意图明显。

（二）加速推动与美融合，依赖性突出

日本基于自身安全利益需求，正加速与美国在网络安全和信息化发展领域的广泛合作。5 月，美国白宫发布“美日竞争力和弹性伙伴关系”简报表示，美日双方将在数字经济、基础设施及网络安全、开放无线电接入网络研发、供应链弹性、国际标准制定等方面进一步深化合作。在网络安全领域，日本参与了美国网络司令部“网络旗帜”多国联合演习、CCDCOE“锁盾 2022”网络防御演习等。在新兴技术尤其是半导体方面，日美宣布共同成立新机构研发和生产 2 纳米半导体芯片。10 月，由美国主导的“芯片四方联盟”（Chip4）和美日印澳“四边安全对话”（QUAD）分别召开会议，探讨在半导体供应链、新兴技术发展等领域“对抗中国”。

（三）扩展网络外交圈，排华性显著

日本在其 2 月份发布的最新版《网络安全战略》明确指出中国对其构成所谓的“网络威胁”，在此基调下，日本当局积极参与构建排华的网络外交“小

圈子”。除了与美国紧密合作之外，日本还强化与澳大利亚、印度的合作。日澳双方签署具有里程碑意义的防务《互惠准入协定》，加强在网络、太空和经济安全等领域的合作，以应对“中国在太平洋地区不断扩大的军事和经济影响力”；签署新的《日澳安全保障联合宣言》，双方将加强在网络、太空、重要新兴技术、电信等领域合作，将各自深化与美国的同盟关系，加强网络防御合作等。3 月，日本首相岸田文雄对印度进行正式访问，两国签署了网络安全合作备忘录；9 月，日本和印度时隔三年之后重启日印外长和防长“2+2”会谈，双方会后表示将在网络安全和 5G 部署领域开展合作。此外，在 QUAD、Chip4 和美日澳新英“蓝太平洋伙伴”（PBP）等由美国主导意在排华的机制中，均能看到日本的身影。

三、总结与启示

2022 年 6 月，北约峰会首次邀请日、韩、澳、新等国领导人与会，日本加入北约网络防御中心，将使日本网络安全能力得到强化，而美国将日韩纳入其主导的多边网络安全合作架构，将进一步打开北约通往亚洲的大门。日本借强化网络战能力，以防御之名演练攻击类作战科目，突破和平宪法对其发展进攻型军事力量的限制。但从手法上看，日本在网络安全领域沿袭渲染外部威胁的惯用套路，只会将东北亚的地缘紧张局势进一步拓展到网络空间，加剧网络空间军事化危险，从而给地区乃至全球增添新的不稳定因素。日韩相继加入北约下属的网络防御中心，暴露出美国将“新冷战”阵线不断前推的战略意图。无论是北约渗透亚太还是亚太北约化，北约触角伸向亚太都会对地区和平、稳定和合作产生严重干扰和消极影响。对于可能愈演愈烈的网络军事对抗风险，中国需要未雨绸缪、加强防范，亚太地区国家也需对网络空间军事化动向保持足够警惕。

1.7 韩国网络安全和信息化综述

2022 年，韩国在信息化与新兴技术产业发展方面加大力度，出台多部战略法规，以期通过数字化转型重振经济。此外，韩国积极参与美国主导的网络攻防演习，借此提升网络安全保障能力。相关情况综述如下。

一、韩国网络安全和信息化主要政策措施与特点

（一）重点推进韩美网络军事合作，提升网络安全响应能力

2019 年，韩国政府相继发布《国家网络空间安全战略》《国家网络安全基本规划》，为韩国网络安全做出顶层规划，提出：三大战略目标，包括“平稳遂行国家主要职能”“周全应对网络攻击”“坚实构建网络安全基础”；六项战略举措，包括提高国家重点基础设施安全、提高网络攻击应对能力、基于信任和合作实施管理、建立网络安全产业发展基础、构建网络安全文化和引领网络安全国际合作。2022 年，韩国重点推进了网络安全国际合作，尤其在“具体落实韩美网络军事合作”方面加大力度，借助与美国的同盟关系构建自身网络安全防御体系，实现海外情报共享，增强自身网络安全攻防能力。5 月，美国总统拜登访问韩国，韩美决定两国“就关键和新兴技术及网络安全深化和拓宽合作”。4 月，韩国国家情报院（NIS）第二次参加北约合作网络防御卓越中心（CCDCOE）主办的全球最大规模国际网络安全攻防演习“锁盾”。5 月，NIS 正式加入 CCDCOE，成为该组织第一个亚洲成员。10 月，韩国首次参加美国主导的“网络旗帜”多国联合演习，以熟练掌握识别、分析、共享、消除、阻止网络威胁等作战程序。10 月，韩国外交部宣布，已向欧洲理事会提交加入《布达佩斯网络犯罪公约》的进程意向书，谋求建立与网络犯罪相关的快速国际合作调查体系。

10 月，韩国网络平台 Kakao 电算设施所在的数据中心发生火灾，导致相关软件和服务瘫痪，以该事故为契机，韩国宣布成立跨政府部门的网络安全工作组，以防类似事件重演，该工作组由韩国国防部、国家情报院、大检察厅、警察厅和军事安全支援司令部等部门高层人士组成，并将在国家安保室长的主持下定期召开网络安全状况检查会议。

（二）加强个人信息保护，强化对科技巨头的监管

一是加强个人信息保护，完善相关配套措施。7 月，韩国个人信息保护委员会（PIPC）与相关部委联合发布《儿童和青少年个人信息保护基本方案》，作为韩国《儿童和青年个人信息保护法》的扩充文件，该基本方案指出自 2023 年起，儿童和青少年将被赋予“被遗忘权”，有权要求互联网平台和企业销毁涉及数据主体的隐私数据。韩国宪法法院 7 月驳回《电信业务法》中的一项条款，禁止移动运营商在未通知用户的情况下与政府共享公共数据，认定在获取个人数据时，不采取措施通知受影响用户是违宪的，将个人信息保护提

升到更高层面。PIPC于9月14日发表声明称，谷歌因违反隐私法已经被罚款692亿韩元，Meta被罚款308亿韩元。

二是持续强化对科技巨头的监管。在反垄断方面，韩国公平贸易委员会于1月27日宣布扩大数字部门，以加强对平台巨头的监管，并在2月13日决定对谷歌、Netflix和KT、LG Uplus和Content Wavve等视频流媒体服务在付费订阅方面开展不公平商业活动的行为进行处罚，7月还分别派工作人员前往互联网巨头Naver和电子商务公司Coupang总部，调查它们涉嫌夸大或欺骗性的广告做法。3月，韩国通过《电信企业法》修正案，禁止苹果公司和Alphabet公司等主流应用商店运营商强迫软件开发商使用其支付系统。如果应用商店运营商强迫开发者使用运营商自己的应用内支付系统，需要支付高达2%的收入罚款。韩国由此成为全球主要经济体中首个对苹果和谷歌采取此类限制措施的国家。8月开始对苹果、谷歌及SK集团的应用商店ONE store可能违反该国的应用程序内支付规则的行为进行调查。

（三）推动数字化转型发展，积极布局新兴技术发展

出台信息化发展战略文件。9月，韩政府发布《国家数字化战略》，该战略由韩国科技信息通信部（MSIT）负责制定，是旨在推动韩国由数字时代的追击者跃升为先导国家的泛政府数字战略。该战略提出了“再次跃升、全民共享、构建数字化经济和社会”的战略目标，包括了5项战略、19个行动计划，5项战略分别是打造全球顶级水平的数字力量、扩大数字经济的覆盖范围、提升数字经济的包容性、构建政府数字平台、推动数字文化创新。韩国政府将在该战略蓝图下大力投资人工智能、半导体、5G/6G、量子计算、元宇宙和网络安全等领域。MSIT表示，韩国将在该蓝图下提高其在数字技术、行业和人才方面的能力，使其在2027年瑞士国际管理发展学院年度世界数字竞争力排名中位居前三。韩国政府计划在2024年向拥有智能手机的公民提供由区块链担保的数字身份证，希望在两年内让4500万公民用上数字身份证，通过国民良好的科技基础来促进经济发展。

为了成为世界领先“数字强国”，韩国加大对高新技术领域的投资力度。2月，MSIT发布声明称，将投资2237亿韩元，创建一个名为“扩展虚拟世界”的元宇宙生态系统，支持该国数字内容产业发展。6月，韩国审议通过《为跃升为数字霸权国家的数字技术革新及扩散战略案》和《2023年度国家研发预算分配、调整案》。为了确保技术霸权竞争时代的“超差距”，韩政府每年将向人工智能、AI 半导体、5G/6G、量子技术、Metabus、网络安全等六大数字革新技术领域投入 1 万亿韩元。10 月，MSIT 发布《国家战略技术培育方案》，希望“通过培育国家战略技术，实现未来增长并掌握技术主权”。方案将在未来 5 年内投资超过 25 万亿韩元，用于发展半导体和显示器、充电电池、高科技出行、新一代核能、高科技生物、宇宙太空及海洋、氢能源、网络安全、人工智能、新一代通信、高科技机器人和其制造技术、量子技术等十二大国家战略技术；为了进一步推动产业发展，韩政府将把研发投资额从 2022 年的 3.74 万亿韩元增加至 4.12 万亿韩元。

持续为进入 6G 时代做准备。2020 年 8 月，MSIT 发布《为引领 6G 时代的未来移动通信研发促进战略（2021—2028）》，提出了 6G 蓝图、战略目标、促进方案等一系列内容。2021 年 6 月，韩国政府发布了一项“6G 研发实行计划”，韩国将在未来 5 年内投资 2200 亿韩元进行 6G 核心技术的开发。与此同时，韩国政府希望通过与中国、美国等通信大国的合作，在 2026 年启动 6G 试点项目；2028 年成为全球首个实现 6G 商业化的国家。2022 年，韩国持续为进入 6G 时代做准备。1 月，MSIT 表示将推进新一代网络发展战略的制定，包括 5G 骨干网、6G、卫星、物联网等整体网络的技术革新方案等。MSIT 部长 3 月在世界移动通信大会上发表演讲时表示，韩国将在 2028 年左右推出 6G 服务。8 月，MSIT 公布了超差距研发项目，其目标是建立世界上最先进的移动网络和网络安全系统。2023 年 2 月，MSIT 通过“K-Network 2030”战略，提前启动 6G 商用化研发，考虑到世界主要国家进入 6G 商用化的时间约为 2028 年至 2030 年，韩国决定提前 2 年启动 6G 商用技术研发。德国分析公司 IPlytics 称，韩国 2022 年 5G 专利的占有率为 25.9%，仅次于中国的 26.8%，在 6G 网络竞争中，韩国政府打算将相关专利的占有率提升到 30% 以上。

（四）大力扶持本土半导体产业复兴，巩固技术产业优势

半导体产业作为韩国的核心产业，其出口额占韩国整体出口的五分之一，然而目前却因行业萧条和全球整体环境等综合因素面临困境。为解“芯”焦，韩国大力扶持本土半导体产业。7 月，韩政府发布《半导体超级强国战略》计划，主要内容包括大幅扩大对半导体研发和设备投资的税收优惠，将大企业对国家战略技术的设备投资税额抵扣率提升至 8% ～ 12%，引导企业到 2026 年完成半导体投资 340 万亿韩元；为半导体园区建设提供财政支持与政策支持，放宽芯片制造商的劳工规定；支持下一代系统芯片研发，到 2029 年，投资 9500 亿韩元用于开发电力和车用芯片，投资 1.25 万亿韩元用于开发人工智能芯片，设立半导体生态系统基金，投资 3000 亿韩元用于小企业创新和芯片设计公司的兼并和收购；在人才培养方面，指定半导体职业研究生院，集中支持人工费、教育器材、研发等，争取到 2031 年培养 15 万名专业人才。该战略的目标是争取到 2030 年将韩国全球系统芯片市场占有率从目前的 3% 提升至 10%，将半导体制造产业链中的原材料、零部件和设备的自给率由 30% 提高至 50%。8 月，韩国《国家尖端战略产业法》开始实施，该法将半导体等产业技术指定为国家尖端战略技术并加强扶持。9 月，韩国总统尹锡悦对加快韩国半导体产业立法表达了明确支持态度，《国家先进战略产业特别法》和《特别税收限制法修正案》等一揽子法案加速推进。

二、总结与启示

韩国高度重视数字经济发展，从第四次工业革命开始就在数字基础设施建设方面持续发力，为数字经济发展打下良好基础。2022 年，韩国政府在数字化发展、高新技术发展等方面的目标与规划愈发清晰，陆续发布了《半导体超级强国战略》《国家数字化战略》和《国家战略技术培育方案》等，大力扶持本国先进半导体、新兴和核心技术等科技产业发展，体现出韩国对“技术主权”的高度重视和前瞻性布局。在数字经济政策制定上，韩国政府一直扮演着“积极主导”的角色和重要作用，政府投资带动大批社会投资进入数字经济领域，尤其是对高新技术的投入力度持续加大。中韩之间产业贸易基础较好，在 5G/6G、半导体、自动驾驶、车联网、能源互联网、AI 等领域拥有巨大的合作空间。中国数字化转型迅速，是韩国最新数字产品和数字服务的重要市场和新兴市场，双方可以拓宽数字经济合作领域，在产品、生态、商业、市场以及关键技术等方面加强合作。积极参与全球数字经济治理和国际数字经济规则制定，共同探讨制定各方意愿、尊重各方利益的数字治理国际规则，积极营造开放、公平、公正、非歧视的数字发展环境。

1.8 印度网络安全和信息化综述

2022 年，印度政府以《2022 年印度电信法案》《2022 年数字个人数据保护法案》等几项重要法案修订为“重头戏”，强化互联网运营服务、个人数据保护和数字反垄断，尤其注重加强对境外互联网公司的监管，加大力度支持本土互联网企业发展。

一、印度网络安全和信息化主要政策措施

（一）更新电信法案，将各类互联网服务纳入许可监管

2022 年 9 月，印度政府公布《2022 年印度电信法案》，该法案旨在取代 1885 年的《印度电报法》、1933 年的《无线电报法》和 1950 年的《电报线（非法占有）法》。新法案扩大了“电信服务”的定义，将OTT通信服务、人际通信服务、电子邮件、基于互联网的通信服务等都纳入许可监管范围，要求提供上述服务的企业或机构需要向印度电信部申请电信服务许可证。目前，电信服务提供商必须获得统一接入服务许可证才能在印度提供电信服务。如果OTT通信服务被要求获得同样的许可证，他们还将受到一些条件的约束，比如遵守某些加密规定，并允许政府合法访问他们的设备和网络等。法案一旦通过，如Whatsapp、Telegram、Signal、Messenger、Duo、谷歌Meet等即时通信平台将需要申请牌照才能在印度提供相关服务。此外，法案备受关注的是其“屏蔽和拦截条款”，这项条款将允许政府当局以公共紧急情况/公共安全为由，屏蔽、拦截、扣留和披露通过OTT通信服务发送的消息。此外，出于安全考虑，政府当局可以占用OTT通信服务，并赋予了政府在“公共紧急状态或公共安全受到威胁的情况下”下令关闭互联网或拦截通信的权力。

（二）推动出台个人数据保护法，开展数据安全执法调查

2022 年 11 月，印度电子和信息技术部（MeitY）发布《2022 年数字个人数据保护法案》，这是印度个人数据保护法案的第四次更改。该法案在名称、篇幅和内容上均发生较大变化，特别是删除了数据本地化存储要求、数据泄露的刑事责任、可携权和被遗忘权等内容，引发各界广泛讨论。该法案首次于 2018 年 7 月提出，2019 年 12 月由印度电子和信息技术部向联合议会委员会提交了《2019 个人数据保护法案》，但 2019 年版法案因赋予政府过大的权力以及对数据跨境流动的规定过于严格，遭到了国内外的诸多批评，特别是受到了科技公司的强烈反对。2021 年 12 月，印度议会联合委员会审议修正后推出了《2021 年数据保护法案》。然而，2022 年 8 月，印度政府以议会联合委员会对法案修改过多为由，撤回了 2019 年版本，并承诺将制定符合印度国情的个人

数据保护法。最终，于2022年11月形成了当前第四版的《2022年数字个人数据保护法案》。新法案从“个人数据保护”变更为“数字个人数据保护”，缩小了法案的适用范围，不再适用于在线下未以数字化方式收集的个人数据。法案共六章，包括序言、数据受托人的义务、数据委托人的权利和义务、特别规定、合规框架和其他规定。法案不再要求数据本地化存储，而是允许数据受托人在满足印度政府规定的条件下，将个人数据转移到可信赖的国家或地区。此项规定与欧盟GDPR的充分性认定较为类似，但进行充分性认定的具体要件尚未明晰。

在个人数据保护的执法调查方面，印度政府以“数据安全”为由封锁了大量手机应用程序。2022年8月，MeitY国务部长拉杰夫·钱德拉塞卡（Rajeev Chandrasekhar）表示，印度政府封锁了348个手机应用程序，他们宣称的理由是“这些应用程序收集用户数据，并以未经授权的方式将数据传输到国外的服务器以供分析”。这些应用程序一部分来自中国。2020年至今，印度已经封杀了大量中国应用程序，包括抖音、电商巨头Shein、腾讯开发的《绝地求生》游戏、UC浏览器等。

（三）酝酿出台《数字印度法案》，推动对互联网全方位的规范治理

2022年，印度政府提议制定《数字印度法案》（DIA），取代现有的《2000年信息技术法》，据称，该法案将扩大网络监管范围，覆盖推特、Meta、Netflix和亚马逊等互联网内容平台，以阻止错误信息或煽动暴力的内容在网上传播等。据悉，《数字印度法案》是一部综合性法律，旨在帮助解决技术、服务和设备三方面的融合问题。2023年3月，MeitY公布了关于DIA的介绍，法案包含了序言、原则、数字政府、开放的互联网、包括用户伤害在内的在线安全与信任、问责制、监管框架、新兴技术风险与防护等章节，主要内容涵盖构建更加公平多样的数字市场，强化包括社交媒体平台在内的中介机构的义务，保护用户免受有害内容和网络犯罪侵害，加强对人工智能的监管，强化对侵犯隐私的设备的监管，设立专门的审裁机制等。

8月，印度推出《2022年竞争（修正）法案》，对印度当前的竞争法进行一系列修订，修订内容包括提出将交易价值作为向印度竞争委员会（CCI）通报企业并购的标准规定、引入“减少诉讼的和解和承诺框架”等。10月，CCI表示，因谷歌在安卓移动设备方面的反竞争行为，已对其处以133.8亿卢比的罚款；CCI还对谷歌处以1.13亿美元的罚款，原因是谷歌滥用其在应用商店市场的主导地位，推广自家的支付系统，CCI 要求谷歌无限期暂停执行应用商店的支付政策。

（四）发布首份网络安全指令，加大虚假信息治理力度

4 月 28 日，MeitY 与印度计算机应急响应小组（CERT-In）联合发布首份网络安全指令，要求所有服务提供商、中介机构、数据中心、实体公司和政府组织必须在发生或知晓安全事件后的 6 小时内，向 CERT-In 报告，并定于 6 月 27 日开始生效。该指令推出后受到了科技游说团体的强烈反对。5 月 26 日，CERT-In 总干事桑杰 · 巴尔收到了一封主要代表美国、欧洲和亚洲科技公司的 11 家组织撰写的公开信。公开信表示，印度的新指令要求在 6 小时内报告网络攻击事件并将用户的日志存储 5 年，这将使公司很难在印度开展业务，这些机构包括谷歌、脸谱网和惠普等科技巨头。之后，MeitY 和 CERT-In 将指令的生效日期先延长了 60 天以示让步，随后又于 6 月 25 日再次发布文件，将合规生效日期再次延长至 9 月 25 日，延长了 90 天；同时保留了其认为 6 小时内报告网络安全事件的合理要求。尽管政府将指令生效日期再次延期，但对指令的抗议仍在继续。对此，MeitY 部长拉吉夫 · 昌德拉塞卡强调：鼓励所有科技初创企业遵守该指令，确保一开始就比全球其他竞争对手更符合监管要求。

印度在虚假信息治理方面也加大力度。2021 年，MeitY 发布《2021 年 IT（中介指南和数字媒体道德规范）规则》，主要用于规范大型社交媒体公司，并赋予政府更多的权力来删除互联网内容。根据该规则，印度政府已向社交媒体平台发布了上百条指令，如 2021 年 12 月至 2022 年 4 月期间，印度就向优兔发布了 94 条屏蔽内容的指示，印度还向脸谱网、推特等社交平台接连发出内容删除令，凸显印度政府对在线内容的监管权力。

（五）推进新型数字基础设施建设，加速数字化进程

在 5G 领域，8 月，印度政府部门公布了针对《2016 年印度电报通行权规则》的修正案，修正案的突出特点包括扩大电信基础设施、提高商业的便利性、收费合理化等，以加快印度的 5G 网络部署。10 月，印度巴帝电信在 8 个城市推出 5G 服务，并将在 2024 年 3 月之前在全国覆盖多达 5000 个城镇。在卫星通信领域，在印度空间研究组织的支持下，印度首个高通量卫星宽带服务于 9 月 12 日启动；印度政府敦促智能手机巨头对 2023 年 1 月后销售的新手机进行调整，以支持印度区域导航卫星系统（NavIC）。在数字货币领域，7 月，印度储备银行（RBI）明确表示了对数字资产的看法，希望在印度禁止加密货币，希望通过全球合作，推动加密货币禁令生效；8月，印度执法局冻结了印度最大加密货币交易所WazirX约6.467亿卢比的银行资产，理由是WazirX协助约16家金融科技公司，利用加密货币路线转移犯罪收益。11月，RBI宣布启动“数字卢比”试点，包括印度国家银行在内的9家银行参与试点。据悉，为推出数字货币，印度还修订了1934年出台的央行法案，以使央行能够开展试点项目并发布央行数字货币。

二、印度网络安全和信息化布局特点与趋势

（一）保护和推广自有技术，确保国内企业的竞争力和创新力

虽然印度与西方国家的合作逐渐加强，但是印度始终坚持推广国产技术，无论是要求手机支持印度卫星导航系统NavIC还是积极推广“数字卢比”的试点应用，以及拟议中的《数字印度法案》，都是为了支持“印度技术”，将国产技术做大做强。此外，积极探索芯片等高新技术企业落地印度，促进印度技术能力的提高，此外针对互联网超大平台的反垄断调查等，也是采用保护本地企业和自有技术的方式，确保国内企业的竞争力和创新力发展。

（二）突出数据主权意识，或将对国际数据治理规则制定产生重要影响

2022年，印度政府极其重视对个人数据保护领域的法律法规建设，强调了对印度个人数据的保护。为了对印度公民的数据行使主权，印度在8月份提交给联合国特设委员会第二届会议的意见书中提出了“以数据为导向的管辖权”的概念。未来，随着印度人口总量将逐步跃升至世界第一人口大国，以及数据逐渐成为数字经济发展的战略性资源和保障国家安全的重要资源，印度政府或将加快推进数据治理领域法律法规建设，积极参与国际规则制定，其庞大的网络数据和数字经济市场也为其参与国际数据治理规则提供了客观的话语权份量，或将对国际数据治理规则制定产生一定程度的重要影响。

（三）有意针对中国企业，意图打击中国科技海外发展进程

近两年，印度政府打压、惩罚中国企业的案例增多，如印度政府以国家安全为由，封禁由腾讯公司支持的韩国公司Krafton推出的印度版手游《绝地求生》，防止Krafton与中国方面共享用户数据。一方面，由于欧盟及美英等极力推进“印太战略”，提升印度在贸易合作的重要性，印度似乎满足于在中国与西方之间周旋而获得的受重视感，意图进一步通过安全审查、税收调查等方式打压中国企业，打击中国科技发展，提高印度和西方国家的合作优势。另一方

面，在中印冲突背景下，印度也希望在供应链中减少对中国的依赖，构建多元化供应链体系，并在亚太扮演更重要的区域角色，应对快速崛起的中国。

三、总结与启示

2022 年，印度政府在网络安全和信息化领域重点关注国内网络和信息安全，以及对数据主权的法规与政策建设。印度政府惯常使用的针对境外互联网公司的执法调查等，本质上是为本国互联网企业创新发展腾挪空间。这些举措与莫迪政府对外的“不结盟政策”和其专注自身发展的宗旨总体一致，其在保障本国网络和信息安全的基本提前下，正寻求本国数字经济的跨越式发展，试图在动荡不安的国际局势下提升本国综合国力。

中印在网络安全、数据治理和数字经济等领域具有广泛的合作空间。一方面，应认清印度在人口规模和数字经济市场等领域对未来国际格局的影响，妥善搁置争议，寻求两国合作空间。另一方面，研究与印度可合作的利益点，建议在金砖五国、上合组织、G20 等平台机制下加强与印在数据治理、数字经济等领域合作，通过切实利益的合作增进两国政治互信，以推动维护亚太地区和平稳定发展。

1.9　欧盟网络安全和信息化综述

2022 年，欧盟继续在寻求“战略主权”的基础上推动“技术主权”“数字主权”，在数字规则体系建设、新兴技术发展等方面按照既有路线扎实推进。但受俄乌冲突等因素影响，欧盟安全担忧陡升，网络安全方面的内外部署出现了一定的转向：对内强化区域内协调，重视协同防御能力建设；对外“求助”美国，以北约为基础强化跨大西洋合作关系。

一、欧盟网络安全和信息化主要政策措施

（一）规范立法、强化联动，提升区域网络安全防御能力

2022 年，欧盟从完善制度框架、增强行业能力等多个方面入手，强化地区网络安全能力。3 月，欧盟成员国签署声明，呼吁欧盟委员会建立新网络安全应急基金并增加投资，为网络安全服务提供商创建用于网络安全审计和事件

响应的市场，帮助成员国增强网络安全能力；9月，欧盟委员会发布《网络弹性法案》，旨在加强欧盟境内数字产品的网络安全，整合现有网络安全监管框架；同月，欧盟网络安全局（ENISA）联合14个成员国发布网络安全技能框架，推动网络安全人才发展。11月，欧盟更是在提升区域网络安全方面开展了密集动作，包括提出一项新的“欧盟网络防御政策”，新政策基于四大支柱：共同行动以加强欧盟网络防御、确保欧盟防务生态系统的安全、投资网络防御能力、合作应对共同挑战，旨在促进网络防御方面的合作和投资，以增强欧盟防范、检测和威慑网络攻击的能力，加强欧盟网络安全能力；通过新版《网络和信息系统安全指令》，提出正式建立欧洲网络危机联络组织网络，支持大规模网络安全事件和危机的协调管理，在欧盟内实现网络安全的立法；欧盟网络安全局（ENISA）发布了《2022年威胁形势报告》，强调了地缘政治对威胁格局的影响，称零日攻击和利用人工智能生成的虚假信息在不断扩散。

同时，欧盟通过强化国家联动，通过“练兵”提升区域协调防御能力。2022年1月，欧盟启动针对多个成员国的大规模模拟网络攻击“抗压测试”，以增强成员国之间的合作，提高联合反应的有效性，协调公共及外交层面的应对措施，检验欧盟国家对该类攻势的承受能力，增强各成员国间的合作，提升应对效率及备战水平；7月，欧盟完成了代号为“Cyber Europe 2022”的演习，来自欧盟29个国家、欧洲自由贸易联盟以及欧盟各机构与部门的800多名网络安全专家测试了各参与方的事件响应能力，以及欧盟各机构与欧洲计算机应急响应小组、欧盟网络安全局通过合作在提高态势感知能力方面取得的成效；11月，欧盟又参与了北约“网络联盟”演习，意在提高网络空间防御和共同作战能力。

（二）加强规则体系建设与协调，为数字市场发展提供切实保障

为推动欧盟数字经济市场规范发展，欧盟通过强化立法、构建协调体系等展开行动。欧盟通过推动两大重要立法和完善《一般数据保护条例》（GDPR）认证体系，为未来的监管规范定下基调。2022年，欧盟将推进《数字服务法》与《数字市场法》作为构建其数字制度环境的重要工作。7月5日，欧洲议会通过了这两项法案；7月18日，欧盟最高决策机构欧洲理事会批准《数字市场法》，该法于11月1日正式生效；10月4日，欧洲理事会批准《数字服务法》，该法于11月16日正式生效。这两部重要法律在反垄断和内容安全方面为欧盟未来数字发展规定了方向。《数字市场法》旨在遏制数字巨头的恶性竞争行为，构建公平、开放的数字市场，更多侧重于促进公平竞争，明确规定了大型在线平台在数字市场的“看门人”义务；《数字服务法》则旨在构建安全、可预测及可信任的网络环境，充分捍卫欧洲核心利益，更多侧重于权利保护，明确规定了数字服务提供商针对非法内容传播、在线虚假信息和其他社会风险等所必须承担的义务。另外，欧盟委员会于 10 月推出了认证体系“欧洲隐私”，用于评估、记录、认证和评价企业对GDPR等数据保护法规的合规情况，这是首个获批的欧盟GDPR的认证体系，标志着欧盟在隐私保护规则方面实现了巨大飞跃。

同时，欧盟还继续开展数据监管、反垄断等执法工作。2022 年，包括谷歌、Meta、TikTok、照片墙（Instagram）、WhatsApp等在内的多个大型科技企业或平台因数据保护不当、涉嫌垄断等问题，被欧盟当局调查或罚款。11 月，日本NTT数据集团的西班牙子公司因违反GDPR被罚款，成为GDPR生效以来欧盟对日本公司开出的首个罚单。

为构建成熟有效的规则体系，欧盟对成员国的数据执法工作也进行了规范，以此推动欧盟规则体系和执法维度的统一性。2022 年 2 月 15 日，欧洲数据保护委员会（EDPB）宣布启动首次联合执法行动，协调欧洲经济区的 22 个国家监管机构，对包括欧盟机构在内的 80 多个公共机构的云服务情况展开调查，涵盖卫生、金融、税务、教育和IT服务等领域；7 月 15 日，欧盟委员会认为斯洛文尼亚一直未能改革GDPR之前的国家数据保护框架，未能履行GDPR所规定的重要义务，因此向其发送了一份详尽意见敦促其整改；9 月 20 日，欧盟最高法院裁定德国的《一般数据保留法》违反了欧盟法律，并提出改正意见。

（三）强化互联网内容安全建设，打击虚假信息等有害信息

2022 年，欧盟将信息内容安全作为重点工作之一进行大力推动。

对内，欧盟通过立法规范和强化平台责任等方式，保护特殊群体的在线安全。欧盟委员会 5 月通过了“为儿童打造更好的互联网”的新战略，并于 6 月发布由消费者和数据保护机构制定的面向儿童的公平广告五项关键原则，进一步防止青少年儿童受到网络有害信息侵害；欧盟 6 月发布新版《反虚假信息行为准则》，并与脸谱网、推特、谷歌等科技巨头签署新的反虚假信息准则，旨在通过制定更广泛的措施来打击在线虚假信息，以实现欧盟委员会于 2021 年 5 月提出的“关于如何加强打击虚假信息”指南的目标；7 月，欧盟理事会批

准了《关于外国信息操纵和干预的结论》，提出将开发新的工具箱来应对外国信息操纵的相关问题；欧盟委员会9月通过《欧洲媒体自由法》草案，提出保护欧盟媒体多元化和独立性的规则，还将成立一个“独立的”欧洲媒体服务委员会，该委员会的职责包括：促进《欧洲媒体自由法》和更广泛的欧盟媒体法律框架的有效应用和一致应用；从管理、技术以及实践方面就媒体监管提供专家意见；就可能影响媒体服务内部市场运作的国家措施、媒体市场集中以及其他可能影响媒体自由和多元化的事项发表意见；促进各国媒体监管机构之间的合作，促进分享信息、经验和最佳实践。

对外，欧盟持续渲染、诬蔑中俄等国进行所谓的“信息操纵”和“虚假信息宣传”，并以此为借口对中俄展开信息攻势。一是诬蔑中国进行所谓的“虚假信息宣传”。3月9日，欧洲议会通过《外国干涉欧盟民主进程及传播虚假信息报告》，诬蔑包括中国在内的外国“利用信息操纵等策略干涉欧盟民主进程”。二是主动参与对俄信息战，通过屏蔽俄罗斯媒体平台等方式开展认知战，3月，欧盟与美国商定合作打击俄罗斯虚假信息；欧盟最高法院7月27日确认对《今日俄罗斯》的禁令。

（四）强调西方价值观，跨大西洋技术与数字合作更为紧密

2022年，欧盟与日本、新加坡、东盟等国家和地区积极推动数据跨境流动、数字产业合作等，体现出欧盟在国际数字合作方面的决心与愿景。其中，欧美合作在种种因素推动下，呈现出愈加火热的态势。尤其是俄乌冲突后，欧盟对美国安全依赖性更为深入。在寻求建立战略自主的基础上，追求更加平衡的欧美关系。

2022年，欧美在网络安全、数字贸易、供应链安全等方面的合作展现了近年来少有的一致。美国—欧盟贸易和技术委员会（TTC）于5月、12月举行第二次、第三次部长级会议，在人工智能、数字基础设施、标准化信息共享、半导体、数字人才培养等多个层面达成合作意向，推动欧美技术合作，推进数字贸易发展；7月18日，欧盟理事会批准了其下属机构欧盟外交事务委员会拟定的《欧盟数字外交结论》，强调欧洲价值理念，布局欧盟全球战略，其中特别提到推动与美国的数字合作；12月13日，欧盟委员会发布了《欧盟—美国数据隐私框架充分性决定》草案，解决欧盟法院在其2020年7月的施雷姆斯第二案（Schrems Ⅱ）判决中提出的关切，旨在促进跨大西洋数据流动。

同时，欧美也在网络安全问题上展开密集接触。ENISA发布的《2022年网络安全威胁全景》报告特别强调了“地缘政治对网络安全威胁形势的影响”，认为俄乌冲突为网络战和黑客主义的影响定义了一个新的时代，将带来新的网络安全挑战。在这种背景下，欧盟基于安全考量寻求与美国开展网络安全合作顺理成章。12月，欧盟与美国举行第8次网络对话，在加强网络能力建设、建设稳定的网络空间和加强网络弹性等方面达成共识；双方还举行了司法和内政部长级会议，就加强包括打击恐怖主义、暴力极端主义、勒索软件和其他形式的网络犯罪、有组织犯罪、非法麻醉品等方面的合作展开了讨论。

（五）重视标准化战略，积极布局新兴技术未来战略发展

2022年，欧盟继续在人工智能、量子计算、6G等新兴技术方面开展布局，通过制定2030年人工智能路线图、发布量子计算国际合作项目等推动相关技术发展。但欧盟的技术发展布局不仅限于推动技术的进步，更是对引领国际技术标准、实现技术战略自主方面寄予厚望。

欧盟历来重视技术标准的制定，力图与数字监管一样扮演世界领导者的角色。欧盟内部市场专员蒂埃里·布雷顿（Thierry Breton）曾谈到：技术标准具有战略意义，欧洲的技术主权、降低对外依赖的能力和对欧盟价值观的保护将取决于我们成为全球标准制定者的能力。2022年2月，欧盟委员会正式发布《欧盟标准化战略——制定全球标准以支撑韧性、绿色与数字化的欧盟单一市场》，该战略提出了五大关键领域的行动：一是预测、优先考虑并解决战略领域标准化需求，包括芯片及数据标准等；二是完善欧洲标准化体系治理能力，以避免核心技术领域标准制定决策受域外国家不当影响；三是强化欧盟在全球标准方面领导力，包括建立新的高级别机制，强化与欧盟成员国间信息共享及协调等；四是支持创新，拟启动“标准化助推器”项目，支持研究人员测试其他科研项目与标准化的关联性；五是培养标准化专家。该战略的发布标志着标准化战略正式上升为欧盟层面的重要战略。蒂埃里·布雷顿表示，欧盟委员会希望欧盟夺回对技术标准化的控制权，并寻求减少中国和美国大型公司在欧盟标准制定机构中的影响力，同时在国际上推广欧洲标准。9月，欧盟委员会通过一项决议，拟建立“欧洲标准化高层论坛”，将就与标准化政策有关的事项向委员会提供建议，为确定和实施年度优先事项提供支持。

10月，欧洲议会和欧盟成员国就《欧盟标准化条例》修正案达成政治协议，该修正案是上述欧盟标准化战略的一部分，规定了欧盟标准化进程的框架，允许欧盟委员会授权欧洲标准化组织（ESOs），包括欧洲标准化委员会（CEN）、欧洲电工标准化委员会（CENELEC）、欧洲电信标准化协会（ETSI），制定标准以支持欧盟立法。

而欧盟加快本土半导体产业的步伐，则体现了其建设技术闭环价值链和自主供应链的强烈愿景。2月8日，欧盟委员会提出《欧洲芯片法案》，计划为芯片生产提供430亿欧元资金；11月23日，欧盟各国特使一致支持欧盟委员会芯片计划提案的修订版，该法案补贴将为算力提升、能源效率、环境收益和人工智能等领域带来创新的芯片。欧盟各国部长原本计划于12月1日开会敲定这项芯片计划，但因种种原因仍有待通过。虽然该计划在成为法律之前仍须经过2023年欧洲议会的辩论，但分析认为，这体现了欧盟希望进一步减少对美国和亚洲芯片制造商依赖的产业发展目标。

二、欧盟网络安全和信息化布局特点与趋势

（一）地缘政治推动欧盟网络安全战略更趋协同化

近年来，在“技术主权”的推动下，欧盟开始通过制定区域层面的网络安全战略、政策和法规，实现区域网络安全的统筹协调。而俄乌网络冲突的“热战化”使全球尤其是欧盟产生了极强的危机感。欧盟担忧，俄乌冲突引发的网络战活动蔓延到邻国，并影响包括政府机构和私营公司在内的大量实体。因此，欧盟在2022年的网络安全协调性布局从多个层面展开，在国家和欧盟各网络防御行为体之间、军事和民用网络社区之间，以及私营部门与公共部门之间，加速建立行之有效的协调机制，其举措或计划包括技术合作（如开发军民两用技术）、加大投资（如即将成立的欧洲主权基金投资网络安全领域）、建立新的应对体系架构（如成立网络防御协调中心）等。

（二）坚持意识形态和安全导向，提升与美国的战略协调

自俄乌冲突爆发以来，欧盟对于自身安全的担忧呈现陡升状态，不断裹挟进入螺旋上升的安全困境之中。在美国对安全问题的极力渲染下，欧盟在网信战略领域开始更加趋于向美国靠拢，更为坚持以美西方“自由民主”价值为主导的数字外交战略，更为坚持将“欧洲价值观”作为对外合作的前提和标准。欧盟积极在美国主导的《互联网未来宣言》、印太战略、G7等倡议战略组织中加强战略配合和主动作为，将美欧战略协调作为保障欧洲安全的重要抓手，主动将意识形态问题作为与其他国家合作的“垫脚石”。

（三）加强对互联网平台的监管，完善欧盟数字法律体系

2022 年，欧盟最终将多年来对超大平台进行监管的概念探讨、政治考量和执法效果付诸立法实践。《数字市场法》和《数字服务法》的通过，将推动欧盟对超大平台在反垄断和内容安全等领域的监管方面取得突出进展。由于欧洲鲜有具有全球影响力的超大互联网平台，两部重要法律的颁布实施，有利于避免推特、脸谱网、优兔、谷歌等美国具有全球影响力的超大平台在欧盟管辖范围内“横行独霸”，有利于减少在欧盟范围内出现的基于超大平台的内容安全问题，更有利于将“欧盟标准”上升为“全球通用标准”。可以预见的是，欧盟及其相关机构将在细分领域加快《数字市场法》和《数字服务法》配套法律法规的制定进程，通过不断的“堵漏”方式加大对以美国为首的超大平台的监管力度、广度和深度，对超大平台在欧洲的行为进行有效监管。

（四）拓展数字技术贸易部署，对我国形成潜在竞争

2022 年，欧盟更加有意识、有战略、有规划地同其他地区开展数字合作，如加强同日本、韩国、印度等“印太地区”国家在数字战略和具体领域的合作力度，加强对非洲网信基础设施的投资力度，加强在数字领域同中亚五国建立更加深入的伙伴关系等。欧盟一方面更加积极配合美国在全球的战略部署，另一方面不断加强与不同区域的国家开展网信战略协调和合作项目探索，通过建立“白名单”制度等方式将“欧洲价值观”向更广领域拓展，追随美国步伐开始在芯片投资领域进行全面战略规划，通过投资加强对本土新兴技术产业链、供应链的有效掌控，一定程度上与我国网信价值理念和战略合作开展潜在竞争。

三、影响与启示

（一）欧盟网络空间自主意识的上升，有助于维护网络空间战略稳定

近年来，超级大国在网络空间拓展霸权严重阻碍了网络空间秩序的构建，成为全球网络空间最大的不稳定因素。中欧网信领域合作对于欧盟提升自身在全球网络空间中的地位以及维护网络空间战略稳定具有重要意义。欧盟对中国的意识形态偏见对中欧网络技术合作形成桎梏，但在网络空间领域应对美国的“网络霸权主义”是中欧面临的共同课题。尤其是欧盟与美国在芯片规划方面的冲突、美国《通胀削减法案》给欧洲带来的损害，都给美欧关系的未来带来一些变量。中欧均应以“求同存异”的态度加强对彼此网络政策的理解，以平等、合作的姿态来探索在网络安全、政治、经济、外交等多个层面的对话合

作，在谋求自身发展的同时，共同维护网络空间的和平、发展与稳定。

（二）充分考量欧盟合理关切，重视其对我国防范心态

针对欧盟存在的一些对中国的不合理质疑与过度防范，应通过多层面的对话交流与合作，鼓励欧盟不断形成自主的对华认知、奉行自主的对华政策；持续强化对欧增信释疑工作，探索对欧重点领域合作。同时，应持续跟踪欧盟前沿立法和战略部署，重点关注美欧在跨境数据流动领域抱团结盟、打通标准壁垒方面的新动作，开展有针对性的防御与反制。

（三）积极借鉴欧盟先发优势，制定契合自身发展条件的数字治理规则

建立与国际接轨的网络空间规则体系有助于我国更好地参与国际规则制定、引领全球政策走向。欧盟在引领全球数字治理方面具备先发优势，在数字规制框架与市场监管方面经验丰富。自GDPR推出以来，欧盟的数字规则成为各国立法效仿的模板或参考的依据。可以说，欧盟的规则体系在一定程度上具有“普适性”，其规制优势契合了中国对解决数字安全、市场监管等问题的需求。2022年《数字市场法》《数字服务法》的相继出台给未来的全球数字治理体系规则带来新的启示与影响。摸准、吃透欧盟的相关政策理念对于我国制定数字规则以及规划企业出海制度具有重要意义。在学习借鉴的同时，还应结合中国自身的数字生态特征、发展水平、市场结构等因素，适时推出适合我国国情的相关政策和立法。

1.10 非洲网络安全和信息化综述

2022年，以埃及、南非和尼日利亚为代表的非洲国家正加快推进信息化建设，多举措应对网络安全。同时，美日欧等发达国家和地区宣布了多项对非数字基础设施的投资或举措，使非洲日益成为国际政治与经济利益博弈的重要舞台之一。

一、非洲网络安全和信息化主要政策措施

（一）通过立法、设立机构和网络演习等方式，加强网络与信息安全能力建设

2022年，非洲从立法、增设机构和举办网络演习等多个方面入手，旨在

强化其网络与信息安全能力建设。一是立法加强网络信息安全。3 月，南非《电影和出版物法》修正案正式生效，该法赋予南非电影和出版物委员会监督在线内容的权力，建立了网络信息服务提供商注册和分级制度，并规定了禁止在网络发布儿童色情、仇恨言论等内容；9 月，南非通信和数字技术部根据上述法律制定发布《2022 年电影和出版物条例》，细化了相关“在线内容审查”规定。二是设立网络安全机构。8 月，非洲网络安全协调与研究中心在多哥首都洛美成立，将致力于监测、检测和共享非洲地区网络安全情报，该中心还将致力于领导非洲大陆的互联网安全研究，防范网络黑客攻击非洲政府网站和关键信息基础设施；毛里求斯成立国家网络安全委员会，以提供应对网络安全和网络犯罪的政策建议，建立网络安全最佳实践和标准。三是进行网络安全演习及加强国际合作。4 月，埃及政府信息与决策支持中心、国家计算机应急响应小组等 28 个政府机构联合举办了一场国家级网络安全演习，以测试相关部门应对网络威胁的准备程度及响应能力，并提升彼此间的沟通与协调水平；8 月，埃及与沙特、阿联酋、希腊和塞浦路斯军方举行包括统一作战概念、网络安全等内容的联合军演，美国、约旦、巴林和刚果（金）作为观察员国参与此次演习。此外，由西非国家经济共同体（ECOWAS）成立的西非反洗钱政府间行动小组，正寻求对与网络犯罪有关的反洗钱和恐怖主义进行分类，以打击相关网络犯罪行为。南非和荷兰就网络安全政策对话发布联合声明，双方将在网络安全、提高企业和社区数字弹性、阻止和打击网络犯罪等方面开展密切的网络合作。

（二）注重对个人数据保护和数字税等领域法规建设

在个人数据保护法规建设方面，2 月，尼日利亚联邦政府成立尼日利亚数据保护局（NDPB），以监督施行 2019 年《尼日利亚数据保护条例》。4 月，卢旺达国家网络安全机关发布《关键数据保护术语及含义》指南，阐明了个人数据、敏感个人数据、隐私、数据控制者、数据处理者、数据处理、数据主体、第三方等关键数据保护术语的含义。7 月，非洲联盟（以下简称非盟）发布《非盟数据政策框架》文件，该文件为非盟委员会、非洲区域经济共同体及其机构创建一体化、公平和包容的数据监管协调机制、数据跨境流通机制，以及非盟成员国制定本国数据监管法规政策和设立运行数据监管机构等，提出了一系列指导原则；肯尼亚《2021 数据保护条例》的全部内容正式生效，根据该条例，所有开展数据处理的实体机构都要在肯尼亚数据保护专员办公室注册成为“数据控制方”或“数据处理方”，条例对两者采取了不同的管理规定。10月，尼日利亚国家信息技术开发局（NITDA）发布2022年《尼日利亚数据保护法（草案）》（NAPB），规定处理个人信息的原则，将建立尼日利亚数据保护委员会以规范个人数据处理活动。NAPB还提出数据保护影响评估、设立数据保护官、违规通知义务、跨境数据传输限制等，以及包括调查和民事补救措施在内的执法规定等；NDPB发布《关于企业组织处理和收集尼日利亚个人数据的合规指令》，该指令要求受监管实体在11月25日之前完成整改，以符合相关法律规定，以便纳入尼国家数据保护充分性计划白名单中。

在数字税法规建设方面，5月，根据加纳2022年第1075号电子交易征税法案（E-levy法案），加纳电子交易税正式实施，将对每日超过100赛迪的电子交易征收1.5%的税费，税收对象将涵盖移动货币支付、银行转账、商家支付和转账时的汇入汇款。此外，加纳税务局还计划对Meta、谷歌、推特和TikTok等社交媒体开征“社会媒体税”。10月，NITDA发布《交互式计算机服务平台/互联网中介机构业务守则》，要求Meta和推特等大型社交媒体公司设立当地办事处、任命当地法人代表；必须遵守政府的所有适用的税收要求；定期提供关于内容治理的全面报告；报告可疑的有害账户、社交机器人、网络喷子群体等。11月，肯尼亚国会议员提出《2022资本市场法案》修正案，要求对加密货币交易所、数字钱包和交易征税，持有不到一年的加密货币将缴纳所得税（10%~30%），而之后将征收资本利得税。目前，肯尼亚银行已经对加密交易的所有佣金和费用征收20%的消费税。

（三）多举措加快推进数字基础设施建设

一是通过发布战略计划、设立发展机构、优化法律框架等推进数字基础设施建设。1月，尼日利亚发布《尼日利亚数字经济5G国家政策》，尼总统穆罕默杜·布哈里（Muhammadu Buhari）表示，联邦政府将充分利用5G为国家经济、安全和福祉创造的机会，还指示所有安全机构利用5G技术加强国家安全；佛得角政府宣布成立佛得角数字经济部，由财政部长奥拉沃·科雷亚（Olavo · Correia）兼任数字经济部长；东非共同体下属科学技术委员会发布《东共体区域科技与创新研究发展议程》《东共体区域科技与创新研究开发框架》《东共体区域科技与创新拨款手册》3个文件，致力于促进东非国家发展科学技术创新。3月，南非政府发布《2050年第一阶段国家基础设施计划》，承诺在2024—2025财年将为每个家庭免费提供每月10GB宽带数据。7月，纳米比亚通信管理局发布《纳米比亚 5G 实施战略草案（2022—2027）》，规划了未来五年纳米比亚 5G 网络建设路线图。11 月，尼日利亚通信委员会成立了国家宽带基础设施联合委员会，以推进尼“国家通信骨干”项目下的宽带基础设施建设；NITDA 发布《国家数据战略（草案）》，旨在加速使用数字技术特别是新兴技术，进行数据收集、验证、存储、分析、传输和报告；ECOWAS 正就关于数字经济的新法律和监管框架草案，在西非成员国之间征求意见。

二是积极推进电信光缆、数据中心、5G 等数字基建项目建设。在电信光缆方面，5 月，喀麦隆邮电部和中非共和国数字经济、邮电部在雅温得签署关于两国电子通信网络互联的谅解备忘录，中非共和国将通过连接喀麦隆光缆站点建设其通信网络；埃及电信公司 Telecom Egypt 与沙特阿拉伯电信运营商 Mobily 签署谅解备忘录，规划建设全球首条连接埃及与沙特两地的海底光缆。7 月，纳米比亚在斯瓦科普蒙德启动铺设谷歌厄奎亚诺（Equiano）海底电缆，届时可将该地区的网络能力提升约 20 倍。9 月，南苏丹政府与吉布提签署了一项将光纤电缆连接到南苏丹的协议，该光缆主要用于长距离、高性能的数据网络和通信传输。在 5G 网络建设方面，5 月，埃塞俄比亚电信公司（Ethio Telecom）宣布启动 5G 网络商用服务前测试，首先在埃首都亚的斯亚贝巴 6 个区域启动 5G 网络服务。6 月，肯尼亚通信管理局与华为签署了一项涵盖 5G 的技术合作协议，聚焦 5G 以及其他技术在肯尼亚的部署和扩展。11 月，法国 Orange 电信公司宣布为博茨瓦纳共和国提供 5G 商业通信服务，信号将覆盖哈博罗内、弗朗西斯敦两个大区，服务该国约 30% 的人口。在数据中心、数字转型等其他数字基建项目方面，7 月，埃及财政部长宣布，在 2022—2023 财年预算中拨款 54 亿埃及镑用于实施数字化转型项目；多哥政府计划在未来三年投入 80 亿西非法郎，力争 2025 年前实现 75% 行政管理数字化，并保证 20 项社会公共服务无纸化办公。10 月，埃塞俄比亚启动 Safaricom（肯尼亚公司）全国互联网服务项目，以加快推进埃塞俄比亚网络基础设施、数据中心建设，Safaricom 计划未来十年在埃塞俄比亚投资 85 亿美元以促进其数字经济发展。

三是肯尼亚、加纳等国积极探索发展数字货币。2 月，肯尼亚央行就引入数字货币的可能性征求公众意见。4 月，中非共和国总统正式授权加密货币为法币，税收缴款接受加密支付。5 月，加纳银行试行中央银行数字货币。8 月，津巴布韦总统宣布启动区块链和数字资产经济特区 Zim Cyber City，由阿联酋投资者穆尔克国际公司出资 5 亿美元建立。9 月，尼日利亚出口加工管理局和加密货币交易平台币安（Binance）正在谈判建立一个基于数字货币支付的数字经济区，以促进尼日利亚经济多元化，摆脱对原油的依赖。10月，南非金融业行为监管局发布公告称，将加密资产视为金融产品。

四是美欧等国家和地区积极投资推动非洲国家数字化转型。2月，欧盟对外行动署公布《欧盟-非洲：全球门户投资计划》方案，这标志着欧盟2021年提出的“全球门户”计划开始正式实施，非洲成为欧盟“全球门户”计划选定的首个投资合作区域。该计划在未来7年里向非洲27个国家提供1500亿欧元的投资，用于交通基础设施、数字化网络和能源开发建设等。8月，美国出资6000亿美元正铺设一条长约17000公里、从东南亚横穿中东一直延伸到非洲之角和欧洲的东南亚—中东—西欧6号（SEA-ME-WE6）海底电信光缆，美国还将投入3亿美元，用于资助、建设和运营非洲各地的数据中心。

二、非洲网络安全和信息化布局特点与趋势

（一）非洲国家网络安全制度与能力建设水平仍然薄弱

一方面，只有不到五分之一的非洲国家出台了政府网络安全战略政策。数据显示，截止到2022年11月，只有摩洛哥、肯尼亚、加纳、埃及、南非和尼日利亚等不到10个非洲国家正式出台国家网络安全战略政策，且正式签署非盟《关于网络安全和个人数据保护的公约》（又称《马拉博公约》）的非盟成员国只有13个，该公约为应对成员国之间的网络安全问题提供一个可靠的协调机制。另一方面，约90%的非洲企业没有建立必要的网络安全制度。德勤2021年的一项研究发现，40%的非洲公司记录的网络事件数量不断增加；大约90%的非洲企业在没有网络安全制度的情况下运营。没有网络安全制度，攻击者就能够持续开发新的工具，利用不断增加的漏洞进行网络攻击。

（二）非洲地区信息化发展的外部依赖性或将增强

2022年以来，美欧政府和企业实体加大了对非数字领域投资发展。一方面，美国、欧盟等国家和地区加大了对非的战略投资与援助。如美国白宫在8月份发布《美国对撒哈拉以南非洲战略》文件，表示要加大对非贸易投资，实施全球基础设施和投资伙伴关系（PGII）；日本政府与非洲开发银行宣布在2023年至2025年开展“加强对非洲私营部门援助倡议”第五轮的50亿美元的金融合作，以支持非洲地区数字基建等。另一方面，谷歌、微软和SpaceX等数字科技巨头加强了非洲地区数字基建。数据显示，2022年谷歌在非投资

超 2 亿美元，超过其 2021 年承诺的投资金额，未来五年还将向非投资 10 亿美元。微软宣布在未来五年内为 1 万家非洲初创企业提供 5 亿美元融资，以帮助非洲数字创新。SpaceX 公司在 2022 年获得了在莫桑比克、赞比亚等国的卫星互联网服务运营许可。政府组织和企业实体加大对非的数字建设，有利于加速推进非洲数字发展，同时也加强了非洲信息化发展的外部性依赖。

（三）非洲国家或将在经济困境中开拓数字发展的广阔空间

一方面，非洲地区未来经济社会发展处于逆境。国际货币基金组织《撒哈拉以南非洲区域经济展望》报告指出，受全球经济放缓、金融状况收紧和大宗商品价格波动，以及外部投资疲软和贸易失衡整体因素影响，预计 2022 年撒哈拉以南非洲将增长 3.6%，低于 2021 年的 4.7%；而非洲地区未来经济发展取决于美欧等国家和地区对高通胀货币的政策反应、俄乌冲突等带来的供应链终端等因素。另一方面，非洲地区数字发展空间广阔。根据全球移动通信系统协会 10 月底发布的《2022 年撒哈拉以南非洲移动经济报告》数据显示，46% 的非洲人口连接并订阅了移动服务，到 2025 年这一比例将上升到 50%。2021 年，移动技术和服务在撒哈拉以南非洲地区创造了约 8% 的 GDP，为该地区提供了 320 万个就业机会。到 2025 年，移动用户将增至 6.13 亿，新增的 1 亿新用户中超过一半将来自五大国家市场：尼日利亚、埃塞俄比亚、刚果民主共和国、坦桑尼亚和肯尼亚；智能手机普及率将增至 61%；移动数据使用量将增长近 400%。另据国际金融公司和谷歌的研究表明，到 2025 年，电子经济预计将为非洲的整体经济贡献 1800 亿美元，到 2050 年将增至 7120 亿美元。

（四）非洲国家或将在大国政治博弈之间借势发展

美、日、欧等国家和地区在 2022 年明显加强了对非洲地区的政治战略部署，如美国的全球基础设施和投资伙伴关系（PGII）、日本的“加强对非洲私营部门援助倡议”、欧盟的非洲—欧洲“门户计划”等，均加大了实际的资金投入与项目建设，以对抗我国的《中非合作 2030 愿景》、《中非合作论坛—达喀尔行动计划（2022—2024）》、“中非数字创新伙伴计划”等。对于非洲各国来说，这确实将对其数字经济建设大有帮助，但美、日、欧等国家和地区的大力数字投资很可能伴随对非洲国家安全与利益的“政治绑架”，进而发展成为对非洲弱小国家的“数字殖民”。可以预见，非洲国家只能在被动之中借势发展数字经济建设，其可能的后果是国家数字主权与发展利益等的损耗。

三、总结与启示

2022 年以来，美国、日本、韩国、欧洲等陆续宣布对非洲在数字经济等领域的投资发展（政治）承诺，其对抗中非数字合作与发展的意图明显。目前来看，非洲国家在数字领域正处于发展关键期，全球经济增长的疲软与非洲数字经济巨大的增长潜力孕育着无限机遇与挑战。我国与非洲在数字领域已经有《中非合作 2030 愿景》、《中非合作论坛—达喀尔行动计划（2022—2024）》、“中非数字创新伙伴计划”等顶层设计，也积极搭建了中非合作论坛、中非互联网发展与合作论坛等平台机制。对此，应进一步从实际情况出发，细化落实相关战略部署，以切实可行的实际行动强化中非数字领域合作，携手共建中非网络空间命运共同体。

一方面，强化与非洲在数字主权、数字治理等领域制度建设合作。目前在非洲，埃及、尼日利亚、乌干达、南非、埃塞俄比亚等国家的数字主权主张相对明确，预期会有更多国家加入此行列；随着《非盟数据政策框架》在 7 月份发布，预计非洲国家的数字治理制度将很快提上日程。为此，建议在世界互联网大会、中非互联网发展与合作论坛等机制下，建立中非数字主权（建设）论坛、中非数字治理论坛等，以推进中非在数字主权、数字治理领域制度建设合作，为非洲国家提供制度供给，为打造中非网络空间命运共同体打下制度基础。

另一方面，推动校、企合力为非洲培养数字人才。数字人才建设是发展数字经济的核心要素之一，也是持续推进中非数字发展的必要条件。一方面，建议相关部门增加与非洲网络安全人才培养相关的科研项目数量，利用高校和科研院所网络安全人才培养基地及其相关课题项目，加大对非洲主要国家的网络安全人才培养力度。另一方面，建议优化针对非洲数字企业的税收政策，对在非洲开展数字人才培养项目的数字企业提供适当税费减免，以推动非洲数字人才培养，作为中非数字合作成果项目。

此外，还要加强对非洲国际传播和非洲情况信息传播。随着中非数字合作的深入，对非洲进行国际传播工作具有重要战略意义。美国国际开发署（USAID）根据《数字战略 2020—2024》《2022 年至 2026 年美国国务院与国际开发署联合战略计划》，已在非洲多国施行其“媒体行动计划”，支持非洲国家媒体发展，以促进和实现国外的民主价值观推广。对此，一方面，建议我国主流媒体机构加强与非洲国家在媒体融合发展领域的硬件和软件合作，加强我国数字脱贫、数字政府、跨境电商等领域的理念和成果在非洲地区的宣传传播。另一方面，我国境内数字企业对非洲情况了解甚少或不够深入是其不敢涉足非洲地区的原因之一，建议加大对非洲各国数字政策与发展情况等权威信息供给，为我国数字企业更好地走进非洲提供决策依据。

1.11 其他国家网络安全与信息化重要战略与举措

一、爱尔兰

爱尔兰政府于 2022 年 1 月 12 日批准公布《网络安全和媒体监管法案》。该法案拟设立媒体委员会，取代现有的爱尔兰广播总局，对电视和广播电台进行管理。法案提出设立一名网络安全专员，作为媒体委员会的一部分，负责监督更新的广播监管、视频点播服务。该专员还将监督网络安全的监管框架，制定法规管理网络服务（包括社交媒体服务）处理其平台上的某些有害网络内容。Netflix 和 Amazon Prime 等视频点播服务将在节目标准、广告、赞助、可访问性和其他方面受到监管。媒体委员会的权力还包括：向行业征税以支持该机构的运营；要求受管制的服务提供信息；授权人员调查涉嫌违反规定的个案；对不合规行为实施高达 2000 万欧元或 10% 营业额的行政经济制裁；阻止对某些在线服务的访问；就有害的网上内容发出内容限制通知。爱尔兰旅游、文化、艺术、爱尔兰语、体育和媒体部长表示，该法案标志着从自我监管向平台问责时代的转变，这是对视听媒体联合监管的一个分水岭时刻。

二、越南

越南发布新国家网络安全战略。该战略核心目标是到 2025 年，将越南的国际电联全球网络安全指数保持在第 25 至第 30 位。该战略提出十二项主要任务：加强越南执政党对网络安全的领导和国家管理；完善相关法律框架；在网络空间中维护国家主权；保护数字基础设施、数字平台、数字数据和国家网络基础设施正常运行；保障党和国家机关信息系统正常；保护关键部门的信息系统安全；创建数字信任；营造诚信、文明、健康的网络环境，预防和打击网络空间违法行为；提高技术自主性，积极应对网络空间挑战；开发网络安全人力资源；加强沟通交流，提高对网络安全技能的认识；提高越南国家威望，进一步推动国际化；确保实施目标的资金充足。此外，越南还将组建11个网络信息安全重点领域的事件响应小组，包括交通、能源、自然资源和环境、信息、卫生与健康、金融、银行、国防、安全、社会秩序和安全、市域及政府的领导管理。

越南政府8月发布一项法令，要求各科技公司和电信运营商在当地存储用户数据，并设立当地办事处。该法令于10月1日正式生效。该法令规定，所有互联网用户数据，包括财务记录、生物特征数据、民族和政治观点信息，或用户在互联网上所创建的任何数据，都必须存储在越南境内，且存储时长不能低于24个月；所有收到越南公安部指示的外国公司，必须在12个月内设立办事处；越南当局有权出于调查目的发出数据收集请求，并有权要求服务提供商删除违反政府指导方针的内容。

三、泰国

泰国首部《个人数据保护法》（PDPA）正式生效。PDPA对数据控制者、数据收集者以及数据所有者的权利、义务进行了规定。该法最初于2019年签署，于2022年6月1日正式实施。

PDPA适用于直接将总部设在泰国，或总部设在国外但在泰国控制和处理商品、服务和消费者行为数据的组织。该法规定了两类数据：一般数据，如姓名、出生日期、电话号码等；敏感数据，如种族、性别、宗教、健康状况、政治和生物识别信息等。违反PDPA将被处以刑事和民事罚款，罚款金额从50万泰铢到500万泰铢不等，并将承担惩罚性赔偿。根据PDPA，数据所有者享有一系列的全面权利，包括：知情权（收集数据的目的、数据保留期等）；个人数据访问权；纠正权（不准确或误导性信息）；反对/退出权（在遭遇不适当使用的任何时候）；限制处理的权利；删除权；数据可移植性权利（将个人数据从一个数据控制者发送或传输到另一个数据控制者）等。数据的收集、使用及披露必须经过数据所有人明确同意批准，除非基于以下情况：履行合同义务；服务于公众利益；服务于合法利益。此外，PDPA还引入了《一般数据保护条例》（GDPR）风格的法规，如要求强制进行数据泄露通知。

四、新加坡

新加坡武装部队（SAF）成立新网络防御部门——数字和情报服务部门

（DIS），旨在加强该国对网络威胁的防御。新加坡议会 2022 年 8 月通过《武装部队法案》修正案，为正式建立DIS奠定了基础。DIS将由数字和情报局的负责人领导，作为新加坡武装部队的第四个部门，负责打击网络攻击。DIS将与陆军、海军和空军其他三个军种一起，使新加坡的防御系统成为一个集体。

新加坡数字和情报服务部门宣布，将增强新加坡武装部队在数字战场上保卫国家的能力，应对非传统战场上网络武器扩散带来的新威胁。一方面，要研发能够提高部队能力的基础设施。具体包括建立数字行动技术中心（DOTC）和网络靶场卓越中心（CCR）。其中，DOTC将为SAF配备一支快速响应部队，以满足新型作战的先进数字需求，并开发精通数据科学和人工智能（AI）技术的数字核心，以增强部队的作战优势。同时，DOTC将与国防技术社区、整体型政府数字机构、学术界和行业界合作，保持其方法和文化的创新。CCR将培训SAF的网络捍卫者，并为保卫新加坡关键基础设施提供高技能劳动力。此外，CCR还将举办双边和多边演习，将军方、行业界和学术界聚集在一起，分享最佳实践、见解和知识。另一方面，要培养有技能和有才能的员工队伍，增加SAF的数字人才。DIS将专注于吸引和培养军事和非军种数字专家，主要通过扩大指挥、控制、通信和计算机专家和国防网络专家计划，挖掘和培训软件工程、应用程序开发、数据科学、人工智能和云架构等方面的专家。同时，加大招聘力度，向新入职人员和职业生涯中期人才提供灵活的短期就业选择，增加数字和智能领域人才的顶级奖学金数量。此外，还将挖掘专职国民军人潜力，掌握技术的专职军人将被列为支持SAF的数字核心，也可能被安排到网络安全特别工作组从事网络防御工作等。

五、加拿大

加拿大政府发布《数字宪章实施法案》，以推动加拿大私营部门隐私法实施，为人工智能开发和部署创建新规则，并继续推进加拿大数字宪章的实施。该法案提出了三项拟议法案：《消费者隐私保护法》《人工智能和数据法》以及《个人信息和数据保护法庭法》。

其中《消费者隐私保护法》旨在确保加拿大人的隐私受到保护，随着技术的不断发展，创新企业可以从明确的规则中受益。《消费者隐私保护法》授予加拿大隐私专员命令公司停止收集个人数据的权力，并对违法者处以高达全球总收入的5%或2500万加元的罚款，以金额较高者为准。法案要求，私营部门有义务实施隐私管理计划；除例外情况，公司在收集个人数据之前需要获得个人同意，并且禁止在提供服务时以收集超出必要范围的数据为条件；为某一个目的收集的数据被用于另一个目的，必须获得受影响个人新的同意；为网络安全目的而收集的数据将不受同意要求的限制。

《人工智能和数据法》旨在加强加拿大人对人工智能系统开发和部署的信任。规定拥有“高影响”的人工智能系统的组织需要设立程序，以识别和减轻因这些系统可能使用有偏见的数据而产生伤害的风险。

《个人信息和数据保护法庭法》提议设立个人信息和数据保护法庭，负责执行《消费者隐私保护法》，法庭将审查加拿大隐私专员对违反该法案的某些行为处以行政罚款的建议。该法庭将提供一个便利机制，让机构和个人可以对隐私专员的决定进行审查。

六、澳大利亚

澳大利亚内政部向议会提交了《2022年安全立法修正案（关键基础设施保护）法》，为关键基础设施实体引入风险管理计划，增强国家关键基础设施实体的网络安全义务，向澳大利亚通信管理局（ASD）提供系统信息和风险评估报告。法案将创建一个标准化的关键基础设施通用框架，使ASD能够预防网络攻击。《2022年关键基础设施法案》一旦签批，将适用于被归类为关键基础设施部门的11个部门内的实体，同时，增强的网络安全义务也将适用于被归类为具有国家意义的系统资产的一部分实体。内政部表示，《2021年关键基础设施法案》及《2022年关键基础设施法案》是澳大利亚对网络攻击的“防御”，而国家勒索软件计划则是“反击”性质的。内政部文件还显示，每个实体运行风险管理项目的平均成本包括970万澳元的一次性投入和每年370万澳元的持续性投入。

七、巴西

2022年8月，巴西众议院宣布第1515/22号法案，修订完善2018年8月14日通过的《通用数据保护法》（LGPD），旨在增强国防安全和公共安全。新法案主要为了实现保护安全、自由和隐私的基本权利；提高负责机构的工作效率；促进主管当局之间的个人数据交换。

具体包括几点。一是关于主体处理数据权限，法案禁止私营公司处理与国家安全和国防有关的数据，但受公法管辖的法律实体要求的处理程序除外。二是关于获取信息的问题，实体单位通过向主管当局提出请求来访问个人数据，主管当局必须在 20 天内做出回应。数据保护机构可以以妨碍情报和国防行动等为由拒绝提供信息。三是关于数据传输，该法案允许将个人数据传输给在国外从事公共安全、国防和刑事诉讼领域工作的国际组织或代理人，对于国际数据库中包含的信息，必须获得同意，除非为了防止对巴西或外国的公共安全造成直接和严重的威胁。四是细化处罚措施，在违反法律的情况下，除了在行政和刑事范围内追究责任，还要暂停数据库长达 2 个月，直到行为实现规范化为止。此外，法案规定了减轻处罚的情形：向数据保护局和数据主体报告侵权行为；自发使用现有措施减轻损害；采用有效的数据保护政策等。

八、印度尼西亚

2022 年 9 月，印度尼西亚众议院批准《个人数据保护法》最终草案，该法案是印尼第一部保护个人数据的全面立法。该法案于 10 月 17 日被总统签署，标志着其正式成为法律并生效。法案主要条款包括：对特定个人数据的额外保护，如健康信息、犯罪记录、儿童信息和个人财务数据；数据主体权利，如访问、更正和删除个人数据的权利等；建立负责管理个人数据保护法案的机构；违反个人数据保护法案的个人或机构，将面临高达年收入的 2% 行政处罚、最高六年监禁的刑事制裁或 60 亿印尼盾的罚款。值得注意的是，个人数据保护法案还规定一个过渡期，在此期间，数据控制者、加工者和其他各方应在个人数据保护法案颁布后的两年内遵守该法案。

九、巴基斯坦

2022 年 2 月，巴基斯坦联邦内阁批准了该国首个个人数据保护法案和云政策。个人数据保护法的目的是确保公民以及公共和私人机构的在线数据安全，所有相关部门和机构将确保其数据、服务、ICT 产品和系统符合网络安全的要求。法案将被提交给议会，经议会批准后正式成为法律。

云政策涵盖联邦各部委、各机构及自治机构。根据该政策，联邦部委和部门的数据中心将按照要求逐步采用云计算。政府将在联邦信息技术和电信部设立云计算委员会、云计算办公室、云计算采购办公室，其中云计算委员会将对具备能力和设备的云服务提供商进行认证，同时，通过计划委员会和公共采购监管局，确保任何联邦部门或机构都能审查数据或设备需求，并将它们转移到云端；云计算办公室将监督云服务提供商的认证、质量、安全和部门IT事务；云计算采购办公室将协助各种组织获得云服务。

第 2 章

2022 年全球网络安全和信息化动态月度综述

2.1　1月全球网络安全和信息化动态综述

2022 年 1 月，各国持续推进网络空间建设，在网络安全、数据安全、互联网内容治理及超大互联网平台监管等领域加速布局，不断提升网络空间治理能力。同时在人工智能、数字货币、5G 等新技术新应用领域持续发力，开展前瞻性布局。具体情况综述如下。

一、强化顶层设计，持续加强网络攻防能力

1 月，针对性网络攻击持续加剧，美英日澳等国从三个纬度持续加强网络安全保障能力。一是继续完善政府层面的网络安全保障能力。美国总统拜登 1 月 19 日签署国家安全备忘录，要求国家安全系统至少采用与行政命令第 14028 号要求相同的联邦民用网络安全措施，以改善国家安全、国防部和情报系统的网络安全。美国白宫 1 月 26 日发布了联邦政府“零信任”网络安全战略，要求联邦机构加强网络安全控制，旨在将“零信任”网络安全概念应用于联邦政府。英国 1 月 25 日发布《政府网络安全战略（2022—2030）》，提出确保政府机构的“网络安全弹性”和“一体防御”两个核心支柱，首次明确强调了政府机构等公共部门战略涉及的安全保障措施和要求。在机构建设方面，英国政府表示将斥资 3780 万英镑筹建网络协调中心，提高地方政府的基本公共服务和数据网络弹性；日本内阁 1 月 28 日批准法案，要求国家警察厅 2022 年 4 月前成立新团队，集中力量应对严重网络犯罪。二是在社会层面，强化网络安全事件应急能力。美国白宫 1 月 13 日召开技术领袖和联邦机构峰会，探讨政府和私营部门如何通过进一步合作，以加强软件安全；美国联邦存款保险公司、美联储和货币监理署联合发布《36 小时网络安全违规通知规则》，要求美国银行机构将达到“通知事件”级别的网络安全事件在 36 小时内上报监管机

构，这是目前为止美国网络安全事件上报时限最短的要求。三是在外交层面，强化同盟、区域伙伴关系，以应对网络攻击。日本和澳大利亚 1 月 6 日签署旨在加强防务关系的“里程碑式”条约，两国承诺在深化合作解决非法技术转让问题、构建有弹性的供应链、加强对关键基础设施的保护、提升网络和关键技术合作架构等多个方面进行合作；澳大利亚和英国 1 月 19 日在悉尼签署网络和关键技术合作协议，打击利用网络攻击“破坏自由和民主”的国家行为者、勒索软件组织和其他“恶意行为者”；印度 1 月 11 日牵头举办“提升防御性行动的区域网络安全能力”首次安全秘密会议，旨在解决深网/暗网、数字取证、网络威胁情报和网络防御等关键领域问题，斯里兰卡、马尔代夫、毛里求斯、塞舌尔和孟加拉国的代表出席了会议。

二、强化法治建设，推进数据治理和个人信息保护

2022 年 1 月，各国继续强化个人隐私保护立法。各国对数据跨境流动的担忧日益加剧，体现在行动上主要表现为推动数据本地化存储，以及规范国际数据传输行为。一是强化个人隐私保护立法修法。美国众议院科学、空间和技术委员会 1 月 19 日向众议院全面报告《促进数字隐私技术法案》，要求美国国家科学基金会支持增强隐私技术的研究，并将此类技术整合到公共和私营部门使用数据的标准，以保护最敏感的信息；美国统一法律委员会（ULC）提出了《统一个人数据保护法》（UPDPA），该法案将作为一项示范法案，为各州立法提供统一的隐私法律框架，以应对数十个州不同的隐私法规可能带来的碎片化执法的严重风险；以色列政府 1 月 6 日提出隐私保护法修正案，对以色列 1981 年的《隐私保护法》进行修订和更新，尤其是加强以色列隐私保护局的执法和调查权力，同时提出了对涉及相关犯罪的制裁措施。二是查罚并举，推进隐私保护及数据本地化存储。欧盟委员会 1 月 27 日致信 WhatsApp，希望其就新的隐私政策如何满足消费者保护要求及其与母公司 Meta 如何交换个人数据做出说明和澄清；由于违反欧盟《电子隐私指令》规定，法国数据监管机构国家信息自由委员会（CNIL）对谷歌在美国和爱尔兰的业务分别处以 9000 万欧元和 6000 万欧元的罚款，对脸谱网在爱尔兰的业务处以 6000 万欧元的罚款；俄罗斯莫斯科塔甘斯基区地方法院 1 月 17 日对以色列国际社交网络和家谱网站 MyHeritage 处以 150 万卢布的罚款，原因是该公司拒绝对俄联邦境内的俄罗斯用户数据库进行本地化。三是积极探索全球数据共享传输机制。联合

国大数据及数据科学专家委员会（UNCEBD）启动一个试点实验室计划，将利用隐私增强技术以及联合国商品贸易统计数据库内的公开贸易数据，在参与国国内进行数据分析与共享，提升国际数据共享的安全性；英国数字、文化、媒体和体育部（DCMS）1月25日发布公告称，英国政府成立由学界、业界专业人士组成的国际数据传输专家委员会，作为国家数据战略的一部分，就开发新的国际数据传输工具和机制等方面向英国政府提供建议，以帮助英国更好地抓住全球数据共享机会。

三、强化平台责任，加强网络内容治理

2022年1月，各国强化对大型社交媒体的监管，在一定程度上推动了平台自律性提升。一是多国出于政治及国家安全考量，收紧对社交媒体平台的管控。德国内政部长南希·费瑟尔（Nancy Faeser）1月11日表示，如果电报持续违反德国法律，政府可能会将其关闭；巴西最高选举法院考虑在10月选举前夕禁用电报应用程序，因为该公司未回应政府打击虚假信息的请求；印度1月8日表示，政府已屏蔽了多个在推特、优兔和脸谱网上传播“虚假和煽动”内容的社交媒体账号；阿联酋政府机构公布了违反社交媒体规则的完整罚款清单，对煽动舆论、引起恐慌或危害国家安全和国家事务的信息予以判处。二是通过立法强化互联网内容治理。欧盟就《欧洲媒体自由法》立法启动公众咨询，该法旨在打击虚假信息和支持媒体自由、多元化；澳大利亚新《网络安全法》1月23日正式生效，赋予电子安全专员治理在线有害内容的新权力，为网上的受害者提供额外的保护；爱尔兰政府1月12日批准公布《网络安全和媒体监管法案》，提出设立网络安全专员，其职责包括就如何处理有害网络内容制定网络服务管理法规。三是社交媒体平台内容治理主动性提升。在政府不断施压下，部分社交媒体平台也在不断提升其自律性。如在美国国会大厦暴乱事件一周年前夕，推特公司1月4日召集由其网站诚信、信任和安全团队成员组成的跨职能工作组，专门处理与暴乱周年相关的平台内容；脸谱网和优兔1月5日表示正密切监控有关美国选举的错误信息；推特公司1月17日宣布，推特的错误信息报告功能试用地区已扩展到3个新国家，以帮助研究不同语种用户的使用情况，从而提高该功能的有效性；TikTok与联合国教科文组织和世界犹太人大会合作，在其平台上推出了打击否认大屠杀的新措施，以遏制反犹太主义抬头。

四、强化反垄断审查，推进超大互联网平台监管

各国通过立法和行政处罚的方式，加强对互联网巨头的市场垄断限制，但也遭遇巨头们的反弹，政、企间反垄断博弈愈演愈烈。一是持续推进反垄断立法。美国司法部反垄断司和联邦贸易委员会（FTC）1 月 18 日联合公开征询意见，旨在广泛听取市场参与者的意见，以推动“联邦合并指南”现代化，从而更好地发现和防止市场上的反竞争合并；美国参议院司法委员会 1 月 19 日批准了《美国创新和在线选择法案》，该法案是针对苹果、脸谱网、亚马逊、谷歌等科技巨头公司的反垄断法案，旨在防止主导平台、滥用其守门人的权力，偏袒自家产品和服务；美国参议院小组 1 月 20 日就《应用商店改革法案》进行辩论，该法案旨在对立法者认为市场控制权太高的企业应用商店加强管理，包括苹果、谷歌及其母公司 Alphabet。二是反垄断调查决定密集发布。1 月 5 日，德国反垄断监管机构联邦卡特尔办公室（FCO）将谷歌指定为“对市场具有关键影响力”的公司，FCO 可根据最新的反垄断法赋予的权限，对谷歌的特定反竞争行为采取行动，谷歌成为第一个获得该标签的公司。印度竞争监管机构印度竞争委员会（CCI）1 月 7 日下令对谷歌公司展开调查，认为谷歌涉嫌违反《反垄断法》，在印度某些在线搜索服务中占据主导地位，可能对新闻出版商施加不公平条件限制。三是大型科技企业反垄断游说力度持续加大。亚马逊和谷歌公司正在采取多种方式，动员各地中小企业向美国国会施压，以对抗 2021 年 10 月由国会公布的反垄断法案《美国创新和在线选择法案》。文件显示，脸谱网已经向美国政界人士提供了数百万美元谋求取得豁免权，以帮助该公司解决频繁的政治和法律问题，包括反对参众两院通过限制大型科技公司权力的反垄断立法，要求在内容审核、选举诚信、区块链政策等方面增加自主权。目前，脸谱网公司的游说费用激增了 2000 万美元，创下纪录。

五、强化信息领域布局，新技术新应用不断涌现

2022 年 1 月，各国通过国际合作、组建专门机构等方式，继续深化人工智能、数字货币、5G 等领域布局。一是加速推进信息化布局，关注人工智能领域。美国国防部国防高级研究计划局（DARPA）宣布启动“确保人工智能抗欺骗的鲁棒性”计划，开发针对机器学习模型对抗性攻击的新防御措施；美国国防部联合人工智能中心创建领导“人工智能保障”的新职位，负责监督人

工智能伦理政策制定，并对该政策进行测试和评估；欧盟1月1日开始实施关于智能设备和数字内容的新规则，旨在让消费者和企业更容易地在该地区购买和销售智能设备、数字内容和数字服务；英国宣布设立人工智能标准中心，旨在制定人工智能全球标准。二是推进数字货币研究应用。美国联邦储备委员会1月20日发布关于发行美国数字货币潜在益处和风险的评估报告，讨论数字美元能否以及如何安全有效地改善国内支付系统；韩国民主党总统候选人李在明的竞选委员会1月2日表示将发行NFT，接受比特币、以太坊和最多三种其他加密货币形式的竞选捐款，为3月的总统大选筹集资金。三是推动5G及下一代移动通信技术发展。美国联邦通信委员会（FCC）重新设立了技术咨询委员会（TAC），该机构将领导美国人工智能和6G等重要技术的研究工作，旨在保持美国"在高优先级新兴技术方面的领导地位"；韩国电子和电信研究所（ETRI）1月6日表示，其与欧盟合作开发出了世界上第一个洲际5G卫星网络系统，使得偏远地区居民和遭遇灾难的人群仍能顺利使用通信服务。

六、总结

2022年1月，全球网络信息领域存在以下突出特点：一是各国着力强化政府网络安全能力，政府在网络安全中的角色和作用持续加强，如美国将"零信任"概念应用于联邦政府，英国首次明确了政府机构战略涉及的安全保障措施和要求等；二是各国对跨境数据传输进行了较为严格的管制和积极的探索，确保本国数据安全的同时，也在主动推动数字经济的国际合作和全球参与，在这方面英国表现得较为积极；三是科技平台在内容治理方面主动配合政府监管，但在市场垄断方面与政府行动仍然存在一定矛盾与冲突，政企之间的合作与博弈仍然纠缠不清，预计未来将成为常态。

2.2　2月全球网络安全和信息化动态综述

2022年2月，面对日益动荡的国际网络安全格局，全球各国持续加强网络顶层设计、加快网络安全技术赋能，重点关注反垄断、数据安全、个人信息保护、新兴技术发展等问题，谋求在全球网络空间竞争格局中占据优势。伴随着俄乌冲突的爆发，美西方国家围绕网络信息领域对俄罗斯开展制裁，全球网络空间对抗愈发激烈。具体情况综述如下。

一、加强顶层设计与国际合作，全方位提升网络安全能力

本月，美欧等国家和地区强化网络安全政策建设、深化网络安全国际合作，“内外”并进提升网络安全能力。一是加强关键基础设施安全防护。美国参议院小企业和创业委员会 2 月 15 日投票批准《小企业管理局网络意识法案》，要求小企业管理局发布关于其网络安全能力的年度报告，并在出现可能危及敏感信息的网络安全漏洞时及时告知国会；美国参议院国土安全和政府事务委员会领导人 2 月 8 日提出《加强美国网络安全法案》的提案，要求私营关键基础设施所有者向网络安全与基础设施安全局（CISA）报告网络安全事件；澳大利亚内政部 2 月 14 日向议会提交《2022 年关键基础设施法案》，为关键基础设施实体引入风险管理计划，增强国家关键基础设施实体的网络安全义务。二是强化供应链安全。美国众议院监督与改革委员会 2 月 2 日批准了《供应链安全培训法》，要求美国联邦总务管理局为联邦机构负责供应链风险管理的官员制订培训计划，以更好地执行供应链风险管理活动；日本内阁 2 月 25 日批准立法草案，将增加支出以加强供应链安全，并采取更多措施防范通过进口系统和软件发起的网络攻击。三是推出网络安全风险预警、防御、侦查等能力的相关举措。美国国土安全部 2 月 3 日宣布成立网络安全审查委员会（CSRB），对影响联邦民事执行局信息系统或非联邦系统的重大网络事件、威胁活动、漏洞等，以及机构现有应对措施和风险缓解措施进行审查和评估；美国国防部 2 月 18 日发布“网络弹性武器系统知识体系”门户网站 1.3 版，以帮助开发可抵御恶意网络活动的武器；俄罗斯联邦数字发展、通信和大众传媒部 2 月 17 日成立行业网络安全中心，旨在保护国家信息系统免受网络攻击，该中心还将侦查网络攻击的组织者，披露在俄罗斯及世界其他国家活动的网络犯罪集团。四是加强网络安全国际合作。美国司法部副部长 2 月 17 日在慕尼黑网络安全会议上表示，美国将加强与欧洲机构的合作，构建网络运营国际联络处跨境机构，加快对网络犯罪活动的调查；东盟数字部长会议正式宣布《2021—2025 年东盟网络安全合作战略》，其中包含推进网络准备合作、加强区域网络政策协调、增强对网络空间的信任、提升区域能力建设以及加快国际合作共五个方面的工作；印度和澳大利亚 2 月 12 日举行 2022 年印澳外长网络框架对话，发表联合声明重申对开放、自由和可互操作的网络空间和技术的承

诺，同意加强在网络治理、网络安全、能力建设、关键技术等领域的合作。

二、多措并举，护航数据安全和隐私保护

2022年2月，各国一方面出台相关法律法规，对数据隐私应用予以规范；另一方面发布指导性文件，为数据安全提供指引。一是持续构建数据安全法律保障体系。欧盟委员会2月23日公布《关于公平访问和使用数据的统一规则的条例》（以下简称《数据法》）草案，旨在为共享非个人数据提供横向立法，允许用户访问自己贡献的数据，并确保公共机构在特殊情况下可以访问私人持有的数据；巴基斯坦联邦内阁2月15日批准该国首部个人数据保护法案，以确保公民及公共和私人机构的在线数据安全。美国乔治亚州参议员乔恩·奥索夫（Jon Ossoff）提出两党立法《数据消除和限制广泛跟踪与交换法案》（DELETE），将授权联邦贸易委员会创建一个系统，个人可以通过该系统向数据经纪人提交个人数据删除请求。二是发布数据安全与隐私保护指导。日本经济产业省（METI）2月18日发布《数字化转型时代企业的隐私治理指导手册1.2》，为企业的隐私保护活动提供帮助和指导。欧盟22个国家数据保护机构发起关于公共部门如何使用云服务的联合调查，这是欧洲数据保护委员会（EDPB）协调执法框架下的首个举措，对一般性问题予以明确，为公共机构以合规方式使用云服务提供一般性建议。法国数据监管机构国家信息自由委员会（CNIL）2月17日发布"2022—2024年战略计划"，概述三个优先事项：促进对个人权利的控制和尊重，将GDPR推广为组织的信任资产，优先针对隐私风险高的主体采取有针对性的监管行动。三是欧亚数据跨境流动机制继续完善。欧盟、澳大利亚、日本、印度、新西兰、韩国、新加坡、斯里兰卡、毛里求斯和科摩罗发表《加强对数字环境的信任》联合声明，强调促进可信赖的数据自由流动，提出多项措施加强印太和欧洲地区的合作，推动制定高水平的数据和隐私保护标准；英国信息专员办公室2月2日发布新国际数据传输协议（IDTA）的最终文本，以及欧盟委员会国际数据传输标准合同条款（SCCs）的国际数据传输附录（SCCs附录），这两个文件提供了重要的替代方法，确保英国的个人数据传输得到充分的保护。

三、聚焦内容安全，收紧科技巨头监管

2022年2月，各国聚焦内容安全，在内容管理、虚假信息治理及网络暴

力行为规制等方面对科技巨头进行监管。一是完善在线内容监管。2月16日，美国参议院两党议员联手提出了《未成年人在线安全法案》，从算法和程序设置入手，试图从技术角度规范平台生成内容，赋予平台相关责任，旨在保护未成年人免受在线威胁。美国众议院2月23日一读投票通过了由参议院提交的《关于限制在选举活动中使用深度伪造法案》。该法案并未完全禁用深度伪造技术，但要求必须披露使用情况。澳大利亚国会议员乔治·克里斯滕森（George Christensen）提出《保护澳大利亚人免受审查法案》，旨在禁止社交媒体巨头对议会成员、候选人和政党进行“封号”。二是重点治理虚假信息和假新闻。七十七国集团（G77）呼吁落实《德班宣言和行动纲领》，并建立国际独立专家机制，以应对滥用信息通信技术传播在线仇恨和虚假信息的行为。法国政府成立一个名为Viginum的国家机构，负责打击在法国大选等时期出现的外国信息操纵行为。三是大力打击网络暴力极端主义。德国政府施压加密即时通信应用电报，要求其屏蔽64个德国频道，以阻止有关新冠疫情的虚假信息以及暴力抗议活动的传播。脸谱网母公司Meta表示，已删除了数十个与加拿大抗议卡车车队有关的群组、页面和账户，指控上述群组由垃圾邮件发送者和骗子运营。全球打击极端主义意识形态中心（Etidal）和电报平台发表共同承诺，在预防和打击网络恐怖主义和暴力极端主义方面寻求合作。

四、积极推动新兴技术研究应用，抢占战略制高点

2022年2月，美欧出台一系列新政策、建立一批新机构，加强对芯片、人工智能等技术产业的扶持力度，同时强化对数字货币犯罪的打击力度，保证新兴技术规范发展。一是关注新兴技术发展和标准制定。美国国防部发布备忘录，明确14项优先考虑的技术，如生物技术、量子科学、未来一代无线技术、微电子等，以确保并扩大美国在全球的技术优势。欧盟委员会2月2日发布新的《欧盟标准化战略》，旨在强化欧洲在全球技术标准方面的竞争力，实现有韧性的绿色及数字经济。二是加大对芯片、人工智能等前沿技术的投资力度。欧盟委员会2月8日正式提出《欧洲芯片法案》，通过联合欧盟成员国，共同建立一个集芯片测试、设计和研发的生态，确保芯片供应的安全，初步投资110亿欧元加强研究和开发，使欧盟到2030年能够生产全球20%的芯片。美国国防部启动了新的首席数字人工智能办公室，通过制定数据分析和人工智能政策、与产业界及国际伙伴合作等举措，为数据分析和人工智能的大规模开

发和部署奠定基础。美国太空军技术与创新主管丽莎·科斯塔（Lisa Costa）表示，太空军应充分利用当前在虚拟现实数字技术领域的大量投资，创建专用元宇宙。三是打击数字货币犯罪行为。美国司法部成立国家加密货币执法小组，职责是识别、调查、追查涉及使用数字资产犯罪的案件，从而打击非法滥用加密货币和数字资产。美国特勤局也推出了一个加密货币公众意识中心，介绍该机构在打击非法使用数字资产方面的最新工作，同时向公众提供有关确保数字资产安全的信息。

五、围绕俄乌冲突开展网络信息攻防战

2022 年 2 月 24 日，俄乌冲突正式爆发。在此前后，俄、乌、美、欧等各方在网络空间开始了一系列的攻防战。一是开展网络防卫战。俄罗斯联邦数字发展、通信和大众传媒部成立行业网络安全中心，保护国家信息系统，侦查网络攻击的组织者等；美国网络安全与基础设施安全局推出免费网络工具目录，为关键基础设施所有者提供免费工具，以应对俄罗斯对乌克兰的行动可能带来的网络后果。二是开展信息战。美国与欧盟代表团于 2 月 23 日会面，协调如何反击俄罗斯在乌克兰问题上的“虚假宣传”。脸谱网以“散布虚假信息”为由，对“今日俄罗斯”国际通讯社实行 90 天的发言限制。三是非政府主体介入国家间的网络冲突。黑客组织“匿名者”发布声明，对此前包括克里姆林宫、国家杜马在内的俄罗斯政府网站遭受的攻击负责，并宣布对俄罗斯发起“网络战争”，将加强对俄罗斯政府的网络攻击；SpaceX 创始人马斯克回应乌克兰官方的请求，称在乌克兰部署更多“星链”终端，以应对“俄罗斯网络攻击”造成的乌克兰网络中断。

六、总结

2022 年 2 月，各国在网络与信息领域的布局与互动具有以下特点。一是强调关键基础设施安全。无论是澳大利亚的《2022 年关键基础设施法案》，还是美、日的保障供应链安全行动，都是为了预防越来越复杂的以破坏关键信息基础设施为目的的网络攻击。二是数据保护方面出现较为创新的举措，即美国的《数据消除和限制广泛跟踪与交换法案》提出创建个人数据删除请求系统，从基础设施的角度为个人删除数据以及政府监管相关行为提供了非常好的设计，值得关注和借鉴。三是伴随着俄乌冲突，国家间的网络战行动明朗化，并

在今后一段时间持续扩大。企业、民间组织等非政府组织参与其中，网络“无政府主义”抬头。这些对未来的全球网络空间的影响值得持续关注。

2.3　3 月全球网络安全和信息化动态综述

3 月，美西方国家在跨境数据流动及数字贸易合作方面持续深化合作。同时，受俄乌冲突影响，国家间网络冲突不断，网络安全企业对 2022 年全球网络安全局势的判断偏于紧张。新兴技术方面，各国通过多种方式加紧超前布局，意图在未来竞争中“拔得头筹”。具体情况综述如下。

一、区域性数字合作取得一定成效

2022 年 3 月，美欧等国家和地区加紧布局数据跨境与数字经济合作。一是数据跨境流动合作取得突破。3 月 25 日，欧盟委员会主席冯德莱恩与美国总统拜登共同宣布，双方已经从原则上达成新的《跨大西洋数据隐私框架》。该协议意在解决 2020 年 7 月美欧之间数据传输《隐私盾协议》被判无效所带来的问题，美国在确保信号情报监视活动存在有效约束、建立个人数据隐私补救机制等方面做出承诺。二是数字贸易合作不断推进。3 月 1 日，美国贸易代表办公室（USTR）向国会提交了《2022 年贸易政策议程和 2021 年年度报告》，认为各国对技术和数字领域的高度治理有助于促进印太经济，USTR 将在 2022 年继续落实拜登的贸易优先事项，印太数字经济合作成为美国重点事项之一。欧盟数字先进国家非正式小组 DigitalD9+（D9+）会议 3 月 29 日在捷克布拉格召开，围绕跨大西洋数字议程展开，D9+ 支持在开放原则上创建全球标准，推动欧盟和美国构建负责任和可持续的数字转型共同方针。

二、对超大平台数据与反垄断监管趋严

3 月，各国对超大平台的数据监管和反垄断调查持续进行。一是深化对平台数据保护的监管立法。3 月 1 日，美国总统拜登在国情咨文演讲中敦促国会加强儿童隐私保护工作，要求国会制定更加有效的儿童隐私规则，禁止针对儿童的定向广告，停止歧视性算法，并向社交媒体公司施压以保障儿童安全。此外，美国部分州继续推动数据隐私保护领域相关立法工作，如威斯康星州议会

通过《消费者数据保护法案》，爱荷华州众议院通过《爱荷华州消费者数据隐私法案》。3月24日，欧洲议会、欧洲理事会和欧盟委员会就《数字市场法》达成一致。欧盟立法者同意，相关企业只有在获得用户明确同意的情况下，才可将个人数据用于有针对性的广告。3月8日，英国数字、文化、媒体和体育部宣布，《在线安全法案》将增加一项新的法律义务，要求社交媒体平台和搜索引擎停止在其服务中出现付费欺诈广告，社交媒体网站和搜索引擎需要开发与法案相符的系统和流程。3月4日，日本通过一项法案，要求企业在向第三方发送历史浏览记录等个人信息时必须通知所涉用户，以防止企业在用户不知情的情况下将个人信息用于定向广告。二是提升平台反垄断监管力度。3月28日，美国总统拜登提议为联邦贸易委员会和司法部反垄断部门增加资金，以强有力地执行反垄断法来促进市场竞争。3月9日，韩国电信监管机构表示，韩国内阁批准在《电信商业法》中增加更详细的规定，禁止苹果和Alphabet等主流应用商店运营商强迫软件开发商使用其支付系统。三是欧洲继续对大型科技企业开展调查与处罚。美国《国际竞争政策》杂志网站刊登研究显示，在美国排名前1000的网站中，有67%的网站违反了欧盟GDPR，成为欧盟数据保护规定的最大违反者。3月15日，爱尔兰数据保护委员会因严重数据泄露问题对Meta公司处以1700万欧元的罚款。3月21日，荷兰用户及市场权利保障机构表示，因苹果公司不允许约会软件开发商在荷兰使用非苹果支付方式，再向其罚款500万欧元。3月28日，法国巴黎商业法院因谷歌公司滥用商业支配地位，决定对其处以200万欧元的罚款。另外，欧盟委员会和英国竞争和市场管理局（CMA）宣布对谷歌和Meta的“绝地蓝”协议发起反垄断调查。

三、俄乌冲突诱发网安领域冲突不断

俄乌冲突引发的网络对抗与认知战冲突在3月大规模爆发。西方的全面遏制遭遇俄方顽强防守，相关对抗与冲突有愈演愈烈之势。一是美德政府发布有关俄“网络威胁”的声明。3月21日，美国总统拜登签署《关于美国国家网络安全的声明》，声称不断有情报显示俄罗斯拟对美国及其盟友和伙伴国发起网络攻击，并呼吁公私部门加强对所谓的“俄罗斯潜在网络攻击”的防御。3月30日，拜登宣布延长国家紧急状态，以应对“日益普遍和严重的恶意网络威胁”。德国联邦信息安全办公室发布公告，建议德国用户用替代产品替换卡巴斯基病毒防护软件组合中的应用程序。二是美国与欧盟等盟友开展合作以应对他们所谓的来自俄罗斯的“网络威胁”。3月24日，欧盟委员会主席冯德莱恩和美国总统拜登发表联合声明，表示双方将致力于共同确保网络空间安全。同日，北约、七国集团（G7）分别发表联合声明，承诺将协同加强网络安全防御，推动“威胁信息”共享。此外，美国两大互联网骨干网供应商Cogent和Lumen接连发布声明，宣布切断对俄罗斯用户的服务。三是美西方政企合作对俄发起“认知作战”。在政府层面，3月5日，美国国家安全委员会发布《关于俄罗斯虚假信息和破坏新闻自由的努力的声明》，声称美国将与“合作伙伴”一起继续对俄罗斯进行谴责。3月8日，欧盟举行非正式会议，敦促平台针对俄乌冲突加大“事实核查力度”。3月10日，欧盟委员会要求谷歌将俄罗斯官方媒体从搜索结果和社交媒体转发中删除。3月18日，英国通信管理局表示，已吊销“今日俄罗斯”电视台在英国的广播许可。在平台层面，亚马逊、微软、甲骨文、IBM和谷歌五大美国云服务提供商纷纷响应美国政府对俄罗斯的制裁行动，宣布暂停在俄业务或不再接受新用户；照片墙表示，将俄罗斯国家媒体账号降级并对其所发帖文进行标注；优兔宣布在全球范围内对俄罗斯官方媒体进行屏蔽；苹果宣布停止在俄罗斯的所有产品销售工作；英国路透社表示将俄罗斯塔斯社从其内容来源中移除。四是俄罗斯面对西方围堵开展网络安全防护。面对西方打压，俄罗斯准备启用本国互联网Runet，该网络是俄罗斯出于国家网络防御目的而构建的脱离全球互联网的内部局域网。3月30日，俄罗斯总统普京签署法令，批准确保俄罗斯关键信息基础设施技术独立和安全的措施。根据法令，自3月31日起，禁止在未经授权情况下为关键信息基础设施采购外国软件。同时，针对美西方制裁，俄罗斯采取针锋相对的反制举措。3月21日，俄罗斯莫斯科维特尔地方法院基于Meta允许部分用户在脸谱网和照片墙上发表“呼吁对俄军队和公民实施暴力”的言论，而裁定Meta为“极端组织”，并同时宣布对脸谱网和照片墙的禁令立即执行。3月23日，俄罗斯联邦通信、信息技术和大众传媒监督局以散布虚假信息为由屏蔽谷歌新闻网站。

四、全球网络安全面临多重挑战

除了俄乌冲突引发的国际网络空间动荡外，持续高企的恶意软件、网络犯罪等，让研究机构对2022年的网络空间形势“打出低分”。一是恶意软件威胁增多。网络安全公司Sectigo 3月22日发布研究显示，全球有410万个网站感染了恶意软件，各种网络攻击呈上升趋势。Red Canary公司3月23日发布《2022年威胁检测报告》，通过分析3万个已确认的威胁，总结出双重勒索成为标准、恶意软件即服务模型愈发常见、无文件攻击增多等趋势。帕洛阿尔托网络公司3月24日发布《2022年Unit42勒索软件威胁报告》称，2021年勒索软件支付金额创下历史新高，相关数据泄露和赎金也大幅上升。二是网络攻击愈演愈烈。以色列国家网络局3月14日称，以色列总理办公室、卫生部、内政部和司法部多个网站因遭大规模DDoS攻击而短暂下线，该国国防部消息人士称，这是该国有史以来遭受的最大规模的网络攻击。黑客组织“匿名者”3月29日入侵了俄罗斯两家行业巨头机械设备商MashOil和建筑公司RostProekt，窃取了多达112.4G的数据。三是网络犯罪形势不容乐观。行业组织机构Secon Cyber 3月9日发布报告预测2022年将是网络漏洞利用、账户接管攻击、网络钓鱼和勒索软件等风险增多的一年，强调企业2022年需要解决勒索软件、供应链攻击等十大核心安全风险。3月21日，思科旗下的塔洛斯事件响应（CTIR）团队发布报告称，预计2022年供应链和第三方风险将继续对全球组织构成威胁，更多的网络罪犯可能会利用Emotet木马病毒进行勒索软件攻击。

五、积极布局新兴技术未来发展

2022年3月，美韩澳等国积极开展新兴技术布局，通过增加投资、设立专门机构、开展军民协作等方式推动新技术发展。一是加大对芯片、元宇宙等的技术投资。3月28日，美国总统拜登发起了一项5.8万亿美元的预算提案，将拨款1300万美元用于研究先进通信，1.87亿美元用于美国国家标准与技术研究院（NIST），专注于制定人工智能、量子科学等新兴技术的新标准。3月28日，美国参议院以68票赞成、28票反对，通过了经过修改的向半导体芯片制造提供520亿美元补贴的法案《美国创新与竞争法案》。对此，美国白宫发言人普萨基表示，参议院投票通过的法案是保障美国供应链安全，并在未来几十年内在与中国和世界其他国家的竞争中获胜的又一举措。韩国信息通信技术、科学和未来规划部发布声明称，将投资2237亿韩元，创建一个名为“扩展虚拟世界”的元宇宙生态系统，以支持该国数字内容的增长和企业的发展，首尔的目标是成为第一个进入元宇宙的城市。二是成立新机构推动新兴技术发展和应用。3月23日，美国参议院下设的商业、科学和交通委员会在两党的大力支持下投票通过了《下一代电信法案》，该法案设想成立一个专家委员会，制定一项国家电信战略，重点关注美国在宽带领域的全球领导地位。澳大利亚3月22日成立“太空司令部”，计划发射小型通信卫星，同时研究干扰敌方卫星以扰乱通信的相关技术。三是新兴技术超前研究，军民协同意图明显。在乌克兰的要求下，美国SpaceX公司启动卫星互联网“星链”以帮助乌克兰的互联网正常运行。美国国防部太空发展局与三家航空航天制造商公司签订了价值近18亿美元的合同，用于建设由126颗卫星组成的下一代军用通信网络。美国空军罗马实验室已获得超过2.93亿美元的联邦资金，以支持量子技术研究持续发展。

六、总结

2022年3月，全球网络安全和信息化领域存在以下特点。一是俄乌冲突引发的网络空间对抗导致全球网络空间信任赤字升高，这种动荡无疑又会加剧网络犯罪、网络恶意行为等。以此为起点，“对抗”成为2022年全球网络空间的主要基调。二是在跨大西洋数字合作议程取得一定成效的背景下，美国开始将目光和资源更多地投向印太地区。虽然2022年美国-东盟峰会因故延期，但从美国意图来看，在已经通过种种手段深化美日印澳等双边、多边关系的前提下，东盟成为其数字贸易合作的下一目标。

2.4　4月全球网络安全和信息化动态综述

4月，各国在网络安全保障方面动作频繁，美、澳等国成立网络安全局等部门，进一步加强网络安全监管，北约国家召集乌克兰进行网络防御演习以防范俄罗斯行动。在新兴技术研发与应用方面，美国加强人工智能战略布局，意图打造以美国为主导的“技术治理多边体系”。此外，以美国为代表的西方国家在俄乌冲突的背景下加强网络攻势，相关动向需要密切关注。具体情况综述如下。

一、加强网络安全保障，提升防御能力

本月，美印澳等国继续通过加强立法、完善机构体系、深化国际合作等方

式，完善国家网络安全保障体系。一是出台政策立法提升网络安全。4月6日，美国各机构向管理和预算办公室（OMB）提交了关于实施“零信任”的初步计划，白宫要求在2023年向联邦民事机构提供109亿美元与网络安全相关的资金，其中一部分预计将用于实现零信任体系结构。此举措是落实白宫1月26日发布的联邦政府“零信任”网络安全战略的行动。4月11日，美国参议院一致通过《国家网络安全防范联盟法案》，并将该法案提交总统办公室。该法案将授权国土安全部在国家、州和地方各级提供网络安全培训援助。4月28日，印度电子和信息技术部发布首份网络安全准则，要求所有服务提供商、中介机构、数据中心、实体公司和政府组织必须在发生或知晓安全事件后的6小时内，向印度计算机应急响应团队报告。二是成立网络安全相关机构。4月4日，美国国务院正式启动“网络空间和数字政策局”，负责领导和协调美国网络外交工作，该局下设国际网络空间安全部门、国际通信和信息政策部门以及数字自由部门，职责是制定网络空间政府行为规范，帮助美国盟友加强自身网络安全计划。4月6日，澳大利亚通信管理局（ASD）在墨尔本、布里斯班和珀斯三个州建立网络安全中心，该中心的成立将为网络间谍机构提供广泛的人才，旨在将澳攻击性网络安全能力在未来五年提高三倍。4月13日，德国柏林市政府成立安全运营中心，用以检测和防范公共系统的网络攻击，该中心的专家们将对柏林数字化公共系统的访问情况进行实时监测，并负责协调跨部门的处置措施。

二、加强数据与内容安全制度建设，促进隐私保护

4月，多个国家继续在数据与内容安全方面发力，通过完善顶层设计、完善制度建设，强化对数据和不良内容的监管。一是强化数据安全保护的制度框架。4月22日，美国白宫发布《促进公平数据使用的建议》，下令成立公平数据工作组，对联邦现有的数据收集政策、项目和基础设施开展研究，以发现不足之处并提出建议。4月21日，英国国家网络安全中心（NCSC）对“网络评估框架”进行了更改，以评估公共部门管理的数据机密性存在的风险。4月1日，英国技术贸易协会针对英国新数据保护制度提出六项原则，包括改善用于研究和开发的数据使用、加强个人数据保护、释放个人和非个人数据的价值、增强国家网络弹性、保障数据全球自由流动和在国内明确反对数据本地化。4月6日，澳大利亚发布《国家数据安全行动计划（征求意见稿）》，该意见稿将提

供一个新的数据安全方法，寻求协调制定包括各级政府在内的统一数据安全法规和标准，同时通过新的改革弥补数据设置方面可能存在的差距。二是加强内容治理与审查。4月23日，欧盟成员国、欧盟议员和欧盟执行机构就《数字服务法》的条款达成一致。从2024年起，大型科技公司需采取更多措施来处理非法内容，否则将被处以其全球年营业额6%的最高罚款。英国《在线安全法案》于4月19日提交议会进行二读，法案要求内容平台改善其保护用户的方式，同时采取强有力的措施来保护儿童免受色情和儿童性虐待等有害内容的侵害。4月20日，越南出台新规，要求社交媒体公司在24小时内删除非法内容，在3小时内屏蔽活跃的非法直播。孟加拉国政府推出名为《关于数字、社交媒体和OTT平台的规定》的新立法草案，法案定义了孟加拉国用户可以在社交平台上发布什么内容，以及在什么情况下脸谱网等社交平台应该采取行动删除用户发布的内容。草案还授权该国电信监管委员会指示服务提供商删除或屏蔽内容。三是加强个人信息保护。4月6日，欧洲数据保护委员会发布关于新的《跨大西洋数据隐私框架》的声明，支持美国做出的承诺，即当欧洲经济区的个人数据转移到美国时，美国将采取“前所未有的”措施保护其隐私和个人数据。俄罗斯联邦第101234-8号法案——“关于修订《联邦个人数据法》及其他关于保护个人数据主体权利的立法文件”已于4月6日提交至俄国家杜马。该法案旨在加强对俄罗斯公民个人数据的保护，并收紧对数据处理运营商的要求。

三、俄乌冲突持续，网信领域成博弈前沿

俄乌冲突引发的网络空间博弈仍然激烈。西方科技巨头充当了对俄制裁的排头兵，俄罗斯则通过寻求技术自主应对西方围堵。一是部分西方科技企业推出反俄举措。4月7日，苹果公司将俄罗斯反对派领袖阿列克谢·纳瓦尔尼（Alexei Navalny）开发的“智能投票”应用程序重新放到了俄罗斯的应用商店中。目的是宣传正在竞选议员并有最大胜算的反对派候选人。4月18日，谷歌地图提供俄罗斯军事地点的高清显示，包括俄罗斯“库兹涅佐夫海军上将”号航母、摩尔曼斯克附近的核武器库、堪察加半岛的潜艇以及邻近乌克兰的西部城市库尔斯克的一个空军基地。维基百科发布大量关于乌克兰特别军事行动和俄罗斯武装部队行动的虚假信息，已成为对俄罗斯人进行不间断信息攻击的新工具。二是美欧强化对俄网络防御。4月11日，北欧各国政府就IT网络安

全合作举行紧急跨境会谈，目的是制定一项共同战略，以加强国家防御对抗俄罗斯。4月19日，北约召集乌克兰和北约国家的网络专家举行大型网络防御演习，促进不同国家就网络威胁相互交流。三是美西方国家政府对俄实体实施制裁行动。4月1日，美国财政部宣布对俄罗斯21家实体企业和13名负责人实施制裁，其中包括俄罗斯最大的芯片制造商Mikron，美国将冻结这些企业和个人在美国的所有资产，并且禁止美国人与他们有往来。四是俄罗斯采取反制措施以对抗西方制裁。面对西方打压，俄罗斯政府通过推出替代性产品、建立新平台等方式建立“网络自主”。如俄罗斯政府试图建立西方社交媒体平台的替代性产品，包括类似优兔的应用RuTube、类似照片墙的应用Fiesta、类似TikTok的应用Yappy等，并取得了一定的成功。为应对美西方对俄罗斯展开技术及相关产品服务制裁、完善本国供应链、尽快摆脱对外国供应商的依赖，俄罗斯开发了一种新的超级计算机平台，希望能够将高性能计算、人工智能和大数据处理从英特尔的x86处理器移植到国产的Elbrus处理器上。

四、在新兴技术领域加快战略布局

2022年4月，各国政府通过完善制度环境、推进政企合作等方式，促进半导体、区块链等新兴技术的产业发展和应用。一是政府与科技巨头共同抢占新技术“高地”。4月20日，美国国家标准与技术研究院（NIST）发布关于制造业供应链可追溯性的区块链及相关技术的研究。全球领先的芯片制造商英特尔、美光和ADI加入了美国的Mitre Engenuity半导体联盟，旨在促进美国半导体业的灵活发展，构建更有弹性的美国半导体产业链，并在全球竞争加剧的背景下培育本土先进的制造业，保护美国知识产权。印度正在与英特尔、格罗方德和台积电等全球芯片制造商就在当地建立业务进行谈判，以将更多高科技制造业集中在该国。二是完善新技术领域法律法规，加强政府监管。4月5日，美国众议院通过《频谱协调法案》，要求商务部下属的国家电信和信息管理局（NTIA）及联邦通信委员会修改完善其频谱协调谅解备忘录，更新共享频段和相邻频段相关纠纷的联合处理程序。4月25日，克雷格·马特尔（Craig Martell）被任命为美国国防部新任首席数字和人工智能官，美国在人工智能、数据分析和机器学习技术方面的开发和应用进展有望加快。美国众议院提出《量子网络安全准备法案》，以防止不良行为者在量子计算时代窃取有价值的信息，帮助未来验证当前的敏感信息数据库，进而保护联邦IT系统和资产免受未来量子计算机实施的黑客攻击。

五、总结

2022 年 4 月，各国网络安全举措和信息化布局呈现出以下特点。一是美国的网络安全战略新范式凸现。美国正式启动网络空间和数字政策局，兼具国家安全、外交和意识形态功能，同时通过实体制裁、司法指控等方式对俄罗斯进行网信打压，体现出其将网络空间与现实空间全面整合的动向，这将在未来深刻影响全球网络空间治理和力量博弈。二是俄罗斯的技术战略自主布局值得借鉴。面对美西方的强力打压，俄罗斯采取“国产替代”方案，在一定程度上稳定了国内网络空间形势，这对大国网络博弈具有一定的启示意义。三是西方科技巨头体现出的广泛性的“破坏力”。在此前，西方科技平台参与对俄遏制还多集中在技术与市场脱钩、认知战等层面，但在 4 月已经开始参与对俄的正面战场信息行动支援，这体现出技术赋予的平台权力的泛化性与不可约束性。

2.5　5 月全球网络安全和信息化动态综述

5 月，多国在网络安全保障、数据安全监管与内容治理等方面动作频繁。以美国为代表的西方国家在俄乌冲突的背景下加强了网络攻势，尤其是西方借机加速网络军力建设的动向对国际网络空间的影响值得关注。具体情况综述如下。

一、加强网络安全保障，提升防御能力

本月，西方国家持续出台网络安全战略，设立网络安全保障机构，以增强网络安全能力。值得关注的是，亚洲成为西方网络安全合作重点地区。一是出台政策立法，提升网络安全。美国总统拜登 5 月 12 日签署了《国家网络安全防范联盟法案》，该法案将使国土安全部能够与非营利实体在技术开发、现代化和举办网络安全培训等方面进行合作，以支持防御和应对网络安全风险。5 月 12 日，美国签署了《布达佩斯网络犯罪公约》，旨在保护公民免受网络犯罪侵害，并追究网络罪犯责任。5 月 17 日，意大利总理德拉吉批准了《2022—2026 年国家网络安全战略》以及实施计划，其中包含到 2026 年实现

数字安全路线图、增强国家系统数字化转型的弹性、实现网络维度的战略自主、预测网络威胁的演变态势、管理网络危机和打击网络虚假信息。二是成立网络安全相关机构。瑞士联邦委员会决定加强打击网络攻击，将当前的国家网络安全中心转设为联邦网络安全办公室，以确保经济、公民和联邦政府的信息技术安全。新加坡网络安全局与南洋理工大学耗资1950万新加坡元建立了国家综合网络安全测试中心，评估、认证系统的网络安全可靠性，推动相关领域的发展。5月17日，欧洲防务局部长级会议批准在欧洲防务局下设立欧盟防务创新中心，将推动与各成员国及欧盟利益相关方的密切合作，促进欧盟内部国防科技创新。三是加强网络安全对话与合作。5月5日，韩国国家情报院宣布韩国加入北约合作网络防御卓越中心，成为首个加入该机构的亚洲国家。5月12日，欧盟和日本宣布启动欧盟-日本数字伙伴关系，双方将推进数字问题合作，以促进经济增长，并推动数字化转型。美国与东盟十国于5月12日至13日举行首次特别峰会，并发表了共同愿景声明，称双方致力于提高网络安全能力，提升数字素养和包容性，同时就网络威胁、监管框架和新兴技术在保护个人数据方面进行意见交流和经验分享。5月21日，美韩首脑会晤后发表联合声明，双方商定在新兴和核心技术、网络安全方面深化并扩大合作。5月24日，美日印澳“四国峰会”发表联合声明，承诺采取交换威胁信息、识别和评估数字化产品和服务供应链的潜在风险、协调政府采购软件的安全基础标准、改善软件开发生态系统等措施，加强国家关键基础设施保护。

二、加强数据与内容安全管理，促进隐私保护

本月，数据安全与内容治理依然是各国网信监管的重点工作，数据跨境的机制探索与合作进程也未停歇。一是完善数据治理制度框架，以推动数据共享和应用。5月10日，英国公布了一项新的《数据改革法案》，希望以脱欧为契机，改革现有的GDPR和《数据保护法案》，取代继承自欧盟的“高度复杂”的数据保护法律，通过创建一种更加灵活、更注重结果的方法减轻企业负担，同时还将引入更加明确的个人数据使用规则。5月16日，欧盟理事会批准了《数据治理法案》（DGA），以提升数据的可用性，并建立一个值得信赖的环境，促进数据用于研究和创造新服务和产品。DGA将建立强大的机制，促进某些类别的受保护的公共部门数据的再利用，增加对数据中介服务的信任，并促进整个欧盟的数据利他主义。5月23日，英国中央数字办公室发布

了一个数据共享治理框架，该框架是2020年发布的国家数据战略的下一步行动，侧重于解决公共部门数据共享的非技术障碍，以统一数据共享治理系统、流程和方法，旨在“改善政府对数据的使用”和“提供更好的服务和结果”。二是继续就数据跨境展开制度探索和国际合作。5月12日，德国柏林数据保护机构宣布了其关于向第三国传输数据的指南。该指南对GDPR下的数据出口要求进行了细分，强调向国外传输数据的概念非常广泛，要求组织考虑其整个服务链、价值链。5月24日，新加坡金融监管局与瑞士国际金融国务秘书处同意建立一个监管框架，将探索数据在金融集团内部流动的相关政策，支持监管者在有适当访问权的情况下自由选择数据存储和处理地点等，该框架将有利于允许跨境传输、存储、访问和保护金融部门数据流。三是加强内容治理与审查。联合国新闻委员会第44届会议5月13日通过两项涉及打击错误信息、帮助保护言论和新闻自由的基本权利的决议，将敦促成员国确保正确信息的自由流动列为联合国全球传播部的优先事项。5月11日，欧盟委员会通过了2022年版“为儿童提供更好的互联网”战略，提出建立适龄设计的行为规范、提供必要的技能和进行在线指导“三大支柱”，以改进适龄的数字服务，并确保每个儿童在网上都得到保护、赋权和尊重。5月17日，尼日利亚信息和文化部长称该国正在监控脸谱网和其他平台，以确保它们遵守“限制其在网站上发表仇恨言论”的要求，同时加大对社会媒体负责任使用的监管力度。5月25日，奥地利政府发布打击深度伪造行动计划，包括“结构和过程”“政府治理”“研究与开发”和“国际合作”四大行动领域，进一步打击虚假信息和仇恨言论。四是加强个人信息保护。5月10日，美国康涅狄格州州长签署《康涅狄格州数据隐私法》，该州成为继加利福尼亚州、科罗拉多州、犹他州和弗吉尼亚州之后，第五个拥有全面消费者隐私立法的州。5月11日，美国众议院通过了《促进数字隐私技术法案》，法案关注研究个人信息剥离、假名化、匿名化或模糊化技术，以减轻数据集中的隐私风险，同时保持公平性、准确性和效率。泰国首部《个人数据保护法》将从2022年6月1日开始实施，该法对数据控制者、数据收集者以及数据所有者的权利、义务进行了规定。

三、俄乌冲突持续引发网络对抗与防卫建设

随着俄乌冲突的持续，网信领域的对抗与博弈愈加呈现军事化色彩。一是美西方国家政府加强网信领域反俄举措。随着俄乌战局的发展，5月4日英

国政府在制裁名单上增加了63家俄罗斯实体，其中包括贝加尔电子和MCST（莫斯科SPARC技术中心），这是俄罗斯最重要的两家芯片制造商。美国国际开发署（USAID）负责人萨曼莎·鲍尔17日在众议院外交事务委员会会议上发表讲话，称USAID正集中力量打击来自中、俄的所谓的虚假信息。二是俄罗斯采取反制措施以对抗西方制裁。5月1日，俄罗斯总统普京签署两份总统令，规定了确保俄罗斯信息安全的额外措施。一份要求禁止使用源自“不友好国家”生产的信息和安全设备，另一份下令所有官方组织和机构立即成立网络安全部门。俄罗斯国家杜马5月24日一读通过一项法案，赋予俄检察机关在某个西方国家对俄方媒体“不友好”的情况下，关闭该西方国家媒体驻莫斯科站点的权力。三是美西方国家大力发展网络防卫，扩展网络军力。5月3日、4日，立陶宛和美国网络司令部发表声明称，在俄乌冲突背景下，美国网络司令部在立陶宛部署了一支国家任务部队，与立陶宛部队完成了一项为期三个月的“向前狩猎行动”，旨在加强联合网络防御。5月9日，英国出台新的《国防网络弹性战略》，提出到2026年、2030年的阶段性战略目标，并对国防现状进行了分析，在此基础上确立了七大关键优先事项及实现路径。5月17日，欧洲防务局部长级会议批准在欧洲防务局下设立欧盟防务创新中心。该中心呼应了欧盟2022年3月发布的《安全与防务战略指南》，促进欧盟内部国防科技创新，为新技术开发和未来作战做好准备。

四、在新兴技术领域加快战略布局

2022年5月，西方国家一方面加速发展新兴技术，一方面提前布局新技术监管。一是科技大国抢占新技术“高地”。5月6日，美国国家标准与技术研究院（NIST）发布《零信任架构规划：联邦管理人员指南》，概述了如何使用NIST风险管理框架开发和实施零信任架构。5月3日，欧洲议会投票通过《2030年欧盟人工智能路线图》，强调使用人工智能对于应对气候变化、防控新冠疫情和发展经济的好处，以及对公民隐私等基本权利的威胁，由此呼吁推动欧盟成为全球人工智能监管标准制定者。5月4日，美国国家人工智能咨询委员会成立了五个工作组，旨在集中精力开展人工智能工作。5月4日，美国白宫发布“关于加强国家量子倡议咨询委员会”的行政命令和《提升国家安全、国防和情报系统网络安全备忘录》，用以占据美国在量子计算领域的领导地位，同时减轻易受攻击的加密系统风险。欧盟成员国于5月11日发布了一份关于开放式无线接入网络安全的报告，建议基于欧盟 5G 工具箱采取一系列行动。二是完善新技术领域法律法规，加强政府监管。加拿大隐私专员办公室于 5 月 2 日宣布，多个加拿大数据保护机构负责人发布联合声明，建议立法者制定面部识别技术的法律框架。英国数字、文化、媒体和体育部正在就加强移动应用商店运营商和应用程序开发商的安全问题征求科技行业的意见。根据新的提议，智能手机、游戏机、电视和其他智能设备的应用程序商店可能会被要求遵守一套新的行为准则，其中包括基线安全与隐私底线要求。

五、总结

2022 年 5 月，全球网络安全和信息化领域动态有以下趋势与亮点。一是美欧密集在亚洲开展合作布局，涉及数字经济、网络安全、技术研发、供应链安全等多个层面，尤其是韩国成为首个加入北约网络防御卓越合作中心的亚洲国家，凸现出美欧打造“亚洲版北约”的动作持续加快。二是在俄乌冲突引发网络对抗的同时，西方国家也获得了追求网络空间军事化的动力，趁机开展网络国防建设、扩充网络战力、前置网络防卫等行动，由此可能激化大国网络博弈、加剧军备竞赛，国际网络安全规则制定进程受到严重影响。三是英国、加拿大等国对新兴技术立法进行积极呼吁与探索。

2.6　6 月全球网络安全和信息化动态综述

6 月，全球网络局势持续动荡，各国在网络安全、数据与隐私保护、互联网内容治理等领域持续加强顶层设计，谋求提升网络空间治理效能与弹性。同时，各监管机构也加大对网络战、信息战、新技术发展等问题的关注度，不断在人工智能、元宇宙、NFT 等领域发力，争夺国际话语权。具体情况综述如下。

一、从出台政策立法和能力建设等方面提升网络和数据安全

本月，多国政府提出或发布涉及网络空间的法案、战略，继续推动完善本国网络空间建设。一是强化网络安全防御和基础设施保护。6 月 29 日，北约宣布采用新的战略概念，将网络安全举措更紧密地融入其中，提高对网络和混合威胁的抵御能力，并加强成员国之间的互操作性；美国能源部 6 月 14 日发

布《国家网络信息工程战略》，旨在指导能源部门“排除”工程设计和运营周期层面的网络安全风险；美国国务院情报与研究局6月27日发布一项网络安全战略，旨在加强部门绝密计算环境的安全，并改进自身管理网络风险的方式；加拿大公共安全部6月7日提交联邦法案，要求银行、电信及运输等关键行业加强网络安全和攻击事件报告，加强本国关键基础设施保护。二是多国增强网络防御能力建设。美国网络安全与基础设施安全局（CISA）6月6日启动了“不止一个密码”活动，以增进对多因素身份验证的了解，并显著提高其采用率。CISA于6月8日在其“已知被利用漏洞目录”中增加了36个构成“重大风险”的新漏洞。6月9日，欧盟网络安全局组织了一次泛欧网络安全演习“网络欧洲2022”，以测试欧盟医疗保健基础设施和服务受到攻击时的反应。俄罗斯信息安全领域的大型公司正计划成立联盟，以避免网络冲突对俄罗斯造成不可逆的伤害。三是推进数据安全和隐私保护。美国国会6月2日发布了关于美欧《跨大西洋数据隐私框架》的更新报告，概述了数据传输和监控等问题；美国参议院6月23日推出《保护美国人数据免受外国监视法案》，旨在针对美国公民个人数据的大量出口问题制定新规则；加拿大6月22日提出《数字宪章实施法案》，为企业提供明确的规则，以支持他们的数据创新努力，并将引入一个新的监管框架，以负责任地开发人工智能系统。四是对危害数据安全的各类违法行为采取执法行动。6月23日，德国柏林警方负责人认为特斯拉电动汽车的“哨兵模式”可拍摄汽车周边的环境，对数据安全构成威胁，试图禁止特斯拉汽车靠近警察局和政府总部；6月27日，俄罗斯塔干斯基地区一家法院对流媒体视频服务Twitch、社交网络Pinterest、度假租赁公司Airbnb和物流服务公司UPS处以罚款，以上公司涉嫌拒绝在俄罗斯本土存储俄公民的个人数据。

二、网络内容治理不断深化，科技巨头监管持续收紧

6月，多国都加强了平台的注意义务和内容安全责任，试图将互联网有害内容纳入法定监管的范围。一是从立法层面深化互联网内容治理。美国两党议员6月28日提出《减少在线用户的欺骗性体验法案》，简称“绕道法案”，拟对大型科技公司的营销和索取信息设置新的限制，进而打击“黑暗模式”；日本参议院6月13日通过了严惩“侮辱罪”的刑法修正案，将监禁作为对网络侮辱行为的更严厉惩罚的一部分。以色列司法部和通信部6月14日发布《机

器人法》备忘录，规定在大型社交网络上传播信息的人，必须明确标记通过机器人和其他自动化方式自动分发的消息，否则将面临法律诉讼。二是加强对社交媒体平台的管控。6 月 16 日，Meta、推特、谷歌、微软和 TikTok 签署欧盟《反虚假信息行为准则》的更新版本，新规最终将纳入欧盟《数字服务法》，迫使各平台采取相应行动，否则将面临高达其全球营业额 6% 的罚款；6 月 20 日，俄罗斯莫斯科市法院宣布驳回 Meta 上诉，并认为“将 Meta 定为极端组织，禁止该公司在俄活动”的判决合法且合理。三是加强对青少年等特殊群体的网络保护。欧盟委员会 6 月 14 日发布了由消费者和数据保护机构制定的面向儿童的公平广告五项关键原则，以更好地保护儿童；新加坡通信与新闻部部长 6 月 28 日表示，政府正在制定两套网络行为准则，旨在维护种族与宗教和谐，保护青少年免受色情或暴力内容的侵害。四是加强对网络大 V 及网红的监管。荷兰媒体管理局 6 月 23 日发布新规，自 2022 年 7 月 1 日起，粉丝数超 50 万的网络大 V 必须接受荷兰媒体管理局监督，遵守荷兰《媒体法》的附加广告规则，并在荷兰媒体监管局完成注册。沙特阿拉伯视听媒体总局 6 月 8 日针对居住在该国的非沙特国籍的网红发布新规定，要求其在获得官方许可之前不得发布任何营销内容，禁止非沙特国籍人士在未经许可的情况下在社交媒体上发布广告。

三、各国围绕网络战、信息战开展布局

6 月，美英欧持续开展数字工具军事化行动，并开展相关战略设计。一是美英持续释放网络战激进化信号。美国网络司令部负责人保罗·中曾根（Paul Nakasone）表示，美国军方黑客已经在国防部授意下，展开了支持乌克兰的一系列行动。英国总检察长苏埃拉·布雷弗曼（Suella Braverman）宣布，当英国的关键基础设施受到外国威胁行为者的袭击时，英国可以利用防御网络展开网络攻击行动，并采取反制措施。二是进行信息战布局。欧盟委员会 6 月 21 日发布《欧盟协调应对混合威胁活动框架》，指出地缘政治变化促使欧盟加强战略自主权，提升维护价值观和利益的能力，提出开发外国信息操纵和干扰工具箱等相关举措。三是推动新兴技术的军事化应用。英国国防部 6 月 15 日发布军事人工智能战略，计划与私营部门密切合作，“合法且合乎道德”地研发、开发、试验和部署一系列人工智能技术，“革新英国武装力量”。英国政府设立新兴技术和安全中心，旨在通过加大对开源情报的系统化运用，开发尖端技

术，提高专业能力，利用新技术保持信息分析优势，构建利用人工智能解密社交媒体账号的行为或语言模式的能力，维护英国的信息安全。美国国防部设立新兴能力政策办公室，负责制定与人工智能、高超声速等新兴军事力量有关的政策，并将其整合到国防部的战略、规划指南和预算流程之中。美国国防部计划在2023—2027年斥资近130亿美元开发和采购军用通信卫星，助力战略和战术通信系统的融合，通过打造战略卫星通信计划，为核指挥等高度敏感的国家安全行动提供高度安全的通信线路。

四、加速信息化战略布局，推动新技术研究与应用

6月，多国持续推进信息化战略顶层布局，在人工智能、超级计算机、元宇宙、星链、Web3.0、NFT等新技术领域加速研究与应用，加紧对新技术新应用的部署实施。一是加强信息化战略布局与政策支持。英国政府6月13日发布更新版数字战略，宣布为国家网络计划增加1.14亿英镑的资金预算，并确定了六大行动领域，用以繁荣英国数字经济。6月3日，日本颁布世界首个稳定币法案《资金决算修订法案》，法案中将稳定币归为加密货币，并允许持牌银行、注册过户机构、信托公司作为稳定币的发行人。6月7日，日本政府批准了《2022年经济财政运营和改革的基本方针》，旨在促进Web3.0的技术和生态发展，涵盖加密货币、非同质化代币和去中心化自治组织等领域，旨在通过促进区块链和数字资产创造新价值，进一步挖掘数字经济潜力。二是加强新兴技术研究和部署应用。美国陆军作战能力发展司令部陆军研究实验室、海军研究实验室、海军天文台、美国国家标准与技术研究院、国家安全局和国家宇航局六个机构，共同组建量子技术研究联盟，研究如何用量子位传输敏感信息，致力于提升美国在量子网络领域的能力和领导力。美国国防部6月22日发布《“负责任的人工智能”战略与实施路径》，详细规划了美国国防部将如何以合法、道德和负责的方式利用人工智能，使“国防部的人工智能战略易于实施”。三是加强相关领域的投资与合作。6月13日，美英两国政府启动挑战赛，为开发促进隐私增强技术成熟度提供奖励，以加速该技术的开发应用。四是重点关注数字资产领域最新动向及监管态度。6月23日，俄罗斯央行表示，将于2023年推出数字卢布实施路线图，以解决俄罗斯银行被排挤出SWIFT所产生的问题。俄罗斯杜马成员在6月28日二读和三读中批准一项法律草案，旨在免除数字资产和加密货币发行人的增值税。

五、总结

2022 年 6 月，全球网络安全和信息化战略布局有以下特点和亮点。一是部分国家对大V、网红等群体进行了有益的监管尝试。我国作为互联网经济大国，平台经济蓬勃发展的同时促进了“网红经济”的繁荣，也使得针对网络税收、内容治理、平台垄断等问题监管的复杂性和紧迫性日渐凸显。目前相关国家的监管主要集中在内容层面，给我国提供了较好的示范。而对于税收以及流量垄断等问题的监管，也需尽快探索。二是西方国家开展信息战布局。俄乌冲突中，信息战对国际舆论、战场走势等的影响作用大大凸显。受此影响，英国、欧盟开始布局信息战战略，可能对于全球数字战力建设起到带动作用。三是Web3.0、NFT技术及生态发展被美日政府所重视，甚至予以实质性推动，一时间成为全球数字经济的发展热点，但对于相关业态的监管仍然存在空白，应当引起重视。

2.7　7 月全球网络安全和信息化动态综述

7 月，美、俄、欧等世界主要国家和地区持续加强网络空间立法和战略布局，全方位加强网络安全保障能力，推动网络内容及数据治理，在 5G、人工智能、大数据、区块链等领域推出系列技术产业发展及安全监管举措。与此同时，美欧等国家和地区积极展开数字外交，推动技术国际合作，强化数字伙伴关系。相关情况综述如下。

一、推进网络空间立法，强化网络安全能力和战略布局

7 月，多国政府推出涉及网络安全方面的立法及战略，旨在提高网络安全能力，应对威胁挑战。一是出台法律法规，强化网络安全能力。美国完成新版《网络安全战略》草案，新战略将创建一个自由开放和安全的互联网愿景，寻求利用联邦政府权力来敦促私营部门改善网络安全状况，保护关键数字基础设施免受黑客攻击。7 月 14 日，俄罗斯总统普京相继签署《外国代理人法》《登录法》《反对歧视俄罗斯媒体法》等多项法律，要求外国科技公司在俄设立正式代表处，并加强俄罗斯联邦通信、信息技术和大众传媒监督局网络内容监管

权力，以削弱外国对俄罗斯的网络空间影响。二是重点保护关键基础设施安全。美国能源部下属国家级研究机构网络安全制造创新研究所发布路线图，以帮助制造商加强其网络安全基础设施。欧盟举办超大规模网络安全演习，模拟医疗基础设施遭全链条打击，演习内容包括篡改实验室结果等虚假宣传活动、对欧洲医院网络发动攻击等。德国联邦信息安全办公室发布了一份针对空间基础设施的IT基准保护文件，聚焦于确定卫星网络安全的最低要求，目标是涵盖卫星从制造到运行全过程的信息安全。三是加强网络攻防能力建设。7月14日，美国众议院通过2023财年《国防授权法案》，提出增加4400万美元支持网络司令部“前出狩猎”行动，旨在面向未来作战增强网络攻防两端能力。美国陆军做出部署关键网络工具的决定，该工具可提高对友军网络及其威胁的态势感知，将方便指挥官更好地了解己方网络环境。新加坡数字和情报服务部门宣布成立数字行动技术中心和网络靶场卓越中心，以应对非传统战场上网络武器扩散带来的新威胁。四是加强国际间网络合作。美国网络安全与基础设施安全局宣布，已与乌克兰国家特殊通信和信息保护局签署了合作备忘录，以推动两国在网络安全方面更加紧密地合作。美国与泰国签署《战略联盟和伙伴关系公报》，计划重振在科学、技术和空间方面的双边对话，扩大现有的网络安全合作，以确保两国的关键信息基础设施得到保护。美国与沙特签署网络安全合作谅解备忘录，在两国之间共享网络威胁信息。英国战略司令部与德国军方网络和信息领域服务处签署了一项更新的双边协议，双方将新增第8个“网络小组”，用以总结网络演习中的经验，进一步分享双方信息、锻炼网络技能。

二、推进数据安全防护，加强平台规范

7月，各国继续将数据安全保护和内容治理作为政府监管的重要事项，同时对平台施压，避免其巩固市场垄断地位。一是完善数据和隐私保护方面的立法。7月20日，美国众议院能源和商业委员会通过《美国数据隐私与保护法案》，该法案是美国首部联邦层面的隐私法，旨在为限制谷歌和脸谱网等科技公司收集和使用美国人的数据设定一个国家标准。英国政府公布《数据保护和数字信息法案》草案，法案延续了欧盟GDPR的基本要求，标志着英国脱欧后在数据保护制度方面的首次重大变革。7月5日，俄罗斯国家杜马二读通过新版个人数据流通监管法律草案，限制俄罗斯公民将个人数据传输到境外，要求计划传输相关数据至境外的实体应提前向俄监管机构报备。二是加强数据治理

研究，保护数据安全。欧洲议会发布了一项关于欧盟数据治理框架的研究计划，该研究将侧重于从欧盟整体治理战略进行评估和考虑，同时提供与欧盟《数据治理法案》《人工智能法案》《数字服务法》等相关立法更加一致的政策大纲。澳大利亚数字平台监管论坛发布公报称，监管机构将重点研究算法在一系列领域对澳大利亚人的影响，包括算法推荐和分析、算法审核、虚假信息和有害内容推广、产品排名和展示等。三是加强虚假信息治理，防范境外干涉。欧洲议会发布关于《欧盟政治广告法规草案》的意见草案，限制广告定向技术只能使用“由数据主体明确提供的仅用于政治广告”的数据；英国新修订《国家安全法案》确立了一项新的外国干涉罪，以阻止和破坏国家威胁活动。俄罗斯联邦通信、信息技术和大众传媒监督局以未能限制用户访问被禁内容为由，对谷歌处以 211 亿卢布的罚款，此次罚款是按照谷歌在当地收入的一部分计算的，是俄罗斯有史以来对科技公司开出的最大罚单。四是严厉打击数字市场垄断。7 月 5 日，欧洲议会正式通过《数字服务法》和《数字市场法》，明确对大型互联网平台在网络内容、数字广告、应用程序等方面的规则要求，旨在遏制大型科技公司的不正当竞争行为，建立公平、竞争的市场环境。据知情人士透露，欧盟委员会拟成立由两名反垄断高级官员领导的新机构来落实控制大型科技公司权力的《数字市场法》，缓解人们对欧盟竞争监管机构可能难以让谷歌、亚马逊、苹果、Meta 和微软等科技巨头遵守该法的担忧。美国联邦贸易委员会（FTC）发起反垄断诉讼，要求法庭阻止 Meta 并购虚拟现实健身软件开发商“Within 无限公司”及其虚拟现实专用健身应用 Supernatural。FTC 指控称，Meta 已是最大的虚拟现实设备供应商，并还在计划通过收购上述健身应用来扩大其虚拟现实帝国，这一行为扼杀了良性市场竞争以及科技创新。

三、积极推动数字外交，深化技术国际合作

2022 年 7 月，美欧等国家和地区积极推动数字技术外交和国际合作。一是美欧互设数字外交机构，巩固跨大西洋数字关系。美国网络安全与基础设施安全局（CISA）7 月 18 日宣布，将在伦敦成立其首个境外办事处，该办事处将作为 CISA、英国政府官员和其他美国联邦机构官员之间国际合作的联络点，推进实施 CISA 在网络安全、关键基础设施保护和应急通信方面的任务，并利用该机构的全球网络来促进实现 CISA 的四个国际战略目标：业务合作推进、联盟能力建设、通过利益相关者的参与和外联来加强合作、塑造全球政策生态

系统。7月18日，欧洲理事会批准了《欧盟数字外交结论》，提出在相关多边论坛和其他平台推进以人为中心的数字技术方法，促进与志同道合的国家建立伙伴关系和联盟。同时，欧盟将很快在旧金山设立一个专门的办公室，致力于将其打造成一个全球数字技术和创新中心。二是美国积极出击，与多国建立技术合作与数字贸易关系。7月13日，美国总统和以色列总理宣布启动新的战略性高级别技术对话，致力于将两国间的战略伙伴关系提升到新的高度，建立和加强两国在关键和新兴领域的技术伙伴关系，以共同应对包括流行病防治、气候变化、人工智能和技术生态系统等领域的全球挑战。7月26日，美日等14国举行“印太经济框架”部长级会议，围绕数字贸易、供应链等议题，就相关规则制定展开讨论。三是开展数据和信息共享，打击国际网络犯罪。欧盟委员会主席冯德莱恩与新西兰总理杰辛达·阿德恩（Jacinda Ardern）签署《欧洲刑警组织协议》，旨在推动欧盟与新西兰之间个人犯罪数据的传输，加强双方执法机构之间的合作。协议签署后，欧洲刑警组织将向新西兰执法部门提供有关跨国有组织犯罪、贩毒、洗钱、儿童性剥削、网络犯罪、暴力极端主义和恐怖主义的信息。

四、推进新技术新应用发展与监管

2022年7月，各国政府围绕5G、人工智能、量子计算等，积极推动政企合作。一是在5G网络部署方面，美国高通公司、瑞典爱立信公司和法国泰雷兹集团宣布启动5G太空项目，计划通过测试如何利用近地轨道卫星运行5G网络，帮助极端地理位置和偏远地区进行网络连接。巴西首都巴西利亚正式开通5G网络，成为巴西首个拥有5G网络服务的城市。二是在人工智能发展方面，英国政府发布《国家人工智能战略》及《建立有利于创新的方法来监管人工智能》政策文件，提出人工智能发展愿景，并为人工智能开发者和用户提出六项核心原则，分别为“安全使用AI”“安全设计AI”“确定负责AI的法人”“确保AI具有适当透明度和可解释性”“考虑公平”“明确纠偏或保证可竞争性的各种途径”。三是在大数据、云计算应用方面，美国国防部授予英国BAE系统公司一份为期5年、价值6.99亿美元的合同，以支持超级计算资源中心发展。日本政府根据5月通过的《经济安全保障推进法》，将于2022年秋季携手日本国内大型系统公司合作研发针对在线管理和共享行政数据的国产云。四是在量子计算研发方面，美国众议院通过《量子计算网络安全准备法案》，将优先考虑防御量子攻击所需的技术升级，保护联邦政府系统免受量子计算机带来的潜在开发威胁。以色列正建立世界上第一个基于量子计算的研发中心，将为以色列的工业界和学术界提供全栈量子计算机的访问权限和计算服务。

五、总结

2022 年 7 月，各国政府在网信领域的部分布局和举措，可能对未来的国际网络空间局势、数字市场监管等产生深远影响。一是美欧积极开展数字外交和国际技术合作。一方面设立专门性的数字外交机构，未来可能成为国际网信合作的新形式；另一方面，美欧及部分亚太国家围绕技术和数字贸易的合作布局，对我国网信企业出海的冲击不容小觑。二是欧盟正式通过《数字服务法》和《数字市场法》，并计划设立专门机构对法案的实施予以保障，这将不仅仅影响欧盟自身的数字市场发展，还将发挥“头雁效应”，对未来全球数字市场监管产生广泛的示范作用，或引发各国效仿甚至“照搬”其制度设计。

2.8　8 月全球网络安全和信息化动态综述

8 月，多国进一步推动网络空间战略布局，持续加强网络安全能力建设。此外，围绕以 6G、人工智能等为代表的新技术新应用，多个国家推出系列举措和行动计划。相关情况综述如下。

一、多领域推动网络空间战略布局

一是出台网络安全相关战略立法。8 月 3 日，美国参议院国土安全和政府事务委员会批准《联邦数据中心增强法案》（FDCEA）和《量子计算机网络安全防范法案》（QCCPA），其中，FDCEA 旨在加强联邦数据中心安全，防止网络攻击、自然灾害和恐怖袭击，指导公共与预算管理办公室协调制定保护联邦数据中心的安全性需求；QCCPA 旨在提前应对量子计算带来的网络安全风险。澳大利亚网络安全委员会（eSafety）发布《2022—2025 年网络安全战略》，以技术为重点审视在线安全监管机构面临的关键挑战，保护公民免受各种形式的网络伤害。8 月 11 日，越南政府发布新的国家网络安全战略，提出 12 项主要任务，包括在网络空间中维护国家主权、保护关键部门的信息系统安全等。二是不断完善数据安全和隐私保护相关立法。8月11日，美国联邦贸易委员会发布《关于拟议制度制定的预先通知》，旨在更好地保护美国人的隐私数据，被认为是美国联邦政府为科技行业制定隐私监管制度迈出的第一步。加拿大发布《数字宪章实施法案》，为负责任的人工智能开发和部署创建新规则，推进加拿大《数字宪章》的实施。8月11日，俄罗斯联邦通信、信息技术和大众传媒监督局（Roskomnadzor）修订《联邦个人数据法》，强化运营商数据安全责任。8月12日，巴西众议院完善《通用数据保护法》，旨在增强国防安全和公共安全。该法禁止私营公司处理与国家安全和国防有关的数据，要求实体单位通过向主管当局提出请求来访问个人数据。8月3日，印度撤回了2019年推出的《个人数据保护法案》（草案），2019年法案提议对跨境数据流动进行严格监管，引发了大型科技巨头的担忧，印度政府表示将推出新的法案。

二、持续强化网络安全能力建设

一是完善网络安全制度建设。新加坡议会通过《武装部队法案》修正案，将数字和情报服务部门（DIS）作为新加坡武装部队的第四个部门，负责应对网络攻击。8月12日，日本总务省发布《2022年信息和通信技术网络安全措施》，审查了网络安全的政策趋势，为确保电信、物联网、智慧城市和云服务等领域的网络安全提供指导。二是加强关键信息基础设施防护。英国国家网络安全中心（NCSC）发布大型基础设施建设的网络指南，从物理安全、人员安全和网络安全等方面提出针对性建议，以帮助企业保护敏感数据免受恶意行为者的攻击。8月15日，泰国国家网络安全办公室（NCSA）表示将进一步完善本国网络安全制度建设，扩大网络安全要求标准框架的实施范围，将关键信息基础设施组织从目前的60家增加到120家。三是开展网络安全演习。7月20日至8月12日，美国网络司令部组织举行年度“网络旗帜”演习，美国国防部、美国联邦机构和盟国的270多名网络专业人员，与来自英美两国的60多名红队人员组成的“敌对力量”展开网络对抗。包括“五眼联盟”国家的网络保护小组（CPT）在内的超过15个团队以及由新西兰、英国和美国情报专业人员组成的情报融合小组参与了演习。四是推进网络空间国际合作。8月4日，东盟发布《推进东盟—英国对话关系行动计划（2022—2026）》，双方在网络安全、打击网络犯罪、国际网络和互联网治理等多个方面达成合作意向。8月22日，乌克兰与波兰签署网络防御领域合作备忘录，强化联合打击网络犯罪的力度，提高网络事件经验和信息交流的速度和效率。

三、进一步强化数据治理与平台监管

一是防范数据滥用。8 月 25 日，美国联邦通信委员会（FCC）表示将调查移动运营商是否遵守向消费者披露如何使用和共享位置数据的规定。8 月 11 日，美国消费者金融保护局（CFPB）聚焦个人金融数据的潜在误用和滥用，要求金融公司采取措施保护消费者数据安全。二是积极推动跨境数据流动。8 月 9 日，欧洲数据保护监管局（EDPS）发布有关欧盟—日本跨境数据流动条款谈判的意见书，建议欧洲理事会尽快将跨境数据流动条款纳入欧盟与日本之间的经济伙伴关系协定，以进一步消除欧盟和日本企业之间的关税、技术和监管贸易壁垒。8 月 17 日，澳大利亚宣布加入全球跨境隐私规则（CBPR）论坛，期待通过强化数据安全流动来促进全球贸易。印度电子和信息技术部计划在其《数据保护法案》中淡化与数据本地化要求相关的规范，允许跨境数据流向“受信任的地区”，数据保护政策引发争议。三是加强科技巨头监管。8 月 12 日，澳大利亚联邦法院因谷歌在收集个人位置数据方面误导用户，对其处以 6000 万美元的罚款。8 月 23 日，巴西司法和公安部因脸谱网非法共享数据，对其处以 660 万巴西雷亚尔罚款。法国、意大利和西班牙共同签署文件，敦促欧盟向大型科技公司收费，为欧洲电信基础设施建设分担高额成本。四是强化虚假信息治理。8 月 19 日，日本政府相关人员表示，日本防卫省将在 2023 年度预算申请中列入调查研究和强化体制经费，强化对策应对“敌国”散布虚假图像和视频的“信息战”。

四、加速新兴技术创新发展

一是重视 6G 研发。美国国防部通过资助 6G 研发中心推进“开放 6G”（Open6G）项目，旨在通过产学研合作推动 6G 系统研究，以提升美国下一代高科技网络能力。美国 Next G 联盟宣布设立研究委员会以制定北美 6G 研究战略，维护北美在 6G 研究领域的全球领先地位。8 月 10 日，美国“6G 联盟”宣布与欧洲“6G 智能网络与服务行业协会”签署谅解备忘录，就 6G 通信系统和网络领域的工作计划交换信息，以确保建立单一的全球 6G 标准。二是加速人工智能标准制定。新加坡发布新的人工智能安全标准，国际标准化组织

（ISO）计划利用该标准来指导人工智能安全领域的全球标准化战略，这或将使新加坡成为世界上第一个引领人工智能安全进步的国家。三是推动芯片迭代发展。8月9日，美国总统拜登签署通过《2022年芯片与科学法案》，包括向半导体产业提供527亿美元的资金支持，以鼓励企业在美研发和制造芯片，资助重点科技领域的研究与创新，明确在美建厂的芯片企业，如同时在中国或其他"潜在不友好国家"建设或扩建先进的半导体制造工厂，将无法获得补贴等内容。8月16日，美国国防高级研究计划局（DARPA）推出下一代微电子制造（NGMM）项目，旨在创建一个三维异构集成（3DHI）设计与工艺研究公共平台，将源自不同设施、包含不同半导体和材料的芯片或晶圆堆叠封装，促进功能、性能的革命性改进。

五、俄乌冲突各方网络博弈持续升温

一是舆论战。8月8日，俄罗斯总检察长伊戈尔·克拉斯诺夫表示，自俄乌冲突以来，俄罗斯已屏蔽或删除了约13.8万个网站，加强了对网络传播极端主义和恐怖主义、大规模暴乱和假新闻的反击力度。二是网络战。8月5日，俄罗斯联邦安全委员会副主席梅德韦杰夫表示，美国建立了针对俄罗斯的大型网络攻击中心，利用波兰、爱沙尼亚和拉脱维亚等欧洲"数字立足点"，以"打击俄罗斯宣传"为借口积极运作，扰乱俄罗斯的电信、运输和电力网络、大型企业和政府机构、紧急服务、银行和金融部门的运营。8月22日，乌克兰与波兰签署网络保护领域的谅解备忘录，促进网络事件经验交流和信息共享。乌克兰军方人员表示，该举措是联合合作伙伴共同应对俄罗斯的需要。

六、总结

2022年8月，各国不断强化数据安全与隐私保护，如美国、加拿大、俄罗斯、巴西等逐步完善法律制度与相关举措。美西方国家积极推动数据跨境流动，尤其是欧盟加快与日本谈判步伐，推动将数据跨境流动条款纳入欧盟—日本经济伙伴关系协定，加拿大宣布加入美国主导的全球跨境隐私规则论坛，表明美欧积极构筑有利于自身的"数据同盟体系"，以谋求数字时代竞争优势。与之对比，印度表示，拟修改《个人数据保护法案》，淡化数据本地化规范，但其数据保护与跨境流动规则仍待进一步明确。我国可积极学习借鉴其他国家和地区相关领域的监管创新和治理经验，持续健全完善我国数据安全的政策法规和标准规范；针对发展中国家的隐私保护、数据跨境流动规则等做好动态跟踪与政策应对，加强在数据跨境流动方面的交流合作，鼓励支持我国企业做好本地化合规。

2.9　9 月全球网络安全和信息化动态综述

9 月，世界主要国家和地区持续加强网络空间立法和战略布局，跟进网络安全能力建设，美国持续推进与盟友的“小集团”网络安全合作；为应对复杂的国内外形势，乌克兰、伊朗等国出台强化网络内容安全监管各项举措。多国在新技术新应用方面持续发力，如美国商务部公布 500 亿美元的“美国芯片计划”实施战略，推动《2022 年芯片与科学法案》落地落实。多家科技公司争相布局卫星互联网服务，全球科技创新博弈更加激烈。相关情况综述如下。

一、加强网络空间立法和战略布局

一是重视提升网络防御能力。9 月 13 日，美国网络安全与基础设施安全局（CISA）发布 2023 年至 2025 年战略计划，提出网络防御、风险降低和弹性、运营协作和机构统一四个主要目标，这份文件是 CISA 自 2018 年成立以来的第一份全面战略计划。日本政府计划将网络防御框架（ACD）纳入将于年底修订的《国家安全战略》，并由国家网络安全事件准备和战略中心（NISC）和自卫队网络防御司令部联合执行，以加强电信和电网等关键基础设施的网络防御能力。9 月 15 日，欧盟出台《网络弹性法案》，要求在欧盟开展业务的制造商在产品寿命周期内或上市后五年内（以较短者为准）为产品提供安全补丁和更新，违反规则的公司将面临最高 1500 万欧元或全球收入 2.5% 的罚款。二是加大数据和隐私保护力度。9 月 23 日，美国纽约州参议员提出《纽约儿童数据隐私和保护设计法案》，要求科技公司承诺保护儿童的隐私和安全。9 月 30 日，美国民主党籍众议员提出《面部识别法案》，该法案将强制美国各地执法部门在使用面部识别技术前获得法官授权的搜查令，旨在敦促执法部门重视隐私保护。9 月 20 日，印度尼西亚众议院宣布批准《个人数据保护法》的最终草案，该法案是该国第一部保护个人数据的全面立法。三是美国推动芯片法案落地实施。9 月 6 日，美国商务部公布 500 亿美元的“美国芯片计划”实施战略。该战略是 8 月《2022 年芯片与科学法案》的实施细则，由美国国家标准与技术研究院（NIST）负责实施，以振兴美国国内半导体行业并刺激创新，同时在全美各地创造高薪工作岗位。该战略包括三项举措：向美国国家半导体技术中心（NSTC）投资110亿美元（约合人民币804亿元），提高美国在芯片研发方面的领导地位；实施美国先进封装制造计划（NAPMP）；建立三个美国制造研究所，在NIST内部开展计量研究并开发相关项目。

二、持续跟进网络安全能力建设

一是完善网络安全顶层设计。9月19日，欧盟网络安全局（ENISA）发布《欧洲网络安全技能框架》（ECSF），旨在促进欧洲地区网络安全人才的培养，推动建立一支称职的欧洲网络安全员工队伍。英国政府制定一项“国际负责任的网络行为招标”计划，拟通过与国际伙伴合作定义“负责任的网络行为”，塑造开放且安全的网络空间。二是强化关键基础设施安全保护。9月16日，美国政府宣布启动一项10亿美元的网络安全拨款计划，以帮助州和地方政府更好地防御网络威胁并加强关键基础设施的安全性。日本政府将采用美国NIST通过的网络安全准则，要求国防承包商不仅要防范系统被侵入，还要考虑如何应对黑客入侵。三是美国推进“小集团”网络安全合作。9月23日，美国、英国和澳大利亚发布“三边安全伙伴关系”（AUKUS）成立一周年联合声明，称美英澳将继续推动更大程度的信息和技术共享，促进工业基础和供应链的更深层次融合，加速国防企业创新。“四方安全对话”（QUAD）成员印度、澳大利亚、日本和美国的外长在纽约联合国大会会议间隙举行会晤后发表联合声明称，对国家支持的恶意网络活动发出严厉警告，呼吁各国采取合理措施，应对来自本国境内的勒索软件活动。

三、进一步强化网络内容及数据治理

一是强化内容安全监管。9月3日，乌克兰国家安全局（SSU）发布消息称，其网络部门查处并关闭了俄罗斯在基辅地区和敖德萨运营的2个“机器人农场”。9月16日以来，随着抗议活动蔓延，伊朗切断了照片墙和WhatsApp等部分互联网应用服务。二是美多部门发布报告，重视数据滥用及泄露持续高发的风险。美国国会调查显示，美国海关和边境保护局（CBP）每年对多达1万名美国人的手机和其他电子设备进行无证搜查，并将这些设备中的信息上传至庞大的政府数据库。9月13日，美国政府问责局（GAO）发布报告称有

14个联邦机构在个人隐私、生物识别安全等方面与其承诺存在明显滞后，呼吁国会通过全面立法解决这一问题。9月15日，美国联邦贸易委员会（FTC）发布报告《让黑暗模式曝光》，揭露企业诱骗消费者共享数据等系列行为。三是多国推动在“白名单”范围内的跨境数据流动。9月7日至8日，七国集团（G7）数据保护和隐私机构圆桌会议在德国举行，共同商讨如何让数据在七国集团内更顺畅地流动。瑞士联邦参议院起草了一份拟议的名单，列出了被批准接收从瑞士流出的个人数据的43个国家（地区），包括加拿大、法国、德国、英国、新西兰等。9月23日，俄罗斯联邦通信、信息技术和大众传播监管局公布了其批准的“为个人数据主体权利提供充分保护的外国名单”。名单共包括89个国家，第一组国家是《欧洲委员会在个人数据自动处理方面保护个人公约》的缔约国，包括奥地利、墨西哥、意大利等；第二组国家是未加入该公约但其法律规则和采取的措施符合规定的国家，包括澳大利亚、中国、白俄罗斯和日本等。

四、加速布局新技术新应用

一是争相布局卫星互联网。9月23日，SpaceX公司首席执行官马斯克表示，将在伊朗启动“星链”（Starlink）卫星互联网服务。9月18日，马斯克发布推文表示，“星链”服务抵达南极洲海岸的麦克默多站（McMurdo Station），这意味着它现在可以在所有七大洲使用，至少是名义上的。谷歌平台和生态系统高级副总裁希罗史·洛克海默（Hiroshi Lockheimer）表示，谷歌开始致力于让手机与卫星进行连接，并将在下一版本的安卓系统中引入该功能。苹果表示最早在11月，iPhone 14就能从蜂窝网络以外的地方发送短遇险信息和位置数据，该服务将覆盖美国和加拿大，可能会扩展到更多国家。华为发表声明称，新的Mate 50智能手机将能够在紧急情况下通过北斗卫星导航系统发送短消息。二是高度重视6G研发。中国移动研究院联合德国罗德与施瓦茨公司研究和验证联合通信与传感技术（JCAS），JCAS已成为6G的重要候选技术。新加坡资讯通信媒体发展局（IMDA）与新加坡科技设计大学（SUTD）联合推出未来通信互联实验室，这是东南亚首个集合6G技术与人工智能的实验室。三是持续推进人工智能创新发展。美国国防部高级研究计划局（DARPA）正在创建一项名为“环境驱动概念学习”的新计划，旨在创建能够改善从语言和视觉输入中学习的人工智能代理。美国信息技术产业协会（ITI）发布《实现人工智能系统透明度的全球政策原则》，旨在指导全球政策制定者制定监管法规，降低用户使用风险。

五、总结

2022 年 9 月，数据治理依然是各国思考的重大议题。一方面，强化数据安全与隐私保护，如美国国会、美国政府问责局、美国联邦贸易委员会等多部门分别发布报告重视数据滥用及泄露持续高发的风险；另一方面，瑞士、俄罗斯等国积极推动可信范围内的数据跨境流动，认证为数据提供充分保护的“白名单”国家。此外，各国普遍加大网络内容监管力度，通过完善法律法规、敦促平台履责、开展技术过滤、政企合作攻关等多种方式，积极治理和打击网上违法有害信息。

2.10 10 月全球网络安全和信息化动态综述

10 月，各国政府继续在网络安全能力、数据安全和个人信息保护、新兴技术发展等方面发力，通过战略设计、国际合作、强化执法等方式，推动国家网络安全攻防能力建设，提升数据和个人信息安全保障能力，推进新兴技术应用与规范。相关情况综述如下。

一、持续完善制度设计，强化国家网络安全能力

2022 年 10 月，各国继续从多个层级完善国家网络安全制度和能力建设。一是强化网络安全顶层设计。美国拜登政府 10 月 12 日发布任内首份《国家安全战略》，从“未来的竞争、投资于美国的实力、全球优先事项、区域战略、结论”五个部分阐述拜登政府的战略策略，将网络、信息领域作为其“综合威慑”战略能力构建的重要组成部分，提出要“优先考虑作战概念和更新的作战能力”，将可信人工智能、量子系统等先进技术及时部署到战场，声称将“利用一切适当的国家力量对网络空间敌对行为做出果断回应”；荷兰政府 10 月 11 日发布《2022—2028 年网络安全战略》，提出国家网络安全的“四个支柱”，包括政府、企业和民间社会组织的数字复原力，安全和创新的数字产品和服务，应对来自国家和犯罪分子的数字威胁，网络安全劳动力市场、教育和公民

的数字复原力。二是加强网络安全能力建设。英国网络空间安全委员会 10 月 10 日发布《2025 年网络未来战略》，从网络安全行业能力提升的角度，提出了旨在推动英国网络安全行业发展的七个目标和优先事项，包括制定职业道德框架、引入网络职业框架等；东盟网络安全部长级会议 10 月 20 日提出于 2023 年或 2024 年建立计算机应急响应小组（CERT），涵盖促进东盟成员国国家级 CERT 之间的协调和信息共享、与行业和学术界建立伙伴关系等八项职能，以提升东盟的整体网络安全能力。三是强化供应链安全保障。美国白宫 10 月 11 日发布情况说明书，首次利用联邦政府采购权加强软件产品的网络安全，要求联邦政府购买的所有软件都具有安全功能，以符合总统拜登 2021 年 5 月签署的《关于改善国家网络安全的行政命令》中的规定；欧盟成员国 10 月 17 日批准了欧盟理事会关于加强欧盟信息通信技术（ICT）产业安全的决议，包括开展公共采购和外商投资审查等，同时建议在公共采购过程中重视网络安全相关筛选标准，敦促欧盟委员会发布相关指南，呼吁创建“ICT 供应链工具箱”以降低供应链关键风险，并以此推动相关供应链风险评估法令的实施。

二、美欧数据流动圈进一步成型，政企数据安全保护达成妥协

一是跨大西洋数据传输制度性安排取得实质性进展。10 月 7 日，美国总统拜登签署《关于加强美国信号情报活动保障措施的行政命令》，限制美国家安全机构获取个人信息的权力，进一步落实 2022 年 3 月美欧在北约特别峰会上联合发布的《跨大西洋数据隐私框架》原则性协议，为恢复跨大西洋数据流动构建法律基础；10 月 3 日，美英签署的《关于为打击严重犯罪而获取电子数据的协议》正式生效，这是美国《澄清域外合法使用数据法案》正式落地的第一款双边协议，允许两国执法机构在获得适当授权的情况下，直接向设在对方国家的科技公司索取与严重犯罪相关的电子数据；10 月 26 日，法国数据保护机构国家信息自由委员会（CNIL）和韩国个人信息保护委员会（PIPC）签署合作声明，将允许双方机构就新技术和数据保护问题开展联合研究、分享包括调查过程在内的最佳实践和经验、组织联合培训研讨会，并在两个机构之间交换代理人。二是健全数据安全和隐私保护法律法规。10 月 17 日，美国加州隐私保护局发布更新版《加州隐私权法案》（CPRA）草案，涉及个人数据收集和使用限制、用户退出确认和隐私通知要求等，将赋予消费者更多权利；10 月 12 日，欧洲数据保护委员会（EDPB）通过国家程序法相关清单，希望在欧

盟层面协调促进GDPR的执行。三是强化企业数据安全责任。10月24日，美国联邦贸易委员会对Uber子公司Drizly及其CEO詹姆斯·科里·雷拉斯（James Cory Rellas）就该公司泄露了250万名消费者的数据提起诉讼，并提出信息安全要求；美国得克萨斯州总检察长10月19日起诉谷歌使用谷歌Photos、谷歌Assistant以及Nest智能家居产品中的功能，在未经适当许可的情况下收集和存储面部和语音识别数据，起诉书称谷歌的数据收集行为可以追溯到2015年，影响了该州数百万居民。

三、积极备战网络空间，加强网络军事能力建设

一是推动传统部队数字化转型。10月28日，美国海军部（USN）发布《网络空间优势愿景》，首次正式提出3S原则（即安全、生存、打击）指导USN开展各项日常网络对抗活动以及危机、冲突爆发时的网络空间活动，谋求构建网络空间优势，包括提高快速反应与恢复能力、加强海陆军种网络安全合作、主动利用网络空间动态投射力量等。二是持续强化网络部队能力建设。美国网络司令部于10月3日至14日实施了一项新的防御性网络空间作战行动，该防御行动以内部为重点，旨在搜索、识别和减轻可能影响网络安全的公开已知的恶意软件和相关变体，旨在通过此次行动增强防御能力，应对恶意网络活动时的国家网络、系统和行动的安全性和稳定性，确保司令部及合作伙伴在网络空间保持持久的优势。三是开展联合演习寻求作战优势。10月24日至28日，美国、韩国、英国、加拿大、澳大利亚和新西兰等25个国家举行了2022年“网络旗帜”联合演习，韩国为首次参加，此次演习由战术层面的网络安全攻防演习和研讨会两部分组成，参演方共享有关信息并找出最有效的应对方法验证效果，以熟练掌握识别、分析、共享、消除、阻止网络威胁等作战程序；英国政府10月20日称，英国战略司令部正与美国网络司令部等合作伙伴开展一项联合演习，旨在提高互操作性与加强网络复原力，提升安全性和对恶意网络活动采取的行动的一致性。

四、围绕社交媒体平台的争夺加剧，网络信息空间的不确定性上升

一是马斯克正式完成对推特的收购交易。10月27日，在历经9个多月的波折和反转后，马斯克正式完成对社交媒体巨头推特公司总价值约440亿美元

的收购交易，并解散推特董事会，成为推特唯一董事。马斯克曾多次表态不认同推特的审核机制，声称将通过“推进言论自由”和“击败垃圾邮件机器人”释放公司潜力。英国、印度等相继表达了对马斯克放松内容监管的担忧。此外，成功收购推特使得马斯克的“数字商业帝国”获得重要拼图，成为集美国太空探索技术公司（SpaceX）、特斯拉、推特等于一身的“超级掌舵人”，旗下业务涉及卫星通信、智能汽车、社交平台多个领域，拥有了强大的经济社会乃至政治影响力，增加了网络信息空间的不确定性。二是俄乌冲突中信息战持续。欧盟委员会 10 月 24 日推出新工具，在反虚假信息对外行动服务专门网站“EuvsDisinfo”框架下推出一个新站点，试图引导欧洲公民以识别媒体操纵策略，打击俄乌冲突中的虚假信息；俄罗斯联邦金融监测局将 Meta 公司定义为“极端主义”组织，禁止该公司在俄罗斯境内开展活动，Meta 旗下的照片墙和脸谱网在俄境内也遭到封锁。

五、持续发力新兴技术创新，推进技术应用与规范

10 月，多国在量子技术、卫星通信、人工智能、区块链等方面继续发力，包括推动技术发展、促进产业应用和制定发展规范等。一是出台量子技术发展计划。美国与瑞士 10 月 19 日签署《关于合作促进量子信息科学技术创新的联合声明》，将研究量子信息科学与技术（QIST）在量子计算、量子网络和量子传感等领域的应用；欧盟和加拿大 10 月 6 日宣布共同支持三个量子技术基础研究和创新项目，分别为提高成像传感器测量的准确性的量子传感项目 MIRAQLS，用于改善日益庞大的数据处理的量子计算项目 FoQaCiA，以及有助于确保更安全的数据处理和传输的量子通信项目 HYPERSPACE。二是积极推动区块链、NFT 等技术应用。日本首相岸田文雄在 10 月 3 日发表政策演讲，提出将扩大对数字化转型、NFT 和元宇宙的投资计划，努力扩大相关技术的应用，在经济产业省下新设立 Web 3.0 政策办公室负责制定相关法律；韩国政府 10 月 16 日透露，计划 2024 年向拥有智能手机的公民提供由区块链担保的数字身份证，并希望在两年内覆盖 4500 万公民，该项计划由韩国政府的数字化部门牵头发起，技术人员将通过应用程序把身份证明嵌入移动设备。三是持续探索卫星通信发展。10 月 22 日，俄罗斯利用“联盟 -2.1b”运载火箭将“球体”卫星星座的首颗卫星成功送入轨道，用于测试俄罗斯未来宽带互联网卫星技术；10 月 17 日，英国政府启动一项 1500 万英镑的基金，用于开发新的卫

星通信技术，加强英国在卫星通信市场的世界领导者地位。四是强化人工智能应用伦理规范。美国白宫10月4日提出《人工智能权利法案》，涵盖科技公司、行业协会和其他政府机构在过去几年发布的数百条指导方针和政策框架，列出了人工智能软件开发者和用户应当遵循的示例，旨在减轻教育、医疗和就业环境中因使用人工智能频繁出现的不公平伤害；欧洲委员会10月18日发布《人工智能与教育》报告，旨在研究分析人工智能给教育带来的机遇与威胁，研究人工智能对儿童各项权利的影响，并提出了一系列建议。

六、总结

总体来看，10月全球各国在网络安全、数据治理、网络战能力、新兴技术发展等方面持续发力，在网络安全战略顶层设计、数据跨境流动制度性安排、社交媒体平台所有权争夺等方面取得实质性进展。美国拜登政府任内首份《国家安全战略》呈现较强的政策延续性，愈发强调大国竞争对抗性和国际规则全球主导权。美欧积极深化在数据治理和数据跨境流动方面的合作举措，寻求“抱团结盟”，抢占数据治理领域的全球话语权，中国也应积极完善相关领域规则构建，积极与各国协调政策立场，不断扩大跨境数据流动合作范围。新技术新应用呈现快速发展的演变态势，发展新兴技术成为各国持续关注的焦点，尤其是量子计算、卫星通信、人工智能等前沿技术，成为大国科技博弈的重要领域，中国要持续重视科技自立自强，努力在科技创新中占据更多优势。

2.11 11月全球网络安全和信息化动态综述

11月，各国立足网络安全发展新情况新形势，通过战略谋划、推进立法、规范数据、加强执法、研发技术等方式，多管齐下持续推进网络空间能力发展与转型，扩大数字领域合作与影响力，拓展新兴网络技术升级和发展。相关情况综述如下。

一、美欧密集出台实施多项法律，持续完善数字领域顶层设计

本月，美欧继续从多个层级完善网络安全制度和能力建设，相关立法取得

实质性进展。一是强化反垄断审查。欧盟《数字市场法》《数字服务法》分别于 11 月 1 日、11 月 16 日正式生效，两部法律监管对象对准互联网巨头，侧重采用事前监管方式，处罚力度更大。二是健全网络威胁预警预防机制。欧盟理事会 11 月 28 日通过新的《网络和信息系统安全指令》，旨在进一步提高公共和私营部门以及整个欧盟的网络安全、弹性及事件响应能力。该指令将正式建立欧洲网络危机联络组织网络，支持大规模网络安全事件和危机的协调管理。欧盟理事会 11 月 28 日批准《数字运营弹性法案》，确保欧洲的金融部门能够在严重的运营中断中保持弹性。三是强化网络安全防御能力。英国国家网络安全中心（NCSC）11 月 8 日启动漏洞扫描计划，目的是评估英国易受网络攻击的漏洞情况，并帮助联网系统所有人理解自身的安全态势。

二、积极布局新兴技术未来战略发展，不断深化基础设施建设

一是全面加强基础设施建设。美国政府 11 月 11 日宣布，计划向各州和地区提供超过 420 亿美元的宽带基础设施拨款，以在全国范围内提供高速互联网接入；欧洲议会 11 月 24 日通过“欧盟数字十年”政策计划，致力于实现建立通用数据基础设施、加强高性能计算、推出 5G 互联网走廊以及投资区块链和 Web 3.0 解决方案等目标。日本经济产业省 11 月 11 日宣布启动“后 5G 信息通信系统基础设施强化研究开发项目”，加强与美国半导体合作，希望在 2030 年前建立下一代半导体设计和制造基地，并实现大规模生产芯片。二是重点关注卫星互联网系统。英国通信管理局 11 月 10 日批准美国 SpaceX 扩展其在该国的“星链”卫星宽带网络，确保通过卫星网络能够将信号“精确”传输地面，使得“星链”卫星能够增加更多容量，改善英国的网络冗余情况。三是促进本土数字技术发展。欧盟委员会 11 月 23 日就 450 亿欧元《欧洲芯片法案》达成共识，扶持本土芯片供应链；荷兰政府 11 月 18 日批准数字经济战略，提出加速中小企业数字化建设、加强数字基础设施和提升网络安全等五大目标。

三、强化互联网内容安全建设，加大数据隐私保护

一是加大打击信息操纵及虚假信息力度。七国集团（G7）内政和安全部长以及欧盟内政事务专员于 11 月 19 日发布联合声明，强调将共同打击混合威胁、外国信息操纵和干扰等行为；新西兰总理杰辛达 · 阿德恩 11 月 14 日发布

《国家安全长期洞察简报草案》，呼吁采取措施打击“外国干涉”和网络虚假信息。二是加大对数据泄露行为的惩处力度。澳大利亚政府于11月28日宣布，议会已批准《2022年隐私立法修正案（执法和其他措施）法案》，修正案增加对严重或反复侵犯隐私的处罚，扩大澳大利亚信息专员与通信和媒体管理局的信息共享权力，并加强澳大利亚信息专员的执法权力；爱尔兰数据保护委员会（DPC）11月28日以大规模泄露用户数据为由，宣布对脸谱网罚款2.65亿欧元，并要求其实施“一系列纠正措施”。三是加强敏感及个人数据监管与保护。美国国防部11月22日正式公布《国防部零信任战略》及实施路线图，概述了该部门为保护敏感信息免遭窥探将采取的行动。印度政府11月18日发布了《2022年个人数据保护法案》草案，这是其8月份撤回旧法案后推出的新版本，是一项新的全面的数据隐私法，将规定公司如何处理其公民的数据，包括允许与某些国家跨境传输信息。继美国之后，欧盟11月22日发起针对TikTok的多项调查，确保其符合GDPR。

四、马斯克收购推特后推出多项改革举措，引发外界对其安全问题的担忧

一是关注收购行为对国家安全的影响。美国《外交官》杂志11月9日刊文称，美国没有采取任何措施审查与推特交易有关的国家安全问题，呼吁关注马斯克与外国势力的联系以及推特可能存在的漏洞。二是高度关注马斯克推行改革措施引发的内容安全问题。欧洲内部市场专员蒂埃里·布雷顿警告称，收购后的推特必须遵守欧盟《数字服务法》，该法令要求大型科技公司拥有强大的内容审核系统，以确保其能够迅速取缔仇恨言论、煽动恐怖主义和儿童性虐待等负面或非法内容。联合国人权事务高级专员福尔克尔·蒂尔克（Volker Türk）11月5日发表公开信，敦促马斯克“确保人权是推特管理工作的中心”。三是多名高管离职引发对数据安全的担忧。在推特多名高管离职后，美国联邦贸易委员会（FTC）表示，由于推特的安全、隐私和合规负责人相继离职，该公司可能会面临违反监管指令的风险；爱尔兰数据保护委员会表示，将向推特求证关于其首席隐私官达米恩·基兰（Damien Kieran）等人离职的细节；美国司法委员会共和党主席查克·格拉斯利（Chuck Grassley）11月22日致信马斯克，要求其在12月15日前对“推特当前的安全态势和系统”进行威胁评估，以更好地保护美国用户数据和隐私。

五、积极拓展国际合作，共同应对网络及数据安全威胁

一是联合国呼吁促进安全和负责任地使用数据、防止虚假信息。联合国秘书长古特雷斯 11 月 16 日在二十国集团峰会有关数字转型的会议上，呼吁各国支持他提出的《全球数字契约》（GDC），以确保数字时代的安全、包容和变革。二是多措并举加强数据跨境流动。欧盟委员会 11 月 21 日通过《欧洲互操作法》提案，以加强整个欧盟公共部门的跨境互操作性与合作，推动建立安全的跨境数据流动体系；英国信息专员办公室 11 月 17 日发布更新的国际数据传输指南，向组织机构展示如何使用国际数据传输协议（IDTA）。三是多管齐下应对网络安全威胁。10 月 31 日至 11 月 1 日，美国协同其他 36 个国家，在美国白宫举行第二届国际勒索软件倡议（CRI）峰会，会议后共同签署《2022 年国际反勒索软件倡议联合声明》，承诺建立对勒索软件的集体防御能力，并继续在勒索软件威胁方面开展国际合作；欧盟 18 个成员国 11 月 15 日签署两大协议，增加对全方位网络防御能力的投资，提高联合协作能力以应对网络攻击。

六、各方陆续发布 2022 年度网络安全年度报告，并对 2023 年进行预测

一是回顾过去。英国国家网络安全中心（NCSC）11 月 7 日发布报告，分析过去一年的网络威胁以及对未来的潜在挑战。欧盟网络安全局 11 月 3 日发布《2022 年网络威胁形势研究报告》，强调勒索软件依然是当前主要威胁之一。二是展望未来。卡巴斯基 11 月 14 日发布《2023 年高级威胁预测》报告，强调邮件服务器和卫星将成为攻击主要目标；英国 Sophos 11 月 21 日发布《2023 年网络威胁报告》称，全球网络犯罪格局已达到“新的商业化和便利程度”；美国网络安全公司 Mandiant 11 月 8 日发布《2023 年威胁数据预测报告》称，网络犯罪继续以敲诈勒索为主；《麻省理工科技评论》11 月 28 日刊文《2023 年网络安全趋势》指出，加密货币领域的黑客攻击须持续关注。

七、总结

总体来看，11 月，各国在网络安全、数据治理、网络战能力、新兴技术发展等方面持续发力，在网络安全战略顶层设计、数据跨境流动制度性安排、社交媒体平台所有权争夺等方面取得实质性进展。一是美国联邦通信委员会历

史上首次以国家安全为借口，禁止授权新设备，其相关政策已呈现长期化、不可逆倾向。二是欧盟《数字市场法》《数字服务法》相继生效，进一步凸显对大型平台公司进行严格监管的趋势。在“数字主权”和“技术主权”的语境下，欧盟的政策重点由前期强调信息基础设施和统一数字市场的建设，逐渐转向关注平台治理、前沿技术和数字安全。三是新兴技术深度部署，关键基础设施保护成为重点。卫星互联网等新技术新应用呈现快速发展的演变态势，美国军方加紧利用“星链”等民用设施在北极等偏远基地开展军事连接测试；在俄乌冲突下，美西方国家正全面加强私营部门基础设施弹性。

2.12 12月全球网络安全和信息化动态综述

12月，多国积极部署下一年度网络空间防御计划，聚焦拓展网络安全创新能力和完善前沿技术关键基础设施标准，持续强化隐私数据安全监管和跨境数据流动规则体系建设。同时，大型网络社交平台监管、俄乌冲突以及全球网络安全风险预测，继续成为影响国际互联网治理和网络空间安全稳定的重要考量。相关情况综述如下。

一、多国积极布局2023年网络空间防御计划，推进新兴领域立法进程

各国结合年度预算窗口期，纷纷增强网络空间安全防御能力部署。一是在国家安全范畴持续强化网络防御部署。日本政府12月5日在《防卫计划大纲》等三份国家安全政策文件中引入“积极网络防御”概念，宣布从2023年开始的五年内，以日本防卫省“网络防卫队”为核心的网络防御力量将从目前的890人扩大至4000人，应对网络攻击的总人员将增至2万人规模。美国国会拨款委员会12月23日同意一项综合支出法案，其中包括为美国网络安全与基础设施安全局（CISA）拨款29亿美元，较2022财年增长12%，同时该部门大型网络防御计划的授权将延长一年。二是强化区域性网络安全防御机制。欧盟委员会12月5日宣布，欧洲防务基金（EDF）将投入首笔资金12亿欧元，包括为网络安全、军用云平台、人工智能、半导体等关键技术提供资助。美国和德国代表七国集团与西非国家经济共同体（ECOWAS）制定联合网络

安全倡议，强调建立区域间网络安全信任机制。三是推进新兴领域网络安全立法。美国总统拜登 12 月 21 日签署《量子计算机网络安全防范法案》，旨在加强联邦政府抵御量子计算攻击的能力，降低数据泄露风险。印度联邦政府正在考虑一项提议，要求互联网公司和社交媒体对其部署的根据用户浏览历史和个人资料向用户提供定制内容的算法负责。该提议有望被纳入《数字印度法案》（DIA）。

二、聚焦拓展网络安全创新能力，完善前沿技术关键基础设施标准及规范

各国持续关注网络安全能力创新发展，提出多个网络安全领域国家级新设项目，量子通信、6G、半导体、人工智能等成为焦点。一是加快网络安全新技术向应用转化。美国网络司令部和美国国防高级研究计划局（DARPA）12 月 2 日启动“网络快速能力原型设计和融合试点”计划，旨在帮助运营商更快地掌握新的网络能力。欧盟委员会 12 月 16 日拨款 1.5 亿欧元资助 39 个项目，其中包括将 1 亿人连接到新的欧盟 DNS 互联网基础设施（DNS4EU）。爱尔兰政府 12 月 23 日宣布投资 1000 万欧元，建设更加安全的量子通信基础设施。二是推进网络安全标准化进程。欧盟理事会 12 月 8 日批准通过修订后的《欧洲标准化法规》，以确保人工智能等产品和服务符合欧盟数据保护和网络安全规则。美国国土安全部（DHS）、网络安全与基础设施安全局（CISA）12 月 21 日发布更新版“受保护关键基础设施信息（PCII）计划”技术规则，以帮助关键基础设施所有者/运营商、州和地方政府以及其他重要利益相关者更有效地使用 PCII 计划。三是制定国家级人工智能行动计划。欧盟电信理事会会议 12 月 6 日批准《人工智能法案》总体路径，最终版本将在 3 个月后敲定。泰国总理巴育 12 月 17 日宣布将制定“泰国 4.0”人工智能行动计划，包括建立人工智能国家中心平台，每年培养至少 1.35 万名专业人才，以及创建国际通用认证制度等。

三、美欧对内持续强化隐私数据安全监管，对外推进跨境数据流动规则体系建设

近期，美欧数据安全保护机制和协同监管体系不断加强，重点围绕敏感数据防护、隐私数据安全及数据跨境流动等问题。一是强化政府对敏感及隐私

数据的防护及监管。美国总统拜登12月23日签署2023年《国防授权法案》，使政府机构有权快速获取云状态，以保护敏感数据。美国联邦贸易委员会（FTC）12月19日对视频游戏开发商Epic Games违法收集儿童信息处以5.2亿美元罚款，这是该机构有史以来发出的最高数额行政罚单。二是推进美欧跨境数据流动规则制定。欧盟委员会12月13日发布《欧盟—美国数据隐私框架充分性决定》草案，并启动通过程序。经合组织（OECD）成员国12月14日通过首个政府间宣言《政府获取私营部门实体持有的个人数据宣言》，旨在提高跨境数据流动信任度。三是明确个人身份信息识别技术应用范围。美国国家标准与技术研究院（NIST）12月16日公布身份证明技术指南更新草案，旨在规范政府机构如何通过面部识别等技术对个人进行身份证明。俄罗斯国家杜马全体会议12月21日通过一项法律，为使用统一生物识别系统等信息处理系统建立了法律框架。

四、关注内容安全及信息治理，大型社交平台监管成为多国施策重点

马斯克收购推特以来，各国对大型网络社交平台影响力及其权责规范的关注度持续上升。一是美国政府与推特等平台持续“交锋”。本月，马斯克及其团队两度曝光推特内部文件显示，推特平台前高管与美国联邦调查局、中央情报局、国防部等机构定期举行会议，压制有关选举、俄乌冲突和新冠疫情等信息。美国联邦贸易委员会（FTC）本月发起对推特隐私和数据安全问题的调查，这也是FTC第三次对社交平台相关问题进行审查。二是明确大型社交平台责任义务。美国政府12月7日向美最高法提交简报称，优兔等社交媒体平台应承担传播有害内容的责任。美参议院两党小组12月21日提出《平台问责与透明法案》，要求推特等社交平台对部分重点内容提供隐私保护。欧洲数据保护委员会（EDPB）12月6日通过决议，禁止Meta旗下的脸谱网、照片墙、WhatsApp三款应用程序未经用户同意发布基于个人数据的广告。三是TikTok在美运营承压。马可·卢比奥（Marco Rubio）等多名美国两党议员12月13日提出议案，试图推动禁止TikTok在美国境内运营。美国外国投资委员会官员12月27日称，正考虑迫使TikTok母公司字节跳动出售其美国业务，以解决其涉及的安全问题。同时，美国南卡罗来纳州、弗吉尼亚州、印第安纳州等多个州政府相继提出TikTok政府设备禁令。

五、多家机构发布 2023 年网络安全风险预测，分析值得防范的重点问题

12 月 27 日，以色列网络安全开发商 Hub Cyber Security 发布报告，揭示了“智能设备成为黑客攻击目标”“犯罪成为一种服务”等 2023 年最危险的八项网络安全威胁。同日，以色列网络安全巨头 Check Point 发布 2023 年网络安全预测，包括黑客激进主义正从社会团体演变为国家支持团体、深度伪造技术更多被用于定位和操纵意见、更多政府成立机构间工作组以打击网络犯罪等方面。12 月 29 日，毕马威国际会计事务所（KPMG）对 2023 年网络安全做出三大预测，包括大型科技公司将加强数字信任以跟上网络监管步伐、攻击自动化将缩短应对网络攻击窗口期、零信任理念将从空谈转向积极实践。12 月初，迈克菲（McAfee）发布 2023 年网络威胁预测报告认为，人工智能、虚假信息和加密货币诈骗将成为主要网络威胁。12 月 14 日，微软发布第三期《网络信号》网络威胁情报研究报告称，针对关键基础设施的网络安全风险正在增加。

六、总结

总体来看，网络空间整体防御能力、新兴技术安全、数据安全、大型社交平台监管以及网络空间对抗和风险防范等，成为本月各国关注的重点问题，也体现出一年来全球网信领域的主要发展方向。西方发达国家正在网信领域不断强化自身能力，抢占制高点和主动权。我们得到以下几点启示。一是“积极网络防御”“多元网络防御”已经从理念和概念层面，正式上升到各国安全战略谋划和实战能力获取层面。随着美国、日本、欧盟等主要国家和地区纷纷强化相应部署，世界面临网络空间安全“军备竞赛”的考验。二是超大规模互联网平台监管成为全球互联网治理重要议题，个人隐私数据安全与反垄断监管交织，各国新立法、新手段、新动向值得密切关注，对我国相关领域立法设计和监管升级具有对比借鉴意义。三是在全球高技术领域加速竞争背景下，中国在网信高科技领域的供应链份额及国际合作空间遭到持续挤压。

五、多家机构发布2023年网络安全风险预测，分析值得防范的重点问题

[illegible]

六、结语

[illegible]

[illegible]

第 3 章

2022 年相关国家及地区部分战略立法评述

3.1 美国通过《2022年芯片与科学法案》

2022年7月27日、28日，美国会参、众两院先后投票通过了《2022年芯片与科学法案》（以下简称《芯片法案》）。8月9日，美国总统拜登正式签署该法案。美国《纽约时报》评论称，这项庞大法案是数十年来美国政府对产业政策的最重大干预，将进一步加强美国的产业和技术优势。该法案是美国参、众两院一直争论不下的《美国创新与竞争法案》《美国竞争法案》的瘦身版本。

一、立法背景与核心要点

《芯片法案》并非一个全新的法案，而是美国会两院长期斗争、相互妥协的产物。这项旨在振兴美国半导体产业的法案，从最初提出到两院最终达成一致，经历了一年多的拉扯。在此期间，总统拜登与多位白宫官员轮番上阵敦促法案尽快通过，包括英特尔在内的美国企业也不断向国会施压，足见美国各界对法案的紧张与重视。2021年6月，参议院投票通过了《美国创新与竞争法案》，提出单独拨款540亿美元用于增加半导体、微芯片和电信设备的生产，但未能在众议院获准。2022年2月，众议院又以《美国竞争法案》为由重提芯片补贴，计划拨款520亿美元用于包括半导体制造、汽车和电脑关键部件的研究，但与参议院谈判也以失败告终。上述两法案的体量和篇幅庞大，几经修改，都未能就全部条款在两院之间形成一致意见。随后几个月，拜登政府为争取在8月初国会休会前至少通过一版法案，遂基于两院对半导体支持计划的共识，全力敦促国会优先审议其中涉及芯片的内容。随后，瘦身版本的《芯片法案》出炉，并于2022年7月19日在参议院举行的程序性投票中获得通过。一周后，法案起草者之一、参议院多数党领袖查克·舒默（Chuck Schumer）乘胜追击，在其中增加了1000多页关于支持关键领域科技研发的内容，由此形成了最终提交两院投票表决的版本。当地时间 7 月 27 日，参议院以 64 票赞成、33 票反对通过《芯片法案》，旋即送往众议院进行表决。随后，众议院于 28 日以 243 票赞成、187 票反对通过了法案。8 月 9 日，美国总统拜登正式签署法案。

《芯片法案》主要内容如下。

（一）重点扶持：推进本土芯片制造和劳动力发展

法案计划向半导体产业提供 527 亿美元的资金支持，鼓励企业在美研发和制造芯片，并为在美建厂的企业提供 25% 的税收抵免，这是近几十年来美国政府首次向产业直接发放补贴。具体包括，拨款 390 亿美元作为美国芯片基金，用于激励本土芯片制造，其中 2022 财年 190 亿美元、2023 至 2026 财年每年 50 亿美元；拨款 110 亿美元用于推进芯片制造研究和劳动力培训，包括投资国家半导体技术中心、国家先进封装制造计划等；提供 20 亿美元成立美国国防芯片基金，用于推动实验室前沿研究快速转化为军事或其他用途；提供 5 亿美元成立美国国际技术安全和创新芯片基金；提供 2 亿美元成立美国劳动力和教育基金，用于补贴国家科学基金会，扩大半导体从业人员队伍。

（二）关键投资：资助重点科技领域的研究与创新

其一，法案授权国家科学基金会、商务部、国家标准和科技研究院增加关键领域科技研发的投资，未来五年提供约 2000 亿美元的资金，投入人工智能、量子信息科学、机器人技术、防灾减灾、生物技术和网络安全等诸多对于未来竞争至关重要的领域。其二，法案授权投入 100 亿美元在全国建立 20 个区域技术中心，投入数十亿美元促进基础研究及先进半导体制造能力等。其三，法案要求设立科技与创新委员会，监督创设大学科技中心、颁发奖助学金、培养科技人才等任务的落实。

（三）强制约束：严禁与中国开展合作或技术交流

法案中几项关键财政补贴计划都带有强制约束条件。其一，法案明确在美建厂的芯片企业，如同时在中国或其他所谓的“潜在不友好国家”建设或扩建先进的半导体制造工厂，将无法获得补贴。此外，中国军事实体也不得参与法案所授权的相关芯片计划。其二，法案禁止获得资助的企业在中国生产 28 纳米以下先进制程的芯片，这类芯片主要用于制造手机、平板电脑等。其三，法案授权白宫科技政策办公室向联邦研究机构发布指南，禁止相关机构人员参与“外国人才招聘计划”，禁止与中国有教育合作关系（即孔子学院）的大学获得研究经费。

二、法案影响分析

（一）法案快速通过或迫于国内多重现实压力

《芯片法案》之所以最终得以迅速通过，其背后既有经济考量，也有政治因素。一方面，当前全球芯片严重短缺，美国国内经济和相关产业也受到压迫。美国哥伦比亚广播公司报道称，2021 年全球半导体供货紧张给美国造成 2400 亿美元的经济损失。资深共和党议员约翰·科宁（John Cornyn）表示：如果没有本土生产的先进半导体，（美国）GDP 第一年将萎缩 3.2%，并丧失 240 万个工作岗位。通用汽车表示，仍有近 10 万辆未完工的汽车在等待芯片和其他部件。除此之外，头部芯片企业不断向国会施压，也是法案快速获准的原因之一。英特尔 CEO 帕特-基尔辛格（Pat Gelsinger）明确表态，如果 527 亿美元补贴无法兑现，英特尔可能选择去欧洲扩产，是否在国内建厂取决于国会是否批准法案。全球第三大晶圆代工商格罗方德公司（Global Foundries）也表示，如果法案无法通过，该公司在纽约州北部建厂的计划可能推迟。另一方面，8 月将进入国会夏季休会期，之后议员或更多关注中期选举，如休会前无法完成立法，法案很可能再次“流产”。与此同时，美国民主党政府也面临巨大压力。美国通胀率突破 9%，失业人数屡刷新高，拜登的支持率已跌至 33%，年内中期选举对于民主党而言不容乐观。如法案能尽快通过，527 亿美元的建厂补贴和 25% 的税收减免，或可帮助民主党赢得制造业的选票支持。

（二）法案将垄断关键技术作为半导体竞争的制胜法宝

根据美国半导体行业协会 2022 年发布的年报，自 20 世纪 90 年代以来，美国半导体产量已从 1990 年占全球产量的 37% 下降到 2020 年的 12%，当前超过 80% 的半导体在亚洲制造；中国大陆的半导体产量在过去五年迅猛增长，已达到全球产量的 16%，预测到 2030 年将提升至 24%。对于这一趋势，美国深感忧虑。近几年，美国会两党在高新科技议题上态度空前一致，接二连三地推动出台涉华竞争法案，当中大多数都涉及关键技术垄断和产业链供应链安全。美国将保持关键技术“碾压式”领先作为制胜法宝，《芯片法案》自然也不例外。参议院多数党领袖查克·舒默称，这项法案是美国在 21 世纪领导地位的转折点，如果不能通过，我们将失去世界第一大经济体和创新者的地位。拜登在参议院投票前则称，法案将不再让美国消费者和国家安全所需的关键技术依赖外国，呼吁议员们先把政治放在一边，让法案获得通过。在推动立法的过程中，无论是国会议员还是行政部门，都投入了大量的时间和精力，足见对《芯片法案》的紧张与重视。本质上，仍是美对高新科技领域的战略考量，即将以芯片为代表的关键技术垄断和产业链供应链安全视为影响大国博弈的核心问题。此次法案获准通过，美国政府动用非常规手段直接介入市场竞争，未来为维护其在高新科技领域的领导力，确保相关产业链供应链符合美国利益，可能将这一政策突破运用到更多前沿技术和产业孵化上。

（三）外界普遍对法案能否立竿见影心存疑虑

第一，据估计，法案明确的527亿美元仅能基本满足英特尔、三星和台积电在美建厂的需求，无法支撑起整个芯片制造的庞大产业链。第二，由于法案只为芯片制造企业提供税收抵免，高通、英伟达、AMD等专攻芯片设计的企业难以享受到福利，直言法案只会使少数公司获益。第三，多年来美国专注芯片设计，将芯片制造外包给非本土企业，重建本土制造需要投入大量的人力物力，短期内难成规模。第四，半导体新工厂至少需要两到三年才能建成，法案不太可能很快对产业产生影响。波音、通用汽车也表示，目前芯片供应短缺仍是公司面临的最急迫问题。第五，据测算，完全自给自足的本地供应链至少需要1万亿美元的前期投资，整个行业每年也要多支出450亿至1250亿美元的常规运营成本。在当前全球经济不景气的背景下，要保证这样一笔庞大的支出，无论是政府还是企业都难以为继。

（四）法案“二选一”政策对企业的实际影响有待进一步观察

根据全球半导体行业协会（SIA）发布的报告，2021年全球半导体销售总额为5559亿美元，其中中国市场1925亿美元，稳居第一；2022年5月全球半导体销售额为518.2亿美元，其中中国市场170.2亿美元，占全球市场份额的32.84%，仍居首位。据IC Insights预测，2026年中国国内半导体生产额将达到582亿美元，2021年至2026年年化复合增速预计将达到13.3%。具有国际影响力的头部芯片企业与中国市场利益捆绑程度较高，据美国波士顿咨询公司估计，如果完全禁止向中国出口产品，美国芯片企业将损失18%的全球市场份额和37%的收入，并减少1.5万至4万个高技能工作岗位。事实上，面对这样的情况，企业在选择去留时很难抉择。英特尔全球副总裁、中国区总裁杨旭表示，企业固然可以选择与中国“脱钩”，但是如果消费没有可替换的市场，制造要用几倍以上的成本重复投资，还需要时间去完善设备、培养技术工人，这是很难的。

3.2 美国发布《2023年至2025年战略规划》

2022年9月13日，美国网络安全与基础设施安全局发布《2023年至2025年战略规划》（以下简称《规划》），这是该机构首次发布全面、综合性的战略规划。

一、《规划》内容摘编

《规划》提出了加强网络防御、降低风险与增强恢复能力、推动业务合作和信息共享、深化机构整合四大目标，以及各项目标之下共计15项子目标。

目标1：加强网络防御

CISA作为美国的网络防御机构，负责统筹应对针对美国关键基础设施、联邦和地区政府、私营部门和美国人民的网络威胁行为。应该在网络防御任务中向前倾斜，朝着协作、主动降低风险的方向发展，力求将遭受网络攻击的影响最小化。

目标1.1：增强联邦系统抵御网络攻击和事件的能力。CISA致力于帮助联邦机构进行必要的大胆变革，以改善国家的网络防御态势。包括推动和促进采用现代、安全和弹性技术，提高事件应对能力，降低联邦政府的供应链风险，提高联邦网络中网络威胁的可见度，通过提供可扩展和创新的服务和能力，帮助各机构建立有效的安全计划等。

目标1.2：提高主动检测针对关键基础设施和关键网络的网络威胁的能力。美国正面临着来自高度复杂的对手的威胁，对手们寻求持续访问有价值的系统和信息，发现和预防这些威胁的能力取决于行动可见度的显著扩大。CISA将提高主动检测联邦和地区网络威胁的能力，同时与行业伙伴合作，增强对针对私有网络的威胁的理解；将不断创新搜索发现威胁的能力，以大规模快速识别和缓解威胁。

目标1.3：推动重大网络漏洞的披露和缓解。CISA将与公共和私营实体以及网络安全研究团体密切合作，鼓励识别和报告未知漏洞以及共同缓解漏洞。查明未被缓解的漏洞，特别是影响关键基础设施的漏洞，并在被利用之前推动紧急缓解，以减少漏洞出现的频率和规模。CISA将与网络安全界合作，利用网络安全审查委员会和其他咨询机构的经验教训，实施其建议，提高国家的网络安全水平。

目标1.4：推进网络空间生态系统，实现"安全默认驱动"。CISA还将支持技术提供商和网络防御者确保软件和硬件的产品、服务、网络和系统的安全。鼓励开发和采用最先进的网络防御和网络作战工具、服务和能力，以推动技术生态系统中的"默认安全"。支持国家通过网络教育资源增强国家网络劳动力能力，以填补关键技能的短缺。最后，技术产品的设计和开发必须优先考虑安全性，并减少可利用漏洞的普遍性。

目标2：降低风险与增强恢复能力

CISA负责协调国家各项举措，以保护和防范关键基础设施发生风险。这项工作的重点是确定哪些系统和资产对于国家来说至关重要，了解它们的脆弱性，并采取行动管理和降低它们面临的风险。CISA是能够帮助全国关键基础设施所有者和运营商降低风险、建设安全能力的关键合作伙伴。关键基础设施被分为16个部门，每个部门都有一个指定的部门风险管理机构（SRMA），负责帮助业主和运营商管理该部门的风险。CISA为16个指定的关键基础设施部门中的8个部门充当SRMA，为这些部门的风险管理工作履行独特的伙伴关系角色。

目标2.1：扩大基础设施、系统和网络风险的可视性。这需要提高对国家网络和物理关键基础设施资产和系统的洞察力，并确定可能影响该基础设施的潜在和未来风险来源。

目标2.2：提升风险分析能力和方法。网络防御和基础设施安全任务成功的基础是了解国家和部门层面的风险，尤其是那些对关键系统、网络和基础设施产生系统性影响的风险，必须完善CISA的风险分析能力和方法，以深入了解面临的风险。

目标2.3：加强对安全和风险缓解的指导以及影响力。为了加强对关键基础设施的保护，CISA为利益相关者提供安全和风险缓解的指导和帮助。CISA将发布权威指南以推动有效的IT网络风险管理。在适当和必要的情况下，还将提供有针对性的技术援助或评估，以显著提高安全性和弹性。

目标2.4：提高利益相关方在基础设施和网络安全弹性方面的能力。必须适当扩大CISA在网络安全、基础设施安全和应急通信方面的关键项目和风险相关产品，以满足利益相关方不断增长的需求。必须响应紧急需求，调整产品以应对新的风险，可能还需要向新的利益相关者提供更多的服务，并将网络安全服务扩展到非联邦利益相关者。

目标 2.5：提高应对威胁和事件的能力。CISA 作为响应协调中心要保持全年无休的作战态势，以协调、综合的方式应对不断发展的网络和物理事件或威胁。必须加强和扩大总部和区域能力，以便在发生恐怖主义、有针对性的暴力袭击以及重大自然灾害等实际威胁和事件后，为利益攸关方和机构间伙伴提供支持。在发生重大网络事件时，随时准备支持公共和私营实体的响应，包括在适当情况下部署可用的事件响应能力，以限制负面影响，尽量减少运营停机时间，并实现快速恢复。此外，CISA 将扩大至关重要的紧急通信支持服务的覆盖范围，以确保第一个响应者的呼叫得到连接，并确保公共安全实体在事件发生时能够迅速相互通信。

目标 2.6：支持选举基础设施的风险管理活动。作为选举基础设施分部门的SRMA，CISA 帮助联邦政府了解、掌握选举基础设施的风险。依托与选举官员和供应商的自愿合作，CISA 推动对选举基础设施分部门的指导，并为风险管理业务提供信息。随着形势的发展，CISA 的支持已从关注网络安全发展为更广泛的风险管理方法，以平衡网络、物理和运营安全。CISA 还支持州和地方官员处理社区中的错误和虚假信息。

目标 3：推动业务合作和信息共享

政府和私营部门之间的信任、持续和有效的伙伴关系是美国保护国家关键基础设施的基础。CISA 的安全和保障依赖于关键基础设施部门的共同承诺和投资。通过与联邦机构和其他机构的合作，CISA 将加强这些共同承诺，提供产品和服务，推动基础设施安全和恢复能力方面的持续投资，并加强地方、区域和国家层面的信息共享和协作。

目标 3.1：优化与利益相关者以及合作伙伴共同协作的规划和实施。CISA 将在服务的利益相关者中建立品牌、培养信心。CISA 将利用利益相关者的数据和见解、客户需求信号、运营要求和领导优先事项，指导国家和地区层面的推广活动的发展；优先考虑有针对性的区域性、专题性和部门性参与，并定制个性化客户服务。

目标 3.2：将地区办事处完全整合到CISA 的运营协调中。CISA 将加强总部与区域员工之间的整合，将建立协调总部各部门和地区之间的参与活动的流程，并相互支持运营关系管理。为了优化CISA 项目、产品和服务的交付，CISA 将加强现有国家一级伙伴关系管理框架与各地区之间的联系，酌情将部门和政府协调委员会（SCC 和 GCC）等要素直接扩展到各地区。CISA 还将创建内部业务管理论坛、机制和流程，使全国利益相关者参与规划和协调变得简单、高效和互利。

目标 3.3：简化利益相关者对适当的CISA 计划、产品和服务的访问和使用。在任何可能和合适的情况下，CISA 将根据客户的具体需求和情况，提供量身定制的产品信息、访问和交付。CISA 的资源目录将始终可用、准确、可定制、吸引人，并易于访问。CISA 将在整个机构范围内广泛、持续地推广项目、产品和服务，同时寻求让代表性不足的社区和非传统利益相关方公平获取和使用。

目标 3.4：加强与CISA 合作伙伴的信息共享。促进更多的信息共享需要继续建立新的合作框架，如“联合网络防御协作”（JCDC）计划，它与SRMAs 和联邦网络中心密切合作。同时完善现有的合作框架，如联邦高级领导委员会（FSLC）、信息共享和分析组织（ISOS）、信息共享和分析中心（ISAC）、SCC 和 GCC。这些将更好地帮助利益相关者及时响应事件并进行协作，同时利用 CISA 的权限来推动保护隐私、公民权利和自由。

目标 3.5：提升整合利益相关者的洞察力，为CISA 产品开发和履行职能提供信息。CISA 将积极寻求利益相关方的反馈，以确保不断完善和改进产品，作为网络和基础设施领域值得信赖的专家，提供切实的价值。CISA 将进一步整合利益相关者的建议、信息和数据，帮助在产品、服务和重点领域的优先级、开发、修改和定制等方面做出决策。

目标 4：深化机构整合

CISA 将精简现有运营结构并采用新技术，通过加强治理、管理和优先排序，打破组织孤岛、增加服务价值，并提高利益相关者的满意度。CISA 专注于创造一种人们热爱自己所从事的工作的组织文化，将文化作为使命成功的关键，成功更多地取决于释放人们的力量和潜力，而不是技术。CISA 正在建立一种重视核心价值观和核心原则的卓越文化，包括团队合作和协作、创新和包容等，培养当前和未来的员工队伍，特别是加强网络员工队伍以应对网络防御的挑战。

二、特点分析

CISA 的战略规划体现了美国政府在网络安全，特别是关键基础设施网络安全方面的发展思路和趋势。

（一）强调关键基础设施保护是重中之重

战略规划的四大目标中有三大目标提到关键基础设施，且近一半的子目标与关键基础设施有关，总体上涵盖了主动防御、风险分析与管理、多方合作和生态体系建设等诸多关键问题。

（二）强调网络安全防御要"主动出击"

战略规划将重要网络安全漏洞的公开和修复作为子目标，同时还提出要提升发现威胁、评估漏洞、提升风险可见度。由此可见，今后的CISA不仅要披露和分析各方上报的漏洞，更要主动出击，甚至预先研究新兴技术可能存在的漏洞，以便美国能在未来的网络防御乃至网络攻击中占得先机。

（三）强调网络安全工作要"多方合作"

四大目标均与合作密不可分，其中"推动业务合作"和"深化机构整合"两个目标更是直接以合作为前提。如何激励私营企业加入政府共享网络威胁信息的工作将是未来重点。

（四）强调保持并扩大美国网络空间国际话语权

战略规划指出，CISA将与利益相关者以及合作伙伴共同协作，以便在合作中"建立品牌、培养信心"，旨在通过合作打造"品牌效应"，不仅致力于扩大其在美国国内的影响力，还将帮助美国在全球网络空间中获得更大的话语权。

3.3　美国签署《关于加强美国信号情报活动保障措施的行政命令》

2022年10月7日，美国总统拜登签署《关于加强美国信号情报活动保障措施的行政命令》（以下简称"行政命令"），明确限制美国信号情报活动的相关措施，进一步落实2022年3月美欧在北约特别峰会上联合发布的《跨大西洋数据隐私框架》原则性协议，为恢复跨大西洋数据流动提供相应的法律基础。该行政命令是继美欧安全港协议、《隐私盾协议》分别于2015年和2020年被欧盟法院裁定无效后，欧美数据跨境传输制度性安排的第三次尝试。2022年3月，美欧发布《跨大西洋数据隐私框架》原则性协议，针对欧盟法院对美情报监控的担忧，美国承诺做出改革，限制美国政府部门情报监控活动的数据访问，标志着美欧数据跨境传输制度性安排取得突破性进展。此次拜登政府将原则性协议转化为行政命令，是原则性协议发布后的重大阶段性成果，为美欧最终达成数据跨境传输协议扫清了道路。行政命令基本情况及相关研判如下。

一、基本情况

行政命令基本落实了《跨大西洋数据隐私框架》原则性协议的承诺，把对美国有关政府部门的情报活动提供约束性措施和建立独立公正的救济制度等作为核心内容，同时，为欧盟公民创建一种全新机制，提供个人层面寻求数据隐私保护的补救措施，从而为恢复跨大西洋数据流动提供法律基础。

（一）对情报监控活动提出约束性要求，确保监控活动合规性

根据行政命令，美国强调并承诺情报监控活动是确保国家安全的需要，保障隐私和公民自由，将美国情报机构对数据的访问限制在保护国家安全“必要”和“相称”的范围内，对情报信息收集的目的、原则、目标、政策和程序等多个层面做出要求。一是必要性要求。行政命令要求情报监控活动必须基于合理评估和必要性开展，应由法规或行政命令、公告或其他总统指令授权；情报活动只能依据 12 项合法目标中的一项或多项进行；禁止基于压制或限制合法隐私利益、异议人士观点等目的的情报监控活动。二是相称性要求。行政命令要求情报活动应限制在与被授权的情报优先事项相称的范围和方式内进行，收集的个人信息仅限于支持目标情报活动的初始技术阶段，保存时间限于完成此阶段所需的最短时间，用后需删除。三是最小化要求。行政命令要求情报界针对通过情报活动收集的个人信息传播和保存设立最小化政策和程序；在数据访问权限、个人信息传输和储存等方面坚持最小化原则；要求在进行大规模情报收集活动时必须优先进行有针对性的收集，最大限度地减少对隐私和公民自由的影响。

（二）设立新机构组成双重补救机制，保障欧盟公民在个人数据隐私方面的救济权

针对施雷姆斯第二案判决中欧盟法院认为美国未对转移到美国的欧洲公民数据提供相应救济措施的质疑，行政命令在程序上设立了独立的初审和复审双层救济机制。初审阶段，欧盟公民能够向美国国家情报总监办公室下的公民自由保护官提出投诉申请，公民自由保护官据此启动独立调查程序。该行政命令赋予公民自由保护官独立的调查权和决定权，规定其给出的审查决定对美国情报界具有约束力，但同时要接受第二层审查。复审阶段，行政命令授权并指示司法部长建立新的数据保护审查法院。如个人不同意初审决定，可向数据保护

审查法院提出复审请求，数据保护审查法院的三名法官将组成复审小组，并选择一名特别辩护人协助进行复审。行政命令规定，数据保护审查法院的法官将从美国政府以外任命，其应该具有数据隐私和国家安全领域的相关经验，必须独立进行案件审查，并享有免职保护；特别辩护人将为申诉人的利益进行辩护，并确保数据保护审查法院充分理解与该案件相关的问题和适用法律。此外，行政命令呼吁美国国会独立机构“隐私和公民自由监督委员会”定期审查情报界的政策和程序，以确保其有关活动与行政命令一致，并对双层救济机制进行年度审查，内容包括公民自由保护官和数据保护审查法院是否及时处理投诉、是否获得对必要信息的完全访问权限等。

（三）欧盟委员会将启动充分性认定程序，过程需 4~6 个月

行政命令发布后，欧盟委员会计划起草充分性决定草案，并启动对行政命令的充分性认定程序，具体包括以下步骤：（1）征求欧洲数据保护委员会的意见；（2）获得由欧盟成员国代表组成的委员会的批准。此外，欧洲议会有权对充分性决定进行审查。从历史经验来看，欧盟委员会确定充分性决定最终草案后，完成上述认定过程仍需 4~6 个月时间。只有顺利完成以上步骤，欧盟委员会才能通过行政命令充分性认定的最终决定，从而在新框架下恢复欧美之间的数据流动，美国公司将能够通过承诺遵守一套详细的隐私义务来加入这一框架。

二、分析研判

行政命令发布后，虽有隐私人士对其有效性表示怀疑，但欧盟委员会总体持积极态度，认为行政命令中的保障措施对美国国安部门访问数据提出了实质性限制，通过充分性认定概率较大。作为落实《跨大西洋数据隐私框架》的具体举措，行政命令不仅将对美欧数据跨境流动的规则构建和实践操作产生重要影响，考虑到行政命令具有类似法律的效力，其对美国实施情报收集活动本身也具有一定约束效果。

（一）推动美欧数据跨境传输协议落地，借此重振美欧关系，服务美国企业扩展欧洲市场

行政令的核心内容是规范美国国家安全机构使用美国和欧洲公民数据的动机和程序，并为此在国家情报总监办公室和司法部设立新机构来确保隐私数据的安全，以及提供适当的救济措施。这一系列政策的出台既是为了满足“欧美数据隐私框架”中对保护欧洲人隐私数据的规定，同时也赋予美国司法部一定的权力来确定欧洲的监控计划是否充分保护了美国公民的隐私权。这些互有牵制和让步的政策重点在于修复跨大西洋数字关系的互信基础。更为重要的是，数据跨境流动支撑着美国和欧洲之间的贸易和投资，联邦政府评估这种关系的价值高达 7.1 万亿美元。美国极力推动数据跨境传输的动因之一，是解决高度全球化的美国企业在数据入境美国本土过程中面临的问题。美国此举将减轻其本土网信企业在欧洲经营和拓展时的合规成本，这关乎成千上万依赖跨大西洋数据贸易为生的中小企业，同时也将为大型科技公司抢占欧盟市场提供支持。若新框架生效，包括脸谱网和谷歌等在内的美国企业将能够迅速摆脱当前在美欧之间数据传输业务和服务中面临的困境，小微企业也能在数据跨境服务中获得确定性法律保障。

当前我国出海企业的数据处理等问题面临类似挑战。如 TikTok 就数据安全问题与美国斡旋近 2 年，2022 年 6 月将美国用户数据信息迁移到美国甲骨文公司服务器，但并未完全消解美国对数据安全的担忧。未来随着我国企业全球化程度的进一步提高，如何与各国协调政策、采取有效措施解决数据跨境的安全担忧，还需要继续探索。

（二）美欧持续扩大数据跨境合作，推动建立国际数据治理规则，抢占全球数据治理高地

2022 年以来，美欧持续加速开展“数据跨境流动圈”建设。美国方面，4 月，美国重申对亚太地区的经济承诺，包括数据跨境流动等数字问题。5 月，美国发布声明，将建立全球跨境隐私规则（CBPR）论坛，企图重新制定一个所谓的基于一定信赖关系的国家和地区之间的全球CBPR框架。7 月，美英表示已签署一份联合数据访问协议，允许两国的执法机构向对方索取用户互联网数据。10 月 17 日，即本行政命令发布当日，美英发表联合声明，英国对行政命令的发布表示欢迎，并计划尽快完成充分性认定工作。欧盟方面，截至 2022 年 10 月，欧盟已通过包括加拿大、阿根廷、韩国、以色列、新西兰等国家、地区以及相关组织在内的充分性认定。当前美欧在数据跨境传输方面已经形成相对独立的区域性安排。未来，美国将继续通过多边协议来搭建全球数据治理的框架，并同步推进双边数据访问协议以确保其数据获取权限。这一路径将确保美国在全球治理中的话语权，同时满足其情报和安全需求。

（三）推动跨部门协调落实，是否能够真正实现对信号情报活动的监督还有待观察

从其行政令的具体措施来看，拜登政府此次在隐私保护方面的政策支持力度不可谓不大，在情报界周围构筑起了更为严格的限制和广泛的监督机制，并责成其他联邦政府机构配合新政策的落地，帮助企业完成从“隐私盾”到“数据隐私框架”的转型。从跨部门协调的视角来看，行政令出台后，司法部和商务部将配合完成新数据保护制度的落地工作，并为中小企业的合规提供更多指导和帮助。数据保护审查法院将聘请具有数据隐私和国家安全方面的相关经验的政府外人士担任法官，负责审查情报界数据保护的绩效。美国商务部部长吉娜·雷蒙多（Gina Raimondo）在行政令发布后表示，将与当前的“隐私盾”参与者（其中70%是中小企业）合作，以促进它们向数据隐私框架下更新的隐私原则过渡。各方如何协调合作落实行政命令以及相关企业如何配合，还需进一步观察。

三、启示建议

目前我国对跨境数据规制的措施主要集中在数据出境场景，关于数据入境活动的规范相对较少，难以缓解他国数据流入中国的安全担忧。要加快出台数据跨境流动配套法律法规和具体实施细则，探索数据跨境传输的标准化程序与模式，充分保障数据跨境流动有法可依，塑造良好的跨境数据流入环境，吸引全球数据流。在确保数据安全的基础上，加快制定数据出入境标准化程序性通道，细化数据分级分类制度，明确企业合规路径，减轻企业的合规成本。积极参与国际交流与合作，深化扩展与广大发展中国家的合作，主动融入跨境数据治理国际机制与平台。目前，我国已经发布《全球数据安全倡议》《中阿数据安全合作倡议》，应进一步拓展中方倡议的主体范围和适用场域，积极协调立场相近的国家和地区，广泛凝聚政策共识。积极推动双边和多边自贸谈判和自贸区建设，深度参与跨境数据国际规制进程，推广中国在全球数据跨境安全流动方面的主张和方案。积极引导中国企业了解美欧数据跨境、隐私保护等政策相关动向，推动海外企业本地化合规经营。

3.4　欧盟委员会公布《关于公平访问和使用数据的统一规则的条例》草案

2022年2月23日，欧盟委员会公布了《关于公平访问和使用数据的统一规则的条例》（以下简称《数据法》）草案。该法是《欧盟数据战略》中宣布的一项关键支柱，是实现欧盟单一数据市场的关键立法。草案规定了多项数据共享流通措施，旨在通过建立跨行业的横向数据共享治理框架，确保数字经济参与者之间公平地分配数据价值，同时围绕规制大型互联网平台的数据垄断控制进行制度设计，以期推动欧洲数字经济发展。主要内容如下。

一、草案内容

（一）立法背景

欧盟认为，数据是数字经济的核心组成部分，也是保障绿色和数字转型的重要资源。当前，大部分数据未被使用，关键问题包括数据价值集中在相对少数的大公司手中，中小企业难以与其建立公平的数据共享协议；对数据的使用和访问缺乏明确法律规定；在不同数据处理服务提供商之间进行切换和转移存在障碍，等等。这导致欧盟整体数据利用不足，阻碍了数据驱动的创新潜力的充分发挥。欧盟提出，在非个人数据和物联网相关产品激增的背景下，需要提供数据重复使用的机会，确保数据价值的分配更加平衡，消除欧洲数字经济发展障碍，同时缩小数字鸿沟。

（二）立法目标

此次《数据法》草案主要旨在确保欧盟数字经济参与者之间公平地分配数据价值，使个人、企业、政府、数据处理服务提供商等各方在数据治理中处于更加平等的地位，从而促进数据的访问和使用。具体而言，主要包括以下几个方面。一是为消费者和企业获取和使用数据提供便利，同时保留对数据价值挖掘相关企业的激励措施。二是规定公共部门机构和欧盟政府机构有权在有特殊数据需求的情况下使用企业持有的数据。三是促进用户在不同数据处理服务提供商之间进行转移，保证数据在行业内和跨行业的共享。四是解决对非欧盟政府非法获取欧盟数据行为的担忧。五是为行业之间重复使用数据制定互操作性标准。

（三）具体举措

《数据法》草案共 11 章 42 条，主要包含关于数据共享、公共机构数据访问、国际数据传输、数据处理服务提供商之间的数据转移和互操作性等规定。一是明确“企业-用户”数据共享规则。《数据法》赋予用户访问和使用产品或服务中生成数据的权利，规定产品和服务应采取措施，确保数据处于用户可直接访问和获取的状态，同时用户可要求数据持有者将数据共享给第三方。法案通过支付传输过程中产生的成本费用，以及排除使用与其产品直接竞争的共享数据，激励数据持有者继续投资于高质量的数据生成。二是明确“企业-企业”数据共享规则。为改善中小企业在数据共享方面相对于大企业的弱势地位，草案规定数据共享合同条款应该是公平、合理和非歧视性的，否则将被视为无效。特别是，该草案提出“举证责任倒置”条款，规定“如果另一企业认为条件是歧视性的，则应由数据持有者证明没有这种歧视”，以此平衡中小企业谈判权力，保护中小企业免受大企业强加的不公平合同条款。三是明确“企业-政府”数据共享规则。草案规定公共机构可以在特殊情况下访问数据，特别是为了应对公共紧急情况或履行法律义务。除在紧急情况下外，数据持有者可寻求与实际成本相当的补偿，同时应采取合理的措施，对数据进行脱敏处理。四是明确数据处理服务提供商义务和互操作性规则。草案规定，数据处理服务提供商需确保与其他服务的开放标准或互操作性接口的兼容性，不得禁止用户切换到其他服务商，且应为用户提供技术协助，帮助其完成服务切换过程，并确保各项服务在转换期间的连续性。欧盟委员会将要求欧洲标准化组织为云服务的互操作性起草统一的标准。五是严格限制数据跨境传输。草案规定，云服务提供商应采取一切合理措施，防止他国政府访问或传输与欧盟法律相冲突的非个人数据。来自第三国的法院命令只有在签订国际协议的基础下才能被承认。如果第三国满足某些条件，则可以共享允许的“最小数据量”。

二、分析研判

数据资源在信息时代的重要地位已经成为全球共识，但在数据治理过程中如何平衡安全与发展的关系、如何平衡各相关主体的利益关系，特别是如何打破大企业、大平台对数据资源的垄断，各国仍处于探索之中，此次欧盟发布的《数据法》草案，为解决相关问题提供了参考和借鉴，主要体现为三个维度的“平衡”。

（一）法案在数据资源开发利用、维护数据安全、隐私保护之间进行了平衡

从欧盟数据治理法律体系来看，2018 年欧盟出台《一般数据保护条例》（GDPR）以来，在对个人隐私进行强监管的同时，也一定程度上限制了数据资源的开发利用，阻碍了欧盟数字经济的发展。此次《数据法》草案试图弥补GDPR的这一短板。如果说GDPR重在隐私保护，此次《数据法》草案则重在数据开发利用和权益保护之间实现平衡，通过法律手段打破数据壁垒、促进数

据共享、提升数据效率，从而推动欧盟数字经济发展。从草案具体内容来看，草案主要聚焦于促进数据共享的各项举措，同时，草案特别强调了维护数据安全和保护个人数据隐私等原则，明确提出在涉及获取个人数据以及在涉及知识产权的情况下的具体保障措施。例如，为加强对消费者的保护，草案对基于用户请求的第三方数据访问权限做出了规定等。

（二）法案对数据治理过程中社会、企业、个人三方权益进行了平衡

在数据治理过程中，如何在维护社会公共利益、保护企业经济利益、保障公民合法权益之间进行平衡，是兼顾发展与安全的具体议题。在当前数据主要掌握在企业尤其是大型互联网平台的背景下，政府利用数据进行社会治理、维护公共利益，以及个人维护合法权益都需要企业的配合和支持，但在实际操作过程中，政府和个人往往受制于企业对数据的控制。从草案的具体措施可以看出，此次《数据法》草案主要解决的问题在于推动政府、企业、个人之间的数据共享，特别是以法律手段对企业的数据共享义务进行强制性规定，弥合三方在数据获取和占有上的地位差异，以此保障三方权益的平衡。

（三）法案对鼓励大平台数据资源开发与限制其数据垄断权力进行了平衡

大型互联网平台对数据的控制成为其垄断权力的主要来源，对技术创新、网络内容管理、个人隐私保护等都带来一定负面影响。与此同时，大平台也是主要的数据收集者和价值开发者，为发掘数据潜力、发展数字经济发挥了重要作用。如何在鼓励大平台数据资源开发与限制其数据垄断权力之间寻求平衡，是互联网监管亟待破解的问题。此次法案一方面通过数据成本补偿、数据有偿交易等激励大平台，持续进行数据生成和价值开发，另一方面通过“举证责任倒置”、数据共享义务等设计，限制大平台数据垄断权力，对其进行制衡和控制。

3.5　欧洲议会通过《欧洲数据治理法案》

2022 年 4 月 6 日，欧洲议会以 501 票对 12 票通过了《欧洲数据治理法案》（以下简称《数据治理法案》），5 月 16 日，欧盟理事会批准该法案，经欧洲议会议长和欧盟理事会主席签署后，法案在公布 20 天后生效。该法案将促进整个欧盟以及各部门之间的数据共享，从而在增强公民和企业对数据掌控力度和信任程度的同时，为欧盟经济发展和社会治理提供支撑。

一、立法背景与内容摘编

长期以来，欧盟一直以打造共同欧洲数据空间、单一数据市场作为主要目标。早在2020年2月19日，欧盟就发布了《欧洲数据战略》，概述欧洲未来五年为提振数据经济竞争力将采取的政策方案、技术创新和投资策略，即通过“开放更多数据”和“增强数据可用性”为欧洲数字化转型提供发展和创新动力，形成一种新的欧洲数据治理模式。《数据治理法案》是为了落实《欧洲数据战略》所采取的重要立法举措，这种新的数据治理方式将增加对数据共享的信任，加强提高数据可用性的机制，克服数据再利用的技术障碍。2020年11月25日，欧盟委员会发布《数据治理法案》的拟议草案。2021年12月，欧盟成员国就《数据治理法案》达成一致，致力帮助公司或个人安全地共享数据。2022年4月6日，欧洲议会通过《数据治理法案》，5月16日，欧盟理事会批准该法案，6月生效。

《数据治理法案》共8章35条，明确提出了法案的目标和愿景，并对推动公共部门数据的再利用、数据共享机制、促进“数据利他主义”、设立欧洲数据创新委员会等内容做出了规定和设计。

（一）释放数据潜力，建立和发展欧洲共同的数据空间

根据欧盟委员会的数据，公共机构、企业和公民产生的数据量预计将在2018年至2025年间增加五倍。基于《数据治理法案》形成的新规则将允许欧盟更好地使用这些数据，预计到2028年，通过法案新措施将数据的经济价值提高至70亿到110亿欧元，从而使社会、公民和企业受益。该法案旨在提供更多的数据，并促进各部门和成员国之间的数据共享，以利用数据的潜力，为欧洲公民和企业谋福利。此外，还将促进整个欧盟内部和跨部门之间的数据共享，增强公民和公司对其数据的控制和信任，并为主要技术平台的数据处理实践提供一种新的欧洲模式，帮助释放人工智能的潜力。通过立法，欧盟将建立关于数据市场中立性的新规则，促进公共数据（例如健康、农业或环境数据）的再利用，并在健康、环境、能源、农业、物流、金融、制造业、公共管理和技能等战略领域创建共同的欧洲数据空间。

（二）划分五类数据，明确数据使用规范和数据保护责任

《数据治理法案》致力于促进欧盟经济体和社会获取更多数据，并为公民个人和企业提供更多的数据控制权。依照公民个人和企业数据在现实中的适用

情况，法案将数据分为健康数据、移动数据、环境数据、农业数据和公共行政数据五种。欧洲公民在享受以上五种数据所带来的福利的同时，将获得对个人数据的更多控制，并决定谁将获得他们的数据的详细级别，以及出于什么目的，同时确保他们的个人数据得到充分保护。

法案还支持公共部门的数据在商业或者非商业用途中的重复使用。基于公共部门数据的敏感性，法案明确提出倡导建立可重复使用公共部门数据的机制，并辅以相关制度予以完善和保护。针对重复使用数据的行为，规定了相应的时间限制和义务限制，即享有重复使用这些数据的权利不应超过三年，且公共部门的下属机构没有义务允许重复使用这些数据，但那些允许重复使用数据的机构需要在技术上做好相应准备，以确保数据安全。

（三）强调“数据利他主义”，促进数据用于更广泛的社会利益

《数据治理法案》规定了“数据利他主义”，即允许私营部门在利他主义的基础上为追求共同利益而与非营利实体共享数据或者使用数据。公民个人或者企业可以同意所谓的“数据利他主义”，以自愿和免费的方式分享他们为公共利益产生的数据。当公民个人或者企业希望共享自己的个人数据时，或者想捐赠这些数据来满足公共利益时，将会在自己所控制的个人数据空间内进行自由处置。新的个人数据空间将确保人们可以控制自己的数据，个人数据空间还将确保数据仅用于约定的目的，而不会在不知情的情况下另作他用。

该法案为从事“数据利他主义”的组织提供了注册为“欧盟认可的数据利他主义组织”的可能性，以增强对其运营的信任。法案明确，注册成为数据利他组织的条件包括：为实现公共利益目标而成立的法人实体；以非营利为基础运营，并独立于以营利为基础运营的任何实体；通过法律独立的结构开展与数据利他主义相关的活动，应与其开展的其他活动分开。法案同时对“数据利他主义”组织提出了保障数据主体和法人数据权益的具体要求，比如对于任何进入公认数据利他组织名册的公司，应告知数据持有人关于允许资料使用者以易于理解的方式处理其资料的一般利益目的。公司还应确保数据不用于除其允许处理的一般利益之外的其他目的。通过上述举措，法案将为“数据利他主义”创造必要的信任，鼓励个人和公司向这些组织捐赠数据，从而使其能够用于更广泛的社会利益。

（四）以数据保护为前提，构建值得信任的数据共享环境

针对自愿共享的数据，《数据治理法案》建立了相关标准，对所共享的数据进行标准化处理，对数据集、数据对象和标识符进行更加准确和尽可能一致的描述，以便于数据在各国、各部门及企业机构间流动时不产生误解，使数据具有良好的可查找性、可访问性以及可重复使用性。法案提出，阻碍数据共享造福社会的是工具的缺乏（即缺乏相应的保护手段和措施），而不是意愿的缺乏。故应为公民个人和公司创造适当的条件，使其在分享数据时能够相信这些数据将由受信任的组织根据欧盟的价值观和原则进行处理。基于此种情况，《数据治理法案》规定了一系列增加数据共享信任度的措施，为那些愿意共享数据的公共机构、公民个人或者企业提供了法律上的清晰规定和值得信赖的环境。如法案虽然规定了公共机构掌握的涉及个人信息、企业商业秘密和知识产权等数据可以被重复使用，但同时也明确规定在公共机构数据再利用中涉及个人数据保护、知识产权、商业秘密或其他商业敏感信息问题的，必须要遵守相关的法律法规，同时规定公共部门应当通过匿名化等技术处理手段，或要求再利用数据者签署具有法律约束力的机密协议达到法律要求。

（五）倡议建立“数据中介机构”，为公共数据空间提供基础设施

为了更好地促进数据共享，法案倡议建立非营利性质的“数据中介机构”，为公共数据空间提供基础设施，以促进信息共享与交换。法案详细规定了数据中介机构进行数据共享的限制，以及确保数据中介机构在欧洲公共数据空间内作为可靠的数据共享或汇集组织者发挥作用的措施。根据法案规定，数据中介机构本质上是数据共享服务提供商，公共机构、公民个人或者企业只有确定其数据不会被数据共享服务提供商用于其实际和明确商定的目的之外的任何其他目的，才会准备好共享数据，这也为那些愿意共享数据的人提供了一个安全的环境。数据共享机构被认为是“中立和透明的”，将被用来组织数据共享和数据汇集。数据中介机构必须向主管公共当局通知其提供数据共享服务的意向，且只能作为连接数据持有者和数据用户的中立第三方发挥作用。为了确保这种中立性，该提案明确规定数据共享中介不能自行处理数据或者为了自己的利益使用这些数据，而是必须严格遵守相应的要求。数据中介机构也需将其提供数据共享服务的意向通知主管当局，主管当局必须随时监督关于这些要求的遵守情况，而欧盟委员会也将保留一份数据中介机构的登记册。如果数据中介机构不在欧盟境内，应当指定一名代表来负责相关法律程序，从而尽可能地确保公民个人和企业的数据共享得到保护。

（六）完善管理体制，设立“欧洲数据创新委员会”

法案提出了设立“欧洲数据创新委员会”的设想。数据创新委员会是一个咨询机构，为制定欧洲数据空间指南提供专家意见。该专家组将致力于发现和促进成员国中的数据共享活动出现最佳实践案例，特别是处理关于重新使用受他人权利制约的数据的请求，确保在数据共享服务提供者和数据利他主义的通知框架方面采取一致的做法。此外，数据创新委员会需要对跨部门标准化的战略、治理和要求方面提供建议。据悉，该委员会将由学术界、研究界、工业界和民间社会的成员组成。

二、分析研判

（一）是落实《欧洲数据战略》的重要举措

长期以来，欧盟一直以打造共同欧洲数据空间、单一数据市场作为主要目标。2020 年 2 月 19 日，欧盟发布《欧洲数据战略》，概述了欧洲未来五年为提振数据经济竞争力将采取的政策方案、技术创新和投资策略，即通过“开放更多数据”和“增强数据可用性”为欧洲数字化转型提供发展和创新动力，形成一种新的欧洲数据治理模式。有分析指出，为了释放欧洲的数据潜力，欧盟必须在数据市场公平性、数据互操作性、数据治理、数据的个人控制权和网络安全等方面构建完善的法律体系框架。《数据治理法案》作为《欧洲数据战略》规划下公布的重要成果，旨在尊重欧盟数据保护等基本规则和价值观的前提下，促进共同的欧洲工业（制造业）数据空间、共同的欧洲绿色协议数据空间、共同的欧洲移动数据空间、共同的欧洲卫生数据空间、共同的欧洲金融数据空间、共同的欧洲能源数据空间、共同的欧洲农业数据空间、共同的欧洲公共行政数据空间、共同的欧洲技能数据空间九个共同数据空间的建立和发展，为欧盟社会治理和经济发展提供更多具有使用价值的数据。

（二）为欧洲新型数据治理模式的形成奠定基石

《数据治理法案》以为欧盟公民和企业带来重大利益为基本出发点，明确了未来数字服务应该如何处理数据，着眼于处理公民个人和企业数据的中介，从而促进各部门和成员国之间的数据共享。该法案与欧盟其他数据立法一同为未来十年的欧洲数据政策奠定了基础，预示着数据治理成为数据战略的关键支柱，同时也表明欧洲的数据治理将从传统的个体数据处理模式向着一种以欧盟价值观为基础和原则的新型数据治理方式转变。“数据时代的欧洲”项目欧洲执行副总裁玛格丽特 · 韦斯塔格（Margrethe Vestager）表示，“该法规是建立欧洲稳固和公平的数据驱动型经济的第一个基石。根据欧洲价值观和基本权利，我们正在创造一个以造福社会安全和经济发展的数据环境，该法案努力为可靠的数据共享创造合适的条件。”《数据治理法案》作为欧盟委员会设想的通往欧洲公共数据空间道路上的第一步，继续支持在战略领域建立和发展欧洲公共数据空间，旨在释放数据和人工智能等技术的经济和社会潜力，通过建立一个增强信任的保障体系来鼓励数据共享，形成以欧盟价值观为基础和原则的新型数据治理方式。

（三）有助于欧盟单一数据市场的建立和数据主权的实现

《欧洲数据战略》中明确提出将通过发挥欧盟境内数据的价值和吸引域外数据的流入来提振欧盟在数字经济时代的数据主权和技术主权地位。欧盟市场数据量巨大，为实现其中蕴含的巨大潜力，必须促进数据的共享和使用。因此，此次《数据治理法案》的通过将确保各成员国在数据共享方面保持一致的行动，也为欧盟境内的数据自由流通共享创建有利的法律环境，实现更多数据的价值发挥，从而为创建一个真正意义上的欧盟单一数据市场奠定良好的制度基础，有助于扫除成员国之间在数据共享方面的障碍，为欧洲共同数据空间的发展提供支持和可能性。

（四）为整个欧洲数据市场带来巨大影响，同时也蕴藏政治性风险

《数据治理法案》的通过意味着欧洲数据治理的监管成为创新和新增就业的强大引擎，同时也使欧盟能够确保自己处于基于数据的第二波创新浪潮的前沿。就企业而言，受益于数据获取、集成和处理成本的降低，以及进入市场门槛的降低，新产品和服务的上市时间大幅缩短，这将使大企业和小企业都能开发新的数据驱动型产品和服务。《数字治理法案》的通过对于欧洲数据治理和数据共享来说是一个良好的开端。后续，欧盟或将继续推进充分的立法和非立法行动，不断释放欧盟数据潜力，抢占新一轮数据经济浪潮主导地位。与此同时，也有分析人士认为，在信任减弱和执行政治化的背景下，如此广泛的市场一体化，会给成员国国内机构带来沉重而不均衡的压力，可能成为政治不稳定的因素。

3.6 欧盟发布新版《反虚假信息行为准则》

2022 年 6 月 16 日，欧盟委员会公布新版《反虚假信息行为准则》，作为打击虚假信息的重要行动之一，新准则涵盖 44 项承诺和 128 项具体措施。这一准则最早于 2018 年发布，是全球首个行业内自愿通过自我监管来打击虚假信息的倡议，谷歌、脸谱网、推特等主要互联网平台先后签约加入。该准则将成为一项共同监管计划。更新后的准则中将有示范案例，以详细说明签署方必须处理的操纵信息的行为，其中包括深度伪造技术、虚假账号等。欧盟《反虚假信息行为准则》中有许多新创意，具体情况综述如下。

一、发布背景

该准则是 2018 年版本的加强版，旨在实现欧盟委员会于 2021 年 5 月提出的“关于如何加强打击虚假信息”指南的目标。据悉，新准则将成为更广泛的互联网平台监管框架的一部分，以更好地落实欧盟政治广告透明度和针对性提案以及《数字服务法》。对于超大型在线平台的签署方，该准则旨在成为《数字服务法》共同监管框架下认可的行为守则。新准则规定了平台和行业打击虚假信息的广泛而准确的承诺，朝着构建更加透明、安全和值得信赖的在线环境迈出了重要一步。新准则弥补了旧版本的不足，在原有的基础上加大对虚假信息的打击力度，规定了更强有力和更细化的承诺和措施。

二、主要内容

（一）推动多方参与治理虚假信息

新准则不仅适用于大型平台，还涉及不同的参与者，在减少虚假信息传播方面发挥作用，并欢迎更多的签署者加入。34 个签署方包括主要的在线平台，特别是Meta、谷歌、推特、TikTok和微软，以及各种其他参与者，如小型或专业平台、在线广告行业、广告技术公司、事实核查机构、公民社会，或提供打击虚假信息的特定专业知识和解决方案的公司。通过动员全社会力量，提高整个社会对虚假信息的免疫力。

（二）多措并举减少虚假信息

一是通过确保虚假信息的提供者不会从广告收入中受益，减少传播虚假信息的经济激励。二是对虚假信息各种操纵行为加强打击力度。三是为用户提供更好的工具来识别、理解和标记虚假信息，借助更好的标签等，使用户可以轻松识别政治广告，从而确保政治广告透明度。四是在所有欧盟国家及其所有语言中扩大事实核查，同时确保事实核查人员的工作得到公平回报。

（三）加大后续评估和监管力度，并采用巨额处罚实现震慑效果

新准则通过强大的监控框架和平台定期报告其履行承诺的情况，评估其自身的影响。新准则还将建立一个透明度中心和工作组，透明度中心将透明地概述准则的实施情况，工作组由签署方的代表、欧洲视听媒体服务监管机构、欧洲数字媒体观察站和欧洲对外行动局的代表组成。根据《数字服务法》规则，未能履行准则义务的公司可能面临高达其全球营业额6%的罚款。一旦他们签署了该准则，他们有六个月的时间规范自身行为。签署方必须采取措施处理包含虚假信息的广告，并提高政治广告的透明度。

（四）欧美在治理虚假信息上存在“行业自治”与“国家干预”模式的差异

欧盟新版《反虚假信息行为准则》是全球首个行业内自愿通过自我监管来打击虚假信息的倡议，将治理虚假信息的工作和责任转嫁给各平台。而美国在治理虚假信息上主要依靠“国家干预”。美国联邦贸易委员会曾表示，他们正在打击企业利用虚假评论和其他误导性信息在社交媒体上推广产品和服务的“欺诈行为”，并警告将采取巨额罚款措施。2022年4月27日，由美国政府组建、隶属国土安全部的“虚假信息治理委员会”正式成立。虽然该机构成立仅21天便因遭到强烈质疑而被迫暂停工作，但这也反映了美国治理虚假信息“政府干预”的思路。

三、启示

一是在治理虚假信息上给相关平台更多要求和责任安排。欧盟委员会分管内部市场的委员蒂埃里·布雷东曾表示，“欧盟希望互联网平台、整个广告生态系统和事实核查人员都做出更强有力的承诺。”从欧盟新准则的相关举措可以看出，在对抗虚假信息的战争中，社交媒介平台无疑要承担主要责任。社交媒体平台应充分利用自身技术优势，开发更多技术产品，以提升用户对信息真伪的辨识力，就像欧盟新准则对谷歌、推特、脸谱网等公司的要求。

二是在加大平台责任的基础上，强化后续评估和监管力度。欧盟委员会称，签署方（在线平台）将有6个月的时间来执行其已签署的承诺和措施，在2023年初，他们将向欧盟委员会提供他们的第一份实施报告。欧盟委员会将与欧洲视听媒体服务监管机构等一起，定期评估该准则的实施进展。新准则中很有特色的一点是把主要治理工作交给平台，同时加大对平台的监管和处罚力度。我国也可参考实施类似举措，对平台明确相关要求和责任，然后对平台的

实施报告进行评估，从而有效地监督治理虚假信息的实施效果。

三是新准则中对虚假信息打击的部分举措值得借鉴。新准则提出，通过确保虚假信息的提供者不会从广告收入中受益，减少传播虚假信息的经济激励；还提出为用户提供更好的工具来识别和标记虚假信息等。这些具体的举措对于我国治理虚假信息具有借鉴作用，比如中国社交媒体平台，通过为用户提供工具来识别标记虚假信息，能有效地减少虚假信息的泛滥，改善当前需要相关部门频频出面辟谣、信息治理成本较大的现状。

3.7　欧盟《数字市场法》正式生效

2022 年 7 月 18 日，欧盟 27 个成员国一致批准《数字市场法》。法案是对欧盟反垄断法的重大重构，旨在在欧盟层面建立一套有针对性的、协调一致的强制性规则，限制科技巨头过度垄断和不正当竞争行为，确保公平竞争的数字环境。法案首创“守门人”（gatekeeper）制度，通过为“守门人”即大型互联网平台设置明确的义务和规则，弥补现行反垄断法事后监管应对互联网平台垄断问题的不足，规范数字市场秩序。法案由欧盟委员会于 2020 年 12 月提出，2021 年 11 月欧盟各成员国就法律条文达成一致，2022 年 3 月，欧洲理事会与欧洲议会就法案达成协议，7 月 5 日，欧洲议会投票以压倒性多数通过《数字市场法》和《数字服务法》。11 月 1 日，欧盟委员会宣布《数字市场法》正式生效。

一、法案内容摘编

（一）关于“守门人”的概念和认定

法案明确指出，“守门人”是提供核心平台服务的经济实体，并对核心平台服务的范围进行了清单式列举，包括在线中介服务、在线搜索引擎、在线社交网络服务、视频共享平台服务、号码独立的人际通信服务、操作系统、网络浏览器、虚拟助理、云计算服务、在线广告服务等十大类。在此基础上，法案从定性和定量两个角度对守门人进行明确规定。结合起来看，满足以下条件的平台将被认为是守门人：一是对欧盟内部市场有重大影响，量化指标为该企业过去三个财年在欧洲经济区年营业额等于或超过 75 亿欧元，或者上一财年平均市值至少达 750 亿欧元，并在至少三个成员国提供核心平台服务；二是提供核心平台服务，充当企业连接消费者的重要门户，量化指标为提供的核心服务平台在上一财年拥有每月超过4500万活跃终端用户以及每年超过1万活跃企业用户；三是在相关业务市场中享有牢固和持久的地位，或可以预见其在将来会享有牢固和持久的地位，量化指标为过去三个财年，平均每个财年都拥有每月超过4500万活跃终端用户以及每年超过1万活跃企业用户。此外，欧盟委员还有权通过市场调查来评估特定企业是否可被认定为“守门人”。

（二）“守门人”需承担的义务

法案规定了守门人应承担的禁止性义务和命令性义务。禁止性义务包括：不得将自己的服务或产品恶意排在第三方平台之前；不得未经用户允许强行推送广告或安装软件，不得阻止用户卸载这些软件；不得在安装操作系统时默认附带指定软件；不得阻止用户使用第三方应用程序或应用商店进行支付；不得将在一项服务中收集的个人数据移作他用。积极性义务包括：确保用户易于退订核心平台服务；确保即时通信服务的基本功能互通，即让用户能够在不同通信应用中交换信息、发送语音信息或文件；确保企业用户访问其在平台生成的营销或广告业绩数据；向欧盟委员会通报收购、兼并事宜。

（三）惩戒措施

法案规定，在企业被认定为“守门人”后的六个月内，必须遵守法案中列出的禁止性义务和命令性义务。违反相关规定将面临罚款、重组、市场禁入等制裁措施。欧盟委员会可对违法企业处以公司前一年全球年营业额最多10%的罚款，以及最多20%的再犯罚款；当守门人在八年内系统性地违反《数字市场法》规定三次以上时，委员会有权展开市场调查，并采取包括结构性补救措施在内的额外补救措施，例如责成守门人重组或出售部分业务（包括资产、知识产权或品牌）等。《数字市场法》执行权属于欧盟委员会，成员国可随时要求欧盟委员会开展市场调查，以认定新的“守门人”企业，也可在欧盟成员国法院直接执行该法案，方便受到侵害的权利人直接提起诉讼。

按照欧盟委员会官网公布的消息，从2023年5月2日起在六个月内，各平台公司开始提交资料申请，以确定其是否达到“守门人”要求。谷歌、亚马逊、微软等潜在的“守门人”必须在2023年7月3日前将其核心平台服务告知欧盟委员会。欧盟委员会收到完整的申请材料后将有45个工作日来评估其是否是“守门人”。一旦被欧盟委员会指定为“守门人”后，公司将有六个月的时间按照《数字市场法》的要求做进一步完善，相关工作最迟在2024年3月6日前完成。

二、分析研判

近年来，各国围绕遏制大型互联网平台的不正当竞争行为，开展了系列立法及实践探索。欧盟《数字市场法》以全新制度安排对大型互联网平台市场行为进行严格约束，进一步扎紧欧洲数字领域监管“篱笆”，是美欧近年来对科技公司影响最为深远的法律措施，具有里程碑意义。

（一）强化事前监管，开启平台规制新阶段

《数字市场法》补充了欧盟和成员国现行竞争法律体系。目前，在能源、电信、金融服务等行业，欧洲监管模式和竞争执法已存在并实施。但对于《数字市场法》所针对的“守门人”不公平竞争做法，特别是某些系统性违规行为，现有竞争法要么无法实现完全覆盖，要么由于事后处理的滞后性质，无法有效地处理数字市场的新情况。新法以列举方式明确规定了大型互联网平台在欧盟的命令性和禁止性事项，采取明确“事前义务”以及“逐案分析”等创新举措，使欧盟反垄断执法完成了从事后监管向事前监管的制度转型，成为预防性反垄断监管的法规典型。同时，新法也不限制欧盟通过执行现有竞争规则进行事后干预的能力，以最大限度地减少“守门人”不公平竞争行为可能导致的结构性危害。

（二）剑指科技巨头，或成欧美博弈新焦点

虽然欧盟并未公布“守门人”具体名单，但根据 2021 年年报数据推算，谷歌、脸谱、苹果、亚马逊、微软等多家美国科技巨头均在其列。新法的相关规定将迫使美国科技巨头与竞争对手和监管机构共享数据，并公平地推广其服务和产品，这将削弱美国科技巨头对欧盟境内数据资源的垄断控制，提升欧盟平台企业对数据资源的接入和运用能力，不可避免地加深美欧在数据资源掌控权的冲突。美国商务部长雷蒙多此前曾表示，美国“严重关切”该法案将过度影响美国科技企业。随着法案实施及后续配套措施落地，欧盟与美国等域外科技巨头的博弈也将更为激烈，全球数字贸易前景将更趋复杂。

（三）打造开放生态，赋予中小企业新机遇

近年来，欧盟内部数字市场被美国科技巨头严重挤压。长期以来，欧盟都希望对这些企业控制用户数据、肆意推广广告及服务等不公平竞争行为进行规制。《数字市场法》对于促进欧洲数字市场创新和竞争、帮助中小企业和初创企业发展和扩张、保障欧洲数字服务市场的公平性和开放性具有积极意义。新法将强制大型互联网企业打开封闭的生态圈，让用户能够自由选择生态圈以外

的产品和服务，以更低的成本满足自身需求。在相对公平和开放的市场环境中，欧盟中小企业有望进入科技巨头主导的市场，迎来发展的新机遇。有学者认为，《数字市场法》相当于让欧盟区域内的互联网回到了创业模式，欧盟中小企业将在一定时期内繁荣发展，推动欧盟区域经济发展。

（四）舆论褒贬不一，创新动力面临新挑战

《数字市场法》由于规则严苛、涉及广泛，被视为目前全球最严格的科技监管立法。在《数字市场法》的框架下，“守门人”要向竞争者开放接口、数据，甚至核心服务，不得为自己的产品提供更有利的排名。此类限制可能降低“守门人”企业的创新动力，甚至导致一些企业有意缩减规模，尽可能避免成为“守门人”，进而使数字市场失去创新活力和竞争驱动力。苹果公司在一份声明中表示，新法的部分条款使得苹果的技术研发投资都“打了水漂”。谷歌也表达了同样的担忧，认为新法的某些规定会降低公司的创新力。欧盟内部对法案的出台也有诸多顾虑，担忧法案在加强监管的同时，可能阻碍欧洲数字经济的创新。新法的最终实施效果，还有待时间检验。

3.8 欧盟《数字服务法》正式生效

2022 年 10 月 27 日，欧盟《数字服务法》（DSA）正式文本在欧盟官方公报上公布，并于 11 月 16 日正式生效，且于 2024 年 2 月 17 日起全面适用。欧盟《数字服务法》适用于所有将消费者与商品、服务或内容连接起来的数字服务，为在线平台设定了减少网络危害、应对在线风险的全新义务，为用户的在线权利提供了强有力的保护，并将数字平台置于新的透明度和问责框架之下，是具有里程碑意义的欧盟大型科技公司监管法律。《数字服务法》与同年 11 月 1 日生效的《数字市场法》（DMA）形成一揽子计划，共同确保欧盟的安全、开放和公平的在线环境，是欧盟数字经济领域立法的重要进展。

一、主要内容

（一）明确《数字服务法》的适用范围

《数字服务法》规定，只要是向位于欧盟境内或在欧盟有营业地的服务接收者提供中介服务，不论服务提供主体的注册地是否在欧盟境内，均需适用该法。包括：（1）互联网接入供应商、域名注册商等提供网络基础设施的中介服务；（2）云计算和网络托管服务等托管服务；（3）在欧盟拥有超过4500万用户的超大型在线搜索引擎（VLOSEs）；（4）将卖家和消费者联系在一起的在线平台，例如在线市场、应用程序商店、协作经济平台和社交媒体平台；（5）在欧盟拥有超过4500万消费者的超大型在线平台（VLOPs）。无论是在欧盟境内还是境外，所有在单一市场提供服务的在线中介机构，都必须遵守新规则。

（二）加强平台内容审核

内容安全成为《数字服务法》的重要落脚点，为脸谱网、Instagram和推特等社交媒体平台规定了新义务。在内容审核方面，设定了数字服务提供者的监督义务。第一，平台必须为用户提供选择或拒绝接受个性化推荐的选项以及非法内容举报的渠道，使用户能够了解系统规则并标记“可信任”标签。第二，数字平台一旦收到用户举报信息应立刻删除相关内容和产品，且及时并充分告知数字服务提供者应采取的相关措施。若未及时删除，平台将被最高处以其全球营业额6%的罚款。第三，若平台未遵守尽职调查义务，数字服务接受者及其代表组织可就其未履行责任所造成的任何损失寻求补偿。

（三）强化算法透明度

《数字服务法》要求在线平台推荐算法对立法者和普通公众都更加透明，为数字服务提供者规定了新的透明义务。第一，数字平台应采取科学算法，授权研究人员访问其算法机制和数据系统，以提高其内部运营的透明程度。第二，数字平台有义务评估和减轻系统性风险，并每年接受独立审计，发布年度报告解释其进行的内容审核，防止其系统被滥用，从而有效减少虚假信息的传播。第三，科技公司需要向数据监管机构和研究人员支付全球营业额的0.1%作为监管费。欧盟委员会要求欧盟成员国可访问超大型在线平台的推荐算法内部工作原理，以供审查，并将向公众提供更多关于推荐算法的信息。该法案还规定平台必须向用户提供至少一个“不基于分析”或不为有针对性广告而收集信息的推荐算法选项。据欧盟委员会官网消息，在《数字服务法》生效后，欧盟委员会的联合研究中心正在建立欧洲算法透明中心，该中心将支持委员会评估此类算法的功能是否符合《数字服务法》规定的风险管理义务。

（四）规制广告定向投放

在定向广告方面，《数字服务法》为超大型在线服务平台规定了更严格的责任。《数字服务法》禁止基于宗教信仰、性取向、种族或政治派别投放在线广告。并且为了保护未成年人，明确规定平台不允许向未成年人投放定向广告。同时，平台用户有权选择“基于无跟踪广告”的方式进行访问。若科技公司拒绝遵守这些规定，情况严重者或多次违反者将面临被市场驱逐的风险。“黑暗模式”（dark patterns)也将被明令禁止，用户必须能够轻松地选择退出使用定向广告的服务。

（五）加强监督执法力度

欧盟委员会加强了对VLOPs和VLOSEs的监督和执法。监督和执行框架确认了独立数字服务协调员和数字服务委员会的重要作用，要求每个成员国都必须指定一名数字服务协调员，负责监督《数字服务法》范围内的其他实体，以及VLOPs和VLOSEs的非系统性问题。此外，违反该法律的企业将被处以巨额罚款，违规企业将被处以高达全球营业额6%的罚款，甚至在屡次严重违规的情况下禁止在欧盟单一市场开展业务。

二、特点与影响

《数字服务法》和《数字市场法》是欧盟近20年来在数字领域的首次重大立法，提供了一套统一的欧盟数字规则，对于全球加快数字经济立法、保护消费者及规范市场竞争具有积极作用。

（一）加强对在线基本权利的保障，改善欧盟网络空间的发展环境

《数字服务法》的重点是通过保护网上的基本权利，为在线用户和企业创造一个更安全的数字空间。该法案解决的核心问题包括非法商品、服务和内容的在线交易，以及扩大虚假信息传播的算法系统。多年来，对于社交媒体平台和科技平台如何管理其网站和服务器上的内容，欧盟一直采取了宽松的制度，导致网络“引战”、虚假用户、仇恨信息、虚假信息和网络欺凌等蔓延。《数字服务法》要求大型科技公司加强对非法内容的审查和用户数据的保护，显著改进了删除非法内容和有效保护用户在线基本权利（包括言论自由）的机制，同时更加注意保护个人敏感数据和未成年人的基本权利，并且对平台的侵权赔偿做出了更加具体明确的规定。这意味着数字平台对其内容审核将承担更多的法律责任，也将促进欧盟构建责任透明的数字环境。

（二）加强大型科技平台监管，推动改变科技巨头在欧盟的运营方式

欧盟立法者共同的观点认为，对于超大型数字平台而言，“权力越大，责任越大”，这些特定的超大型平台在民众开展线上线下联结的公共活动时发挥

着至关重要的作用，从经济与意识形态影响力的角度来看不容忽视，因此需要对其在透明度、公共义务和其他责任方面提出更多要求。《数字服务法》瞄准的大型互联网企业需要市值达到 750 亿欧元、年营业额达 75 亿欧元、每月拥有至少 4500 万用户，虽未明确指出这类企业的国籍，但满足条件的多是美国硅谷的科技巨头企业。《数字服务法》从内容和形式上对这些科技巨头提出了全新的要求，加强了数字平台在打击非法内容、假新闻及其传播方面的责任，限制了平台的广告投放业务和范围，对平台用户门槛也提出了更高的监管要求。这也意味着超大型数字平台在欧盟运营需履行更多的义务，也将打破现有互联网科技巨头在欧盟的垄断地位，并一定程度上改变科技平台的运营方式，以此遏制美国科技巨头在欧盟数字市场的“野蛮生长”，推动欧盟提升在数字经济领域的竞争力与影响力。

（三）免除小微企业的某些义务，推动中小企业开拓欧洲市场

《数字服务法》采取“服务越复杂、规模越大，承担的义务也越大”的分层义务模式，对信息社会的中介服务提供商进行分类分级地确立数字服务提供商的义务。尤其重视实质平等，一方面对超大型平台规定了更多的义务，另一方面豁免了小微企业的很多义务。跨境电商中的中小企业更多是产品提供方，《数字服务法》并没有将它们列为受约束的主体。对于规模并未达到法案标准界定的特大型平台、提供中间体服务的中小型电商企业来说，比如一些开拓欧洲市场的初创型、新兴型的小微企业，新法案应该是利好的。《数字服务法》还明确规定，微型和小型公司承担与其能力和规模相称的义务，即使微型和小型企业增长显著，它们也将受益于在 12 个月的过渡期内有针对性地免除一系列义务。由此避免了给中小企业带来过重的合规负担，既有利于反垄断工作的进一步开展，也为中小企业开拓欧洲市场扫除了一些障碍。

（四）推动体制化、规范化建设，进一步完善欧盟数字治理体系

为规范信息社会服务，欧盟早在 2000 年就出台了《电子商务指令》。然而近年来，尤其是新冠疫情暴发后，数字经济快速发展，引发了对欧盟《电子商务指令》进行修订以适应新的数字经济形态的呼声。对此，欧盟出台《数字服务法》和《数字市场法》，成为欧盟数字经济领域立法的重要进展。《数字服务法》一经生效将直接在全欧盟各成员国范围内适用，并着重强化在监督和执法过程中创新机制化建设，例如赋予用户和民间社会监督权力，如通过庭外争议机制或司法补救，质疑平台的内容审核决定，并寻求补救的可能性；允许经过审查的研究人员访问最大平台的关键数据，并允许非政府组织访问公共数据，以更深入地了解在线风险如何演变；建立“数字服务协调员”和“数字服务委员会”，以确保欧盟层面的快速干预，通过数字服务协调员网络和欧洲数字服务委员会解决整个欧盟的问题。通过多主体、多层次的监督机制，促进成员国之间的有效合作，从而推动建立欧洲数字治理体系，有效服务欧盟单一市场的建设和发展。

3.9 英国公布新版《英国数字战略》

2022 年 6 月 13 日，英国科技和数字经济部长克里斯·菲尔普在伦敦科技周上公布了新版《英国数字战略》（以下简称《战略》），提出“新六大支柱”举措，确保数字技术、基础设施和数据在未来几年能够持续推动经济增长和创新，并进一步助力英国在 2030 年成为全球公认的科技超级大国。

《战略》共六章，分别从六个方面提出了加速发展英国数字经济和科技行业的关键举措，以实现保持科技行业领先、缩小数字技能差距、巩固科技超级大国地位的目标。

支柱一：数字基础设施

《战略》对如何保持英国数字经济蓬勃发展进行了阐释，其中重要措施之一即持续加大对数字基础设施的投入。为此，英国政府计划未来几年：一是持续加大在宽带、5G 等数字基础设施方面的投入；二是通过改革数据保护立法、引入智能数据立法、加速隐私增强技术（PET）研发等，提升数字保护技术能力；三是继续实施政府“数字监管计划”，为数字市场创建一个有利于增长、创新和竞争的监管环境；四是继续开展出口管制审查，“确保英国的技术和数字安全免受敌对国家威胁，并确保高度敏感的技术知识产权得到保护”。

支柱二：创新和知识产权

《战略》强调，创新和知识产权是数字技术业务的重要基础，也是数字经济成功的先决条件。因此，《战略》提出以创新为主导的长期科技计划：一是整合政府支持创新生态系统的工作，建立以数字技术为重点的创新战略；二是继续加大研发投资，从目前每年 150 亿英镑增至 200 亿英镑，并制定研发税收优惠政策以刺激私人投资；三是构建“未来计算”平台，增加人工智能、下一代半导体、数字孪生、自主系统、量子计算等未来基础性深度技术领域的研发力量；四是挖掘国家医疗服务体系（NHS）独一无二的丰富数据价值，为研发创新的医疗保健产品提供机会。

支柱三：数字技能和人才

《战略》提出，劳动力的数字技能对于提高整个经济社会生产力乃至保持经济长期繁荣来说是不可或缺的。目前，英国政府正在采取一系列举措强化数字技能和扩充必要的人才：一是筹备新的数字技能委员会，推动解决未来劳动力所需的数字技能问题；二是通过提高“科学、技术、工程和数学”（STEM）学科本科生数量、增设额外课程、资助试点项目等，进一步拓宽数字教育渠道；三是通过投资博士培训中心、开展专业技能培训等，加强对高级数字技能人才的培养；四是通过实施“全球人才网络计划”、强化与私营部门合作、开放各类技术人才签证等，吸引全球顶尖人才赴英工作。

支柱四：为数字增长融资

《战略》认为，早期对数字技术企业投资对其“站稳脚跟”和快速成长十分必要，而这些企业一旦发展起来往往有机会成为未来的“独角兽”，对于保持英国科技行业的创新优势和领先地位至关重要。因此，《战略》提出优化改善科技生态的举措：一是审查当前税收减免等政策刺激资本投资“种子期”数字技术企业的成效，评估初创企业早期融资障碍；二是改变现有科技行业投资模式，通过与商业银行等机构投资者合作，改善企业融资渠道，促进更多私人资本进入市场，如鼓励社会养老基金投资科技创新企业等；三是通过优化IPO流程、收购规则等，吸引全球领先的数字技术企业首选在英上市，推动英国成为全球“科技IPO之都”。

支柱五：全国性方法

《战略》强调，数字技术与创新工具可以帮助解决当前企业生产力低下、公共服务不完善等突出问题，通过资助各地区的企业采用尖端技术，充分释放数字经济活力，以实现全国范围的繁荣与强大。为此，《战略》明确：一是支持 30000 家中小企业在 4 年内完成业务模式数字化转型，帮扶企业提高生产效率；二是全面改革采购立法，允许公共部门采取更灵活的方式采购技术解决方案，同时通过打破小型企业竞标公共合同障碍为其提供更多市场机会；三是内阁办公室将于 2022 年发布跨政府数字和数据战略，就政府如何改善公共服务中的数字、数据和技术使用明确目标和任务。

支柱六：全球领导力

《战略》提出，随着数字技术具有越来越大的地缘政治意义，其对一国及其政府在本国以外施加影响力的作用也越来越大。因此，英国希望利用其在数字和技术方面的战略优势影响全球决策：一是通过与经合组织、七国集团、联合国合作，在人工智能、数字技术标准、互联网开放、国际数据治理等议题上发挥更大作用；二是推进世界贸易组织改革，通过电子商务联合倡议推动制定现代数字贸易规则；三是强化英美科技伙伴关系、与印太地区的数字和技术合作、东南亚国家联盟-英国数字创新伙伴关系，就“超国家合作”议题结成联盟，包括高度复杂的新兴技术研发项目、数据的可访问性和流动性、半导体等关键供应链弹性和安全性；四是与发展中国家建立更密切的技术合作伙伴关系，为其发展数字基础设施提供可靠和安全的技术选择。

3.10 意大利发布《国家网络安全战略（2022—2026）》及其实施计划

2022 年 5 月，意大利政府发布《国家网络安全战略（2022—2026）》（以下简称《战略（2022—2026）》）以及《国家网络安全战略实施计划（2022—2026）》（以下简称《实施计划（2022—2026）》）。

一、主要内容

意大利《战略（2022—2026）》主要分为两部分，第一部分是意大利面临的新网络安全威胁，包括三大威胁和五大应对支柱措施；第二部分是愿景目标，包括保护、响应和发展三大目标。《实施计划（2022—2026）》则进一步针对三大目标提出了 82 项具体计划。主要内容如下。

（一）网络安全威胁

《战略（2022—2026）》提出，现代技术和先进攻击技术的持续发展增加了社会风险，但公众的网络安全意识水平并未匹配。其中，系统性的三大网络安全威胁为：一是网络犯罪分子、黑客或由国家协调所发动的网络攻击威胁；二是一些公司在技术开发和产品生产时可能受到其所在国政府的控制或影响，从而对供应链造成干扰；三是虚假信息活动、假新闻、“深度伪造”和通过网络传播错误信息等存在对公众舆论的操纵和分化风险。为了应对上述威胁，《战略（2022—2026）》提出五大应对支柱：一是确保公共部门和行业数字化转型的网络弹性；二是实现国家和欧洲数字战略自主权；三是预测网络威胁的演变；四是建立有效的网络危机管理机制；五是处理与混合威胁有关的在线虚假信息。

（二）愿景目标

《战略（2022—2026）》提出，为了更好地应对国家面临的挑战，确定了三大基本目标。一是保护目标：国家战略资产保护。通过旨在管理和减轻风险的系统性方法来保护国家战略资产；通过制定战略和举措，验证和评估ICT基础设施的安全性。具体实施计划涉及七个方面，包括技术筛选、法律框架、态势感知、公共行政网络弹性、国家基础设施、密码学推广应用和打击网上虚假信息。二是响应目标：响应国家网络事件。通过部署增强的国家监控、检测、分析和响应能力以及启动涉及国家网络安全生态系统中所有利益相关者的流程，对国家网络威胁、事件和危机做出响应。具体实施计划涉及六个方面，包括国家和跨国网络安全危机管理、国家网络服务、网络演习、国家立场和归因、打击网络犯罪和网络威慑能力。三是发展目标：技术开发。有意识和安全地发展能够响应市场需求的数字技术，开展研究和提升产业竞争力。具体实施计划涉及五个方面，国家协调中心、国家和欧洲技术的发展、国家网络安全园区、将网络作为竞争优势和保障国家数字化安全。

（三）实施保障

《战略（2022—2026）》还包含了实施战略目标的短期和中期保障措施。一是分配必要的资源。提出将国家投资总额的1.2%用于打击网络攻击，以资助确保数字环境中技术自主和提高网络安全水平的特定项目。二是通过减免税收、创建国家税收优惠区等措施，为私营企业提供重要的网络安全支持。三是加强人才培养和引进。除提高人们对数字化转型和可能出现的风险的认识外，还提出促进流失至国外的人才回归。

二、特点评述

在俄乌冲突背景下发布的意大利《战略（2022—2026）》旨在“加强意大利网络安全弹性，促进意大利目前和未来的经济繁荣，实现网络安全战略自主，在复杂的地缘政治场景中实现网络危机管理，预测网络威胁的演变以及在线虚假信息的传播”。从战略和实施要点上看，表现出如下特点。

（一）突出安全威胁，强化网络弹性和供应链安全

《战略（2022—2026）》多处提到“安全性”，强调“安全导向”对于国家网络安全战略实施的重要性。如在序言部分就点明“社会各个层面的文化进步，朝着安全导向的方向发展。”因此，在其“保护目标”中指出“通过系统性方法保护国家战略资产，实现一个弹性的国家数字化转型”。《实施计划（2022—2026）》从供应链安全、网络安全和数据安全等维度，先后提出从国家安全的角度保护与ICT基础设施相关的供应链等系列措施；按照“零信任”的方法对网络风险进行持续和自动化管理；创建一个专用于国家网络安全的高性能计算基础设施；制定关于协调脆弱性披露的国家政策；提高公共行政部门识别、监控和控制网络风险的能力，以确保公民数据和服务的安全等。

（二）重视私营部门作用，提出构建更加坚固的网络安全防线

《战略（2022—2026）》注重公共部门与私营部门、学术界和研究机构、媒体、家庭和个人协同行动。整个战略几乎所有条目都包括私营部门。如在支持制定网络安全认证计划时，提出与私营部门合作促进计划的实施；在强化网络安全应急响应方面，提出鼓励私营运营商成立产品安全事件响应小组，以提高其管理ICT产品漏洞的能力；在网络安全威胁应对方面，提出鼓励私营部门为公共管理和国家行业加强信息共享和最佳实践；同时，该战略认为私营部门与公共部门一样处于危险之中，并提出为全国层面的网络安全提供“财务杠杆”，包括“公司的税收减免”，甚至“引入国家税收优惠区”。

（三）关注虚假信息，计划实施欧洲层面的国家协调行动打击网上虚假信息

《战略（2022—2026）》开篇便提到虚假信息已成为国家面临的三大系统性风险之一。在其“保护目标”中单独提及“打击网上虚假信息”，提出要实施与欧洲类似倡议一致的国家协调行动，并与志同道合的国家协同，以防止和打击利用网络领域固有特征试图影响该国政治、经济和社会进程的网上虚假信息。

（四）强调创新性，重视实现数字化转型领域国家自主权

《战略（2022—2026）》五大支柱之一明确提出了“实现国家和欧洲数字战略自主权”。同时，《战略（2022—2026）》也为5G、云计算以及人工智能等战略技术提供了安全指引，在《实施计划（2022—2026）》中多次提到针对新技术研究和开发的创新，如提出通过专项资金、公共和私人投资或简化机制等方式支持私营部门推出网络安全项目；在欧盟层面上，积极协助确定研发优先事项，以实现欧盟数字技术自主的目标；创建一个国家网络安全园区，提供必要的基础设施，以开展网络安全和数字技术方面的研究和开发活动等。

3.11　非洲联盟发布《关于非洲网络安全和打击网络犯罪的洛美宣言》

2022 年 3 月 23—24 日，非洲联盟（以下简称“非盟”）在多哥首都洛美召开了非洲国家元首和政府首脑网络安全峰会，发布了《关于非洲网络安全和打击网络犯罪的洛美宣言》（以下简称《宣言》）。

一、主要内容

（一）肯定非盟打击网络犯罪、维护网络安全的工作成就

《宣言》首先对 2010 年通过的《挑战与发展前景》、2017 年的《非洲基础设施安全指南》、2019 年的《沙姆沙伊赫宣言》等非盟已经出台的相关规划、文件、公约进行了回顾。同时，《宣言》还对联合国大会的《打击为犯罪目的使用信息通信技术》的第 74/247 号决议、国际电联的《全球网络安全议程》等联合国、国际电联的相关规划予以了高度评价。

（二）点出非盟打击网络犯罪、维护网络安全的当前困局

《宣言》指出，信息通信技术和数字转型是非洲大陆强大的增长杠杆，有助于实现非洲联盟《2063 年议程》和联合国可持续发展目标的愿景和目标。但当前，非洲用户和利益相关者对网络安全和网络犯罪风险意识较低，网络犯罪已经对非洲经济造成了较大的负面影响。

（三）指出非盟打击网络犯罪、维护网络安全的工作方向

《宣言》提出，要预防、限制和遏制网络犯罪，就必须作出高级别的政治承诺，如拟订全球战略、确定积极的政策和确立有效的国家法律框架。《宣言》认为形成有约束力的规则、建立专门的机构是加强公民的网络安全、加强企业和政府对数字经济和数字世界投资发展的信心的必要条件。《宣言》还提出在全球和区域范围内采取协调一致的行动，包括创造分享良好做法的手段、分享知识并实施协调一致的解决方案。

（四）提出非盟打击网络犯罪、维护网络安全的未来承诺

一是签署并批准网络安全公约。签署并批准2014年6月27日在赤道几内亚马拉博举行的非洲联盟国家元首和政府首脑会议第二十三届常会通过的《非盟网络安全和个人数据保护公约》（即马拉博公约），以促进非洲网络空间的安全发展。二是完善监管和组织框架。《宣言》指出要在非洲已经出台的网络安全规划、公约的基础上，建立并确保有效实施与网络安全、打击网络犯罪和监管机构相关的法律和监管框架。《宣言》还提出建立一个有效打击网络犯罪的架构，包括：建立专门打击网络犯罪的部门、机构；创建一个治理结构，允许来自不同领域的专家就网络安全和打击网络犯罪问题进行协商；创建专门调查和协调网络安全事件的技术团队，并创建用于网络安全事件的解决方案。三是制定安全政策。《宣言》承诺制定稳定、前瞻性和适合数字经济背景和发展的网络安全战略和政策，包括：提高人们对使用数字世界相关风险的认识；实施大学和专业数字技能培训；制定激励措施，以推动企业成为非洲网络安全行动者；在网络安全生态系统的实施中发展公私伙伴关系。四是加强内外合作。《宣言》指出通过域内外合作打击网络犯罪、加强网络安全，包括：鼓励非洲国家签署并批准2014年《非盟网络安全和个人数据保护公约》；成立促进网络安全国际合作、各区域合作的机构；扩大区域和国际倡议，使网络安全主管部门和机构互相学习并实现信息共享，从而加强其能力；支持非洲网络外交，促进区域和国际合作，致力于制定国际规范。

二、启示建议

《宣言》在一定程度上体现出非盟未来网络安全发展的方向。基于此，中国应在“中非携手构建网络空间命运共同体倡议”下，深化中非在网信领域的交流合作，推动合作的周期化、常态化。一是持续促进中非在网络安全领域的区域和国际合作，推动形成重点领域网络安全共识，强化相关国际规则制定；二是深入推进中非在打击网络犯罪领域的双边、多边协调，推动针对网络犯罪活动的国际执法合作；三是完善中非网络安全应急响应合作机制，加强信息通报、资源共享和应急演练合作，推动网络安全技术交流和技能培训，塑造良好的网络发展环境。

第4章

2022年热点专题

4.1 数据泄露总体情况与启示

随着数字化时代的来临，信息数据赋能千行百业，为维护社会安全和经济稳定做出了重要贡献。但是，随之而来的数据泄露威胁也逐渐凸显，数据安全已成为事关国家安全与经济社会发展的重大问题。

一、2022 年全球数据泄露总体情况

（一）从数据泄露方式看，黑客攻击窃密成全球数据泄露事件的主要原因，国家级的网络攻击与情报窃取更加频繁

美国Verizon公司发布《2022 年数据泄露调查报告》（DBIR）指出，从公开的关键基础设施攻击到大规模的供应链破坏，APT组织在 2022 年十分猖獗。在DBIR团队分析的 23896 个网络安全事件中，数据泄露事件（5212 个）占比达 22%。其中勒索软件导致的泄露事件增加了 13%，超过过去五年的总和。Check Point公司发布 2022 年年终安全报告指出，与 2021 年相比，2022 年企业网络平均每周遭遇的网络攻击数量增加 38%，勒索软件生态系统不断演变，以逃避执法打击。Check Point预计，随着ChatGPT等技术的普及，2023 年网络攻击活动将有增无减，黑客将能够以更快、更自动化的速度生成恶意代码和电子邮件。

2022 年 9 月，中国国家计算机病毒应急处理中心和 360 公司发布西北工业大学遭受美国国家安全局（NSA）网络攻击调查报告，指出“特定入侵行动办公室”（TAO）非法攻击渗透中国基础设施运营商，构建了对核心数据网络远程访问的“合法”通道，对我国基础设施运营商渗透控制，最终窃取中国用户隐私数据，并将信息加密打包回传至美国。360 公司 2022 年发布的报告再次证实了美国国家安全局发动的无差别网络攻击，美国国家安全局针对英国、德国、法国、波兰、日本和韩国等盟友的网络攻击一直存在，一些黑客软件潜

伏在盟友的网络系统中长达十几年。

（二）从数据泄露对象看，政府机构与关键基础设施、社交媒体、医疗行业、高精尖企业等成为数据泄露重灾区

盘点 2022 年全球披露的数据泄露事件可以发现，政府机构、关键基础设施、跨国集团、金融业、全球性公益团体、国防机构、航空业、农业、工业、教育机构、医疗等行业成为数据泄露重灾区。

政府机构与关键基础设施方面。如 2022 年 3 月，黑客组织“匿名者”攻击了俄罗斯最大的石油管道公司 Transneft（俄罗斯国家石油运输管道公司），导致其旗下研发部门 Omega 公司的 79GB 邮件信息被泄露，包括员工邮件信息、发票、产品发货细节等。2022 年 10 月，伊朗原子能组织称布什尔核电站的电子邮件服务器遭到黑客攻击，泄露的信息包括布什尔核电站各部门的管理和运营时间表，以及在该核电站工作的伊朗和俄罗斯核专家的签证和护照信息、财务收据等。2022 年 9 月，澳大利亚第二大电信运营商 Optus 披露，其遭受了一次严重的网络攻击。据悉，该网络攻击事件中共有一千多万客户的个人信息失窃，约占该国人口总数的 40%。据 Optus 公告，泄露的信息可能包括客户的姓名、出生日期、电话号码、电子邮件地址、真实地址、身份证件号码（如驾驶执照或护照号码），但不包括财务信息和账户密码。然而就在 Optus 遭黑客攻击的几天后，澳大利亚电信（Telstra）和澳国民银行（NAB）也被曝出，其多达 3 万名现任和前任雇员的姓名和电子邮件地址被上传到网络。澳大利亚电信公司数据泄露事件频发，暴露出了现有数据安全保障和监管措施仍存在漏洞，亟须加大对用户数据的保护力度。

社交媒体方面。社交媒体巨头违规存储和严重泄露用户隐私数据事件增多，波及范围广泛。2022 年 11 月 16 日，一名黑客在 BreachForums 暗网论坛上发布了一个数据集，其中包含来自 84 个国家的 4.87 亿 WhatsApp 用户的最新个人信息。这名黑客发帖称，购买数据集的用户将收到 WhatsApp 用户的“最新手机号码”，并保证数据库中所有号码是 WhatsApp 活跃用户。推特则被指控掩盖影响数百万人的数据泄露事件。2022 年 11 月 23 日，洛杉矶网络安全专家 Chad Loder 发推文警告称，社交媒体网站推特发生数据泄露事件，据称影响了美国和欧盟的数百万用户。Loder 称，数据泄露事件发生在 2021 年之后，而且以前从未报道过。推特此前曾证实，在 2022 年 7 月，540 万用户账号受到数据泄露事件影响。然而，Loder 表示，这些事件不同于 7 月份披露的泄密事件，除非推特在7月份的泄密事件上“撒了谎”。因为最新泄露的数据与7月份泄露的数据拥有完全不同的格式，且受影响的账户也不同。社交媒体巨头之所以频发数据泄露事件，违规甚至违法使用用户数据，主要源于其自身对数据、个人信息安全的轻视，或系统陈旧，数据未采用加密、脱敏等手段进行存储，大大提高了数据泄露的风险。

医疗行业方面。新冠疫情期间，黑客加大了对医疗行业的攻击和数据窃取，并试图通过贩卖各类隐私数据获利。如2022年1月4日美国Broward Health公共卫生系披露了一起大规模数据泄露事件，入侵者未经授权访问了医院的网络和病人数据。2022年1月20日，据CNN报道，红十字国际委员会（ICRC）表示，该组织合作的一家承包商遭到网络攻击，已泄露超过51.5万名“高危人群”的个人数据。2022年6月8日，美国医疗设备公司Shields遭黑客攻击，泄露了大约200万美国人的医疗数据。这些数据可用于社会工程、网络钓鱼、诈骗甚至敲诈勒索，通常被认为是极其敏感的信息，事件影响波及56家医疗设施及其患者，一些著名的医疗机构受其影响甚至停摆数日。

高精尖企业方面。2022年3月，半导体行业巨头英伟达（Nvidia）承认黑客从其系统中窃取了员工密码和未披露的专有信息。由于英伟达没有在黑客的最后期限支付赎金，勒索软件团伙Lapsus$已在Telegram页面上泄露了71.1万名英伟达员工的电子邮件和密码哈希值。同时，黑客还宣称勒索了该公司多达1TB“最严密保护”的数据，包含40系显卡及后续产品计划、禁止挖矿限制、DLSS源代码。继英伟达之后，电子制造巨头富士康也证实，其位于蒂华纳（墨西哥）的生产工厂在5月受到勒索软件攻击的影响。LockBit勒索软件团伙声称对该攻击负责，并宣布如果该公司不支付赎金就释放被盗数据。这是富士康墨西哥工厂第二次受到勒索软件攻击的影响。2020年，DoppelPaymer攻击了墨西哥奇瓦瓦州华雷斯城的富士康工厂，并要求支付3400万美元的赎金。在当今信息技术驱动的全球化经济中，半导体制造业是一个关键行业，这使其成为勒索软件威胁者和勒索集团的主要目标。由于半导体是智能手机、计算机、汽车、先进医疗诊断器材等电子设备的核心零部件，因此对半导体供应链的任何干扰都有可能对其他制造业产生严重的负面影响。

（三）从数据泄露影响看，数据泄露的影响范围越来越大，平均成本创新高，数据非法交易猖獗

一是全球数据泄露影响范围扩大，受害者数量大增。美国非营利组织

ITRC发布的《2022年度数据泄露报告》指出，2022年的数据泄露事件数量（1802起）比2021年创下的历史新高（1862起）少60起，但受影响的受害者数量（4.221亿）比2021年增加了约41.5%。网络安全公司Surfshark报告指出，2022年全球数据泄露率比2021年下降67.6%，但仍有3.109亿个账户被泄露，平均每秒钟就有10个账户被泄露。由英国市场调研公司Opinium与英国华威大学合作发布的2022年“Thales消费者数字信任指数”显示，在接受调查的11个国家的2.1万受访者中，约三分之一（33%）的受访者表示自己曾是数据泄露的受害者，绝大多数受访者（82%）认为，数据泄露对其生活产生了负面影响，约五分之一（21%）的受访者已停止使用遭受数据泄露的公司提供的服务。

二是数据泄露平均成本创新高，经济损失等价值高企。波耐蒙研究所（Ponemon Institute）和IBM联合发布的《2022年数据泄露成本报告》显示，数据泄露的平均成本创下435万美元的历史新高，比2021年增长了2.6%，自2020年以来增长了12.7%。2022年研究首次发现，83%受访组织已经不是第一次发生数据泄露事件；60%的受访组织在事后提高了商品和服务价格，把数据泄露造成的损失转嫁到消费者身上。根据普华永道的数据，美国的医疗健康行业的数据泄露成本自2020年以来出现了6%至7%的增长，该行业因数据泄露而上升的成本已经远远超过同期由通胀给该行业带来的成本飙升。医疗健康行业的数据泄露成本在过去两年激增了42%，从2020年的713万美元增长到2022年的1010万美元。医疗健康行业已经连续12年成为数据泄露成本最高的行业。

三是个人信息价值攀升，暗网非法数据交易威胁隐私信息安全。频繁发生的恶性数据泄露事件，也让“地下黑市”暗网逐渐被社会所认知。如2022年1月印度尼西亚央行遭Conti勒索软件袭击，内部十余个网络系统感染勒索病毒。据勒索团伙称，其已成功窃取超过13GB的内部文件，如印尼央行不支付赎金，将公开泄露数据。同时，2022年也被暗网用户群称为“印尼数据开源年”，全年暗网中共发现上千起贩卖印尼数据的情报信息，涉及印尼几乎全行业和全国民数据。此外，2022年6月，在暗网交易市场，奥迪汽车的销售数据被售卖，数量级据称179万条；2022年8月，德国汽车零部件巨头大陆集团被曝出遭遇了网络攻击，在拒绝支付赎金后，黑客威胁称要将大陆集团预算、投资和战略规划，以及客户相关信息在暗网出售。据英国网络安全公司

Digital Shadows发布的数据泄露报告显示，2022年总计超过240亿用户账户凭证在暗网论坛和犯罪市场中流通，这个数字比两年前暴增了65%。报告还发现，这些泄露账户中有67亿个具有唯一的用户名-密码组合，具备较高价值。

值得关注的是，二次数据泄露发生率接近50%，造成直接和潜在损失达万亿美元级，数百万人的数据信息受到安全威胁。如美国最大的银行之一旗星（Flagstar）在2021年12月遭受了网络攻击，导致150万客户数据泄露。此后，2022年6月再次发现当时的攻击者未经授权访问了客户的敏感信息，包括全名和社会安全号码，泄露事件共影响了美国154.7万人。

二、启示建议

随着数据泄露事件频发且影响愈加恶劣，各国纷纷着手推动制定完善相关政策立法，试图终结信息“裸奔时代”。如2022年2月，日本个人信息保护委员会发布《个人信息保护法》合规要点，规定如果发生泄露等可能损害个人权益的情况，经营者有义务向个人信息保护委员会报告并通知个人信息主体。印度尼西亚政治、法律和安全事务统筹部长马福德2022年9月在雅加达称，该国已成立数据保护工作组，其任务是维护国家数据安全、防止数据泄露。2022年10月，在澳大利亚第二大电信运营商Optus披露黑客攻击事件后，澳大利亚的电信、金融和政府部门一直处于高度戒备状态，将通过修订隐私法，把对严重或重复侵犯隐私的最高处罚从目前的222万澳元提高到5000万澳元。2022年11月，印度发布《2022年数字个人数据保护法案》，规定因没有采取措施而产生数据泄露的，公司将被处以高达25亿卢比的罚款；未能即时通知用户数据泄露情况的，也将总罚款额提高到50亿卢比。

（一）建立健全数据保护机制，细化数据安全管理措施

数据保护需要体系化、制度化，以防范各类数据泄露风险叠加可能引发的安全问题。当前，我国已经出台了《网络安全法》《数据安全法》《个人信息保护法》等法律法规，已经初步形成了具有中国特色、适应时代发展的个人信息保护制度体系。应加快制定完善相关法律法规与配套制度，细化数据安全管理措施，为违规窃取数据、违规泄露数据的行为“上锁”。

（二）强化关键信息基础设施及重点机构的网络安全防护，增强抵御攻击的弹性和能力

当前，数据泄露大部分源于网络安全防护水平较低。要加强对关键信息基

础设施及重点行业的网络安全防护建设，强化跨领域网络安全信息共享和工作协同，健全完善网络安全应急事件预警通报机制，提升网络安全态势感知、威胁发现、应急指挥、协同处置和攻击溯源能力。同时，要切实加强防范预警处置能力，确保重要系统和设施安全有序运行。

（三）推进技术手段建设，构建数据安全保障技术体系

要建立健全数据安全防护体系，加强数据安全防护技术手段建设，强化数据安全监测、预警和应急处置能力，构建数据安全保障技术体系。鼓励企业、机构研究开发同态加密、多方安全计算等前沿数据安全保护技术，同时推动数据脱敏、数据审计、数据备份等技术手段的增强应用，提升数据安全防护水平。

（四）加强对新技术、新业务在引发和阻断数据泄露事件方面的研究与应用

从早期的大数据、云计算、算法推荐、物联网等，到元宇宙、Web3.0及人工智能ChatGPT的兴起，新兴技术、新业务在促进生产力发展和人民生活便利的同时，也给数据安全带来不确定性，加大了数据泄露的风险。对此，一方面要关注元宇宙、人工智能等新兴技术领域在数据安全维护方面的部署和应用，另一方面，要加强对暗网犯罪治理、勒索软件变种等领域的研究，提高对数据泄露犯罪活动的打击力、威慑力。

（五）加强信息共享，推动网络安全双多边合作

数据泄露是世界各国面临的共同挑战。一方面，要加强执法机构与政府部门、私营企业、金融机构等主体之间的威胁情报共享，联合开展反勒索攻击专项执法行动，并积极推进对数据泄露事件的溯源、追踪、防范和阻断。另一方面，积极推进G20、上海合作组织、金砖国家、中国—东盟等框架下的网络安全风险防控合作，加强“一带一路”沿线国家合作，着力开拓网络安全风险的双边、多边国际交流合作机制。随着数字化时代的来临，数据赋能千行百业，为维护社会安全和经济稳定做出了重要贡献。但是，随之而来的数据泄露威胁也逐渐凸显，数据安全已成为事关国家安全与经济社会发展的重大问题。

4.2　跨境数据流动情况综述

2022年，数据跨境流动治理更加显著地成为全球数字治理的重要领域。各国在体系、制度、标准等方面进行了一定的尝试或布局，全球数据跨境呈现出较为鲜明的圈层化特征。但受制于各国数据治理理念、数字贸易规模、技术水平等多方面的差异，各国在数据跨境方面的核心诉求各异，导致目前尚未形成全球性的跨境数据流动规则体系。

一、主要动向

（一）着手体系建设，推动形成专门性的跨境数据规范体系

当前，各国跨境数据的职责多由数据保护机构或数字经济部门来行使，建立专门性的政府部门或国际组织来指导、规范数据跨境流动尚不多见。但随着数字经济全球合作日趋频繁，数据跨境的需求日益强烈，部分国家开始进行了一定的尝试。

2022 年 1 月 25 日，英国数字、文化、媒体和体育部（DCMS）发布公告称成立国际数据传输专家委员会。该委员会将就开发新的国际数据传输工具和机制以及确保与其他国家建立新的数据充分性伙伴关系提供咨询意见，帮助英国在“后脱欧”时代完成在跨境数据自由安全流动中获益的使命。该机构有向英国政府独立提供建议的职能，将在一定程度上影响英国政府有关跨境数据的决策。该委员会的成立，一方面满足英国脱欧之后面临数据跨境规则重建的需要，另一方面也体现了英国志在实现其国家数据战略的雄心。

在国际层面，美澳等开始在原有规则上建立相关协调体系。4 月 21 日，美国商务部长吉娜·雷蒙多称，将成立全球跨境隐私规则（CBPR）论坛，致力于促进数据自由流通与有效的隐私保护，定期审议成员的数据保护和隐私标准，促进与其他数据保护和隐私框架的互操作性等。8 月，澳大利亚宣布该国加入CBPR，表示对亚太经合组织各经济体之间“互操作性和合作”的支持，同时澳大利亚将努力“弥合数据保护和隐私框架的差异”。

（二）多措并举为数据规范跨境提供指导与规范

为引导数据跨境规范有序，各国从多个维度对数据跨境行为进行指导和规范。

一是出台行为指南，规范数据跨境行为。2022 年 5 月 12 日，德国柏林数据保护机构宣布了其关于向第三国传输数据的指南，以解决施雷姆斯第二案（Schrems II）判决后的数据传输适用和由此发起的审计问题，要求组织考虑其整个服务/价值链；7 月 14 日，俄罗斯总统普京签署了《俄罗斯联邦个人数据法》的修正案，重点更新了个人数据跨境转移的规则，要求经营者在跨境转移数据之前通知俄罗斯联邦通信、信息技术和大众传媒监督局。

二是出台示范文件，统一数据跨境合同模板。英国隐私监管机构信息专员办公室（ICO）2022 年 2 月 2 日发布了新标准合同条款（SCC），包括国际数据传输协议（IDTA）和新欧盟SCC的附录，以允许个人数据在各自领土之外传输。英国政府要求在英国境外传输个人数据的企业应在 2024 年 3 月 21 日之前使用新的英国SCC更新所有合同，需要进行数据传输影响评估，并在适当的情况下，根据Schrems II裁决，在传输前实施补充措施。3 月 21 日，英国新标准合同条款和过渡性条款文件均正式生效。

三是建立白名单，为数据跨境"开绿灯"。在当前国际规则体系尚不完备的背景下，部分国家通过建立白名单为数据跨境提供便利。9 月，瑞士联邦参议院起草了一份拟议的名单，列出了被批准接收从瑞士流出的个人数据的 43 个国家（地区），在此名单上的国家（地区）可以不受法律限制地接收瑞士传输来的个人数据。对于未列入名单的接收国，将数据转移出瑞士需要具体的法律保障，如瑞士标准合同条款（SCC）及其附件等；同月，俄罗斯联邦通信、信息技术和大众传媒监督局批准了对个人数据主体权利提供充分保护的国家名单，该名单共包括 89 个国家，分为两组：第一组国家是加入《欧洲委员会在个人数据自动处理方面保护个人公约》的缔约国；第二组国家是未加入该公约但其法律规则和采取的措施符合规定的国家。

（三）围绕发展与安全两个重点加强跨境数据流动合作

2022 年，各国通过构建双边、多变关系积极推动跨境数据合作。这些合作主要围绕数字经济发展和数据安全两个维度展开。

数字经济发展方面，各国通过数据跨境合作寻求推动数字经济共同发展。如新加坡金融监管局（MAS）与瑞士国际金融国务秘书处（SIF）5 月 24 日同意建立一个框架，该框架将有利于允许跨境传输、存储、访问和保护金融部门数据流；2 月 25 日英国国际贸易大臣安妮-玛丽·特里维廉与新加坡贸易和工业部长易华仁签署了《英国-新加坡数字经济协议》（DEA），提出自由和可信的跨境数据流，加强英国和新加坡在金融服务方面的关系，确保数据在没有不合理壁垒的情况下自由流动，并加强创新金融服务方面的合作；欧洲数据保护监管局（EDPS）8 月 9 日发布了 2022 年第 17 号意见书，建议欧洲理事会尽快授权有关欧盟-日本跨境数据流的谈判，将跨境数据流条款纳入欧盟与日本之间的经济伙伴关系协议，以进一步消除欧盟和日本企业之间的关税、技术和监管贸易壁垒。

数据安全方面，欧美等积极合作共同探索跨境数据的安全体系。2022 年 2 月欧盟联合澳大利亚、科摩罗、印度、日本、毛里求斯、新西兰、韩国、新加坡和斯里兰卡等 9 国，发布《个人数据及隐私保护：加强数字环境中的相互信任联合宣言》，共同呼吁在个人数据保护方面开展国际合作，强调要促进可信赖的数据自由流动，同时保障个人数据和隐私安全，共同实现数字革命；G7 数据保护和隐私机构于 9 月 7 日至 8 日在德国举行圆桌会议，共同商讨如何让数据在七国集团内更顺畅地流动，议题包括国际数据传输工具、增强隐私的技术、数据最小化原则和目的，以及商业监控的使用限制等安全措施。在跨境数字合作方面，欧美达成新的隐私框架更为引人注意。3 月 25 日，欧盟委员会和美国宣布从原则上达成新的《跨大西洋数据隐私框架》。双方称，新的隐私框架标志着美国做出了前所未有的承诺，美国将实施新的保障措施，以确保情报监控活动在维护国家安全目标方面是必要的和相称的，并建立一个具有约束性的两级独立补救机制，对情报监控活动实施更为严格的和多层次的监督，以确保监控活动的合规性。双方认为，新的隐私框架将促进美国与欧盟在数字政策方面的进一步合作。2022 年 10 月 7 日，美国总统拜登签署《关于加强美国信号情报活动保障措施的行政命令》，进一步落实美欧《跨大西洋数据隐私框架》原则性协议，以行政命令的形式回应欧盟法院在施雷姆斯案裁决中关于“情报监控”的担忧，为恢复跨大西洋数据流动提供相应的法律基础。

（四）强化本地存储，限制敏感数据出境，为数据跨境制定严格前提

数字经济时代，数据安全关乎国家安全已经成为各国共识。一些国家在数据本地存储、敏感数据等方面出台规定。例如，越南政府 8 月发布一项法令，要求各科技公司和电信运营商在当地存储用户数据，并设立当地办事处，规定所有互联网用户数据，包括财务记录、生物特征数据、民族和政治观点信息，或用户在互联网上所创建的任何数据，都必须存储在越南境内，且存储时长不能低于 24 个月。4 月，印度计算机应急响应小组（CERT）颁布新规，要求虚拟专用网络（VPN）服务提供商必须从 6 月份开始收集用户的个人数据，并保存至少 5 年，除了 VPN 服务，数据中心和云提供商也有义务收集和存储数据。6 月，泰国数据保护委员会发布了关于《个人数据保护法》的四项新公告，适用于直接在泰国或总部在国外但在泰国参与控制和处理商品、服务及消费者行为数据的组织。新公告确立了数据收集、使用和披露的合法性基础，规定了敏感个人数据的收集使用规则、数据控制者和处理者的义务，以及数据主体的基本权利。6 月 23 日，美国提出了《保护美国人数据免受外国监视法案》，旨在修订《出口管制改革法案》，为大量出口美国公民的个人数据制定新规则，以保护这些数据不被外国政府使用。

二、特点与趋势分析

（一）基于数字贸易的规则快速发展，数据跨境规则多极化

在后疫情时代，国家间数字贸易日渐增加，规模日益扩大，各国政府越来越多地基于数字贸易协定来规范数据流动。这些协议大多立足于国内隐私立法限制，即各国将颁布并实施的数据隐私保护法作为跨境数据流动的前提基础，"数据本地化"使得跨境数据流动与数字服务贸易呈现有限性特征。另外，各国也考虑到当前国内隐私立法和数据跨境的矛盾问题，对符合"合法的公共政策目标"的例外情况"开绿灯"，对于涉及国家安全等重大问题的数据跨境则采取"灵活化"处理。因此，各国在数据隐私立法理念、数字贸易规则与目的等方面的差异，使得国际数据跨境规则呈现出规制多极化的发展趋势。

（二）美西方基于价值观制定规制标准，推动数据跨境标准"俱乐部"化

随着数据在国家安全范畴内的作用日益提升，数据跨境也不可避免地掺杂了政治因素。而从不同地缘政治的大国来看，仍缺乏基本的互信基础，至少美欧在制定跨境数据流动相关规则的合作伙伴标准时，就体现了其对世界观和价值观一致性的高要求。因此，可以看到美欧在 2022 年基于西方"民主价值观"打造所谓"民主国家数据跨境流动联盟""民主国家数据跨境流动标准"等的动作不断，将数据跨境流动政治化、意识形态化的力度不减。美欧双方虽然存在内部矛盾，但在打造"西方数据俱乐部"方面的利益是一致的。

（三）数据主权争夺加剧，数字经济价值链决定数据流动政策

由于各国利益和优势的不同，各国在跨国数据流动方面存在根本的分歧。如美国在数字技术、标准专利、数字内容、商业规则等方面已经建立了先发优势，实现"跨境数据自由流动"可以保证其成为全球数字贸易最大的参与国和受益者，因此其数据政策的核心诉求是"跨境数据自由流动"，积极推动促进数字服务输出和消减数字贸易壁垒的相关规则。相对而言，欧洲以及包括中国在内的大多数发展中国家处于数字经济价值链中低端，对"数据主权"有强烈的诉求，保障安全成为首要要求。因此，中欧等虽然在数据跨境政策方面有一定的差异，但均关注在安全的前提下能促进跨境货物贸易便利化等的相关规则。

三、启示建议

保障跨境数据流动在安全性和收益性中实现平衡，考验着各国政府的数据战略思维和治理能力。对于我国来说，发展数字经济外循环，必须要形成完善的国际合作机制，推动建立跨境数据流动的数据治理框架。

（一）将跨境数据流动嵌入国际贸易投资规则，抢占国际规则主导权

我国的跨境数据流动政策可以以自贸谈判为契机，深度嵌入双多边贸易协定。尤其是充分发挥“数字丝绸之路”等国际合作平台的带动作用，着力推进“一带一路”合作框架下的数据流通的协议和标准的制定，促进数字互联互通，构建网络空间命运共同体。同时依托我国电子商务第一大国地位的优势，以跨境电子商务为切入点，逐步形成符合世界贸易组织有关原则的标准体系，抢占全球数字贸易规则和标准制定的主动权。

（二）积极推进分级分类分区域监管制度，强化数据掌控体系建设

在如今数据大环境下，需要兼顾全球贸易发展态势和本国隐私保护。因此要尝试针对涉及国家安全的敏感数据及关键基础设施，建立配套的分级管理制度、跨境数据流动合同监管制度以及安全风险评估制度。同时，成立专门的数据保护监管机构，负责跨境数据流动系统化制度的构建以及对企业的审查、监督。此外，应积极对行业内的重要数据或者大型互联网公司开展数据出境管理实践探索。

（三）开展技术保障研究与基础设施建设，提高全流程监管能力和保护水平

针对数据跨境中存在的系列安全风险，我国应该开展数据跨境安全技术体系研究，与国际伙伴进行合作实验，形成具有国际通用性的数据跨境安全平台，明确数据跨境安全技术防护手段，加强基础设施建设。同时，鼓励高校、科研机构和企业组建产学研跨境数据安全技术联盟。成立联合实验室，推进跨境数据安全技术的研究进程。此外，针对新型跨境数据安全技术的最新前沿成果，积极开展落地应用工作，加速成果转化与落地应用，增强数据跨境安全保障能力。

4.3 新技术新应用发展与治理

2022 年，各国在后疫情时代将数字技术发展作为开展“存量博弈”的胜负手，在下一代通信、人工智能、云计算等领域制定战略规划，开展国际合作，并积极进行技术监管准则和国际标准制定，确保新兴技术在安全框架下有序发展。可以看到，政府推动已经成为新技术发展的重要动力，政府的“跨科技”产业战略推动新兴技术加速融合发展。不过，在大国博弈加速技术变迁和跃升的同时，国家间的科技博弈也日趋激烈化，科技在政治裹挟下军事化趋向加速，这一安全风险值得重视。

一、2022年新技术新应用发展情况

（一）下一代移动通信：5G应用新范式进一步破题，6G研究持续推进

随着5G技术日趋成熟，各国加速应用落地，应用场景从数字经济拓展到工业、海事、军事等领域。1月，欧盟委员会宣布了“数字十年”计划，旨在引导欧盟的数字转型，其中包括让5G技术无处不在，并为其制定相应标准；同月，法国和德国政府宣布为四个5G项目提供1770万欧元的资金；3月3日，法国发布首份“工业5G评估”报告，公布四大措施加快部署工业5G网络；3月，美国参议院通过了《下一代通信技术法案》，旨在创建美国“下一代通信委员会”，负责监督美联邦政府对下一代通信技术（包括6G）的投资和政策制定；9月，新加坡提出将创建全球首个5G海事实验平台，用于在未来十年内试验、创建和商业化海事5G用例。其中，印度在5G部署方面动作频频，其在8月宣布了2016年印度电报通行权规则的修正案，概述了加快5G在全国推广的四个基本要素。10月，印度推出了5G服务，计划在18个月内覆盖全国大多数城镇，在未来几年内覆盖全国，并预计到2035年5G对印度经济影响达到4500亿美元。此外印度还从8月开始在边境沿线部署5G网络，以改善高速数据传输，促进5G军事用例验证等。

为应对5G网络部署中的网络风险，美欧专业机构发布相关安全报告或标准，对政府和运营商的相关工作进行指导。4月26日，美国国家标准与技术研究院（NIST）发布《5G网络安全指南B：方法、架构和安全特征》草案，旨在帮助网络运营商开展5G业务，同时应对网络安全需求；5月11日，欧盟发布关于开放式无线介入网络安全的报告，建议欧盟基于5G工具箱采取强化认证和授权、对网络部署开展审查等行动；5月，美国网络安全和基础设施安全局与国防部、国土安全部等联合发布《5G安全评估过程调查》报告，提出了5G安全调查的五大步骤，并让联邦机构获得运行授权。

相对于5G的加速部署与广泛应用，6G目前仍处于研究阶段。但多国政府已经启动技术研发、资金保障、政企合作等系统性布局，积极抢占6G发展赛道。1月27日，北美“Next G联盟”发布《6G路线图：构建北美6G领导力基础》，评估了将影响市场的关键6G技术开发和研究领域，规划了6G生命周期路线图和时间表，以推动美国构建6G技术领导能力，帮助美国成为6G超级大国；4月，日本6G标准推进组织“Beyond 5G促进联盟”公布了6G技术愿景需求草案，对15个垂直行业细分应用场景及其对6G技术指标要求进行了细致阐述；7月，俄罗斯决定绕过5G直接开发6G网络，俄罗斯的斯科尔科沃科学技术研究院和无线电制造科学研究所可能会获得300多亿卢布，用于研究新的6G通信标准；9月19日，新加坡宣布启动“未来通信互联实验室”，这是东南亚首个集合人工智能与6G技术的实验室，研究全息通信、无人驾驶等未来通信和新兴技术，目标是提升新加坡未来的通信和互联网连接能力，并增加相关人才储备。

此外，2022年，卫星通信则因在俄乌冲突中的“亮眼”表现得到了各国进一步的重视。俄乌冲突爆发之后，SpaceX公司的星链系统在乌克兰军事行动中发挥的巨大作用，让各国政府及商业组织深刻认识到低轨互联网通信的应用潜力，进一步刺激了卫星通信技术的发展。7月，无线芯片制造商高通公司与爱立信和泰雷兹开展合作，研究可以从低轨道地球卫星提供5G电信服务的技术，旨在为电信业提供完整的全球覆盖；10月，俄罗斯开始生产首颗国产通信卫星；10月，英国启动1500万英镑的卫星通信技术基金，专注于创建全新的卫星星座、地面系统或向客户提供新服务；11月，苹果公司宣布投入4.5亿美元实现卫星SOS服务；12月，欧盟宣布计划耗资60亿欧元打造能提供安全通信的卫星网络。卫星互联网的军事应用尤其值得关注。11月，美国国防信息系统局授予卫星通信公司Inmarsat一份价值4.1亿美元的合同，为美陆军提供物联网卫星连接服务；12月，SpaceX推出新业务线“星盾”，专注于军事卫星服务等。

（二）人工智能：军民领域共同推进，争夺规范成为重点

2022年全球主要国家在人工智能领域的竞争仍然激烈，相关竞争主要围绕应用和标准话语权展开。

一是通过国家战略层面的率先布局谋划，推动人工智能技术研发。3月，日本政府表示将制定与人工智能等尖端技术相关的国家战略，从根本上强化研

发投资；3 月，韩国政府表示计划未来三年在人工智能等领域投资超过 20 万亿韩元；美国总统拜登 10 月签署《人工智能劳动力培训法案》，该法案旨在提高联邦劳动力对人工智能相关能力和风险的理解；12 月，泰国制定“人工智能行动计划”，通过促进人工智能人力资源的发展和创建人工智能服务的中央平台，完善泰国人工智能发展的生态系统，提高国家的技术竞争力。

二是推进人工智能应用，加速人工智能产业化发展。9 月，欧盟委员会启动“欧盟AI4”项目，开发世界级人工智能按需平台，聚焦人工智能社区建设，促进数字转型和数字孪生创新；10 月，美国国防高级研究计划局（DARPA）推出了一个名为CASTLE的人工智能项目，该项目重点关注能够通过自动化、可重复和可测量的方法加速网络安全评估的技术，旨在对抗先进的持续网络威胁；11 月，英国启动“人工智能脱碳项目”，通过鼓励技术、能源和工业领域的合作，推动增长，并实现净零目标。

三是积极拓展人工智能在军事领域的应用和发展。2 月，美国国防部发布备忘录，明确将人工智能列为维护美国国家安全至关重要的关键技术领域；6 月，美国国防部发布《国防部负责任人工智能战略和实施路径》，以指导美国防部制定实施人工智能基本原则的战略以及利用人工智能框架的路径，它“使国防部的人工智能战略政策易于实施”；同月，英国国防部发布《国防人工智能战略》，提出将通过科学和技术获取国防战略优势；7 月，英国又成立国防人工智能研究中心，加速人工智能的军事应用，以支持《国防人工智能战略》；8 月，俄罗斯国防部宣布成立一个专门研究人工智能和智能化武器的新部门，旨在加强人工智能技术在军用武器和特种装备模型制造方面的应用。

四是为争得先发优势，各国加强人工智能立法规范和参与国际标准制定。1 月，英国政府宣布了一项新举措，旨在制定人工智能的全球标准，并于 7 月发布政策文件《建立有利于创新的方法来监管人工智能》，提出了人工智能监管的框架，并给出了针对性的实施建议；5 月，欧洲议会提出到 2030 年的人工智能路线图，提出欧盟要在人工智能领域扮演全球标准制定者的角色；6 月，美国—欧盟贸易和技术委员会举行第二次部长级会议，提出联合制定评估可信赖人工智能及风险管理的路线图；8 月，新加坡发布新的人工智能安全标准（TR99:2021），该标准将被国际化标准组织（ISO）用来指导制定人工智能安全领域的全球标准化战略；9 月，加拿大政府公布了《数字宪章实施法案》，其中的《人工智能与数据法案》为负责任的人工智能开发和使用创建了新规则。

（三）云计算：政府积极部署“上云”规划，“主权云”成为新趋势

2022 年，全球云计算应用市场格局生变，发展正进入新的阶段，政府纷纷发布“上云”计划，政企合作继续深化。同时，伴随着政府和企业向云计算加速转型发展，安全问题成为重要的关注点。

在云计算应用层面，多国政府出台云规划，加强云计算基础设施建设。2 月 15 日，巴基斯坦内阁批准了首个云政策和个人数据保护法案，要求各部委、各机构的数据中心按照要求逐步使用云计算；7 月，日本政府提出，根据《经济安全保障推进法》成立官民协议会，以政企合作的形式研发在线上管理和共享行政数据的国产云；11 月，印度电子和信息技术部（MeitY）提出建立一个国家政府云，用于存储敏感的政府和国防相关数据；12 月，美国国防部授予谷歌、微软、亚马逊、甲骨文等公司一份价值 90 亿美元的云计算合同，旨在为国防部构建大型通用商业云。随着欧美地区云市场日益饱和，各大云计算服务提供商开始将布局重点转向亚太地区和非洲地区。8 月，谷歌宣布在泰国、马来西亚和新西兰建设设施，至此已经在亚太地区运营 11 个云区域；10 月 5 日，谷歌宣布在南非推出第一个云区域，使南非加入了谷歌全球 35 个云区域和 106 个区域的网络。

值得注意的是，随着各国政府日益强调技术的自主可控，主要云服务提供商开始布局“主权云”，从而打消政府的安全疑虑，寻求更深一步的政企合作。7 月 11 日，甲骨文宣布将于 2023 年在欧盟推出主权云区域，主权云服务将托管敏感、受制裁或具有战略区域重要性的数据和应用程序；7 月 19 日，微软宣布推出面向政府客户的“云主权”服务，将履行数据治理、安全控制、公民隐私、数据驻留等法律义务，并为政府数据提供更大的控制性。

监管与治理方面，由于当前云服务主要由美国企业提供，各国对数据安全和市场垄断的担忧日益加深，相关监管工作也围绕这两点展开。反垄断方面，3 月 18 日，意大利内阁通过新法令，对经营业务涉及云技术等关键领域的企业加强监管，增强了政府对相关收购的监管权力；9 月 22 日，英国通信管理局表示，对亚马逊、微软和谷歌在英国的云服务展开垄断调查，以评估其是否限制了创新，阻碍了行业的公平竞争和发展。云安全方面，加强数据安全指导和执法成为各国围绕云服务开展的治理工作的重点。2 月 15 日，22 个欧盟国家数据保护机构发起了一项关于公共部门如何使用云服务的联合调查，并将对公共机构以合规方式使用云服务提供一般性建议；5 月 4 日，美国国家网络安

全卓越中心发布《硬件支持的安全性：为云和边缘计算用例启用分层的平台安全方法》，对相关平台提升安全性和加强数据保护的技术进行了阐释；8 月，德国公共采购监管机构采购院以“未经授权传输个人数据的风险”为由，取消了国内实体使用美国云服务的招标。

（四）量子计算：加速与传统基础设施融合，安全应用日益广泛

在量子计算领域，各国围绕政策规划、技术应用、安全保护三个层面展开部署，确保本国量子计算技术在安全前提下得到发展和广泛应用。

在政策层面，美欧出台了量子技术发展战略，制定了长期规划。5 月，美国白宫发布两项推进量子技术的总统指令，提出成立国家量子倡议咨询委员会，继续保持美国在量子计算系统方面的全球领先地位；12 月，欧盟公布量子技术 2030 路线图，全面概述了量子计算、量子模拟、量子通信、量子传感和计量以及劳动力发展和标准化等横向问题，意图抢占未来十年量子技术制高点。同时，成立产业联盟、加强国际合作也被各国视为发展量子技术的重要抓手。10 月 6 日，英国成立计算产业联盟“UKQuantum”，该组织面向英国量子产业组织开放会员资格，支持英国未来发展成为全球量子计算中心。

在应用层面，各国加快量子计算基础设施建设，尤其是推动量子计算与传统基础设施的融合。10 月，欧洲高性能计算联合企业宣布在德法等六个国家部署第一批欧洲量子计算机网络，这些计算机将被集成到现有的超级计算机中；11 月，俄罗斯国家技术倡议中心提出 2024 年前将量子加密系统广泛应用于关键基础设施；12 月，爱尔兰和欧盟投资 1000 万欧元，把量子设备和系统整合到传统的通信基础设施中，建立量子密钥分发基础设施。

在安全层面，各国将防范量子计算攻击作为重点。2022 年初，北约网络安全中心完成了安全通信流测试，该通信流可以抵御量子攻击；8 月 24 日，美国网络安全与基础设施安全局（CISA）发布了《后量子密码安全关键基础设施》指南，就关键基础设施应对量子计算潜在安全风险提出指导方法；9 月 7 日，美国国家安全局发布《商用国家安全算法套件 2.0》，帮助国家安全局和运营商将系统过渡到抗量子算法；12 月，美国总统拜登签署了《量子计算机网络安全防范法案》，旨在加强联邦政府抵御量子计算攻击的能力，降低数据泄露风险。

（五）零信任：美国等推动大规模落地，以保障政府与国防部门网络安全

2022 年，美、英等国积极推动网络安全模式向“零信任”方式转变。尤其是美国大力布局在政府部门和国防机构中实施“零信任”安全架构，值得关注。

1月26日，美国管理和预算办公室（OMB）发布《联邦零信任战略》，从身份、设备、网络、应用、数据等方面提出了零信任安全五大目标和行动计划，旨在推动联邦政府在未来两年内逐步采用零信任架构，满足必要网络安全标准，实现零信任防护体系，抵御现有威胁并增强整个政府层面的网络防御能力。该战略是全球首个国家层面的零信任战略。

此后，美国在政府层面对零信任进行了广泛布局。一是加大资金支持，如商务部、财政部分别要求在2023年申请5000万美元和8600亿美元专门用于零信任架构实施；7月，OMB向所有联邦民事机构发布备忘录，概述了政府2024财年的“跨机构网络投资优先事项”，强调实施零信任和IT现代化是重中之重。二是谋划立法推进，如4月，美国立法者对2014年颁布的《联邦信息安全现代化法案》进行评估，认为该法律需要反映零信任等新概念。三是出台实施框架，指导各机构开展实施，5月6日，美国国家标准与技术研究院（NIST）发布《零信任架构规划：联邦管理人员指南》，概述了如何使用NIST风险管理框架（RMF）开发和实施零信任架构。可以看出，美国联邦政府意图通过多维度、多层面的行动，推动政府机构尽快实施零信任架构，以完成《联邦零信任战略》所确立的战略目标。

与美国同步，英国也在推动政府部门向零信任架构“迁移”。2022年11月24日，英国国家网络安全中心宣布对“网络要素计划”进行更新，其中就包括零信任指导等方面。

除了在政府部门推动实施零信任架构，美国在国防部门的相关动作也值得关注。实际上，早在2020年9月，美国国防部官员就在公开场合提出了国防部零信任的七大支柱。2022年8月，美国国防部零信任投资组合管理办公室系统阐释了这七大支柱，即用户、设备、应用和工作负载、数据、网络与环境、自动化和编排、可视化和分析。11月22日，美国国防部正式公布《零信任战略》，提出四大原则，分别是推行零信任文化、保障和保护国防部信息系统、技术加速、零信任赋能，并为七大支柱分别提出了对应的安全功能和基础能力。为推动这一战略总体目标的实现，美国国防部还制定了详细的时间表：2023年至2027年完成部分目标，即实现“目标级别零信任”，然后再用五年时间，啃掉剩余的“硬骨头”，即实现“高级零信任”。该战略为美国国防部下一个五年乃至更长时间落地整体零信任安全制定了时间表和路线图。

（六）数字货币：发行与监管并重，境内发行与国际网络建设并行

国际清算银行（BIS）发布的《2021央行数字货币调查报告》结果显示，在2021年，90%的受访央行已开始探索、分析或正进行央行数字货币（CBDC）项目，而2017年该比例为三分之二。同期，CBDC运行试点项目的比例翻了一番，达26%。2022年，各国在数字货币方面的布局开始提速。

各经济体在央行数字货币的布局主要围绕研发与试点两个层面展开，尤其是将加快本国数字货币的研发作为重点。如美国白宫9月发布《央行数字货币（CBDC）系统技术评估》，阐述了美国CBDC系统的政策目标，分析了美国CBDC系统的关键技术设计，同时提出了美国CBDC的发展建议；澳大利亚8月启动为期一年的数字货币研究计划，重点关注可能带来的经济利益，该计划涉及一个CBDC试点；8月，英国宣布成立一个跨组织联盟——数字金融市场基础设施联盟，评估英国数字货币生态系统路径，并计划施行英国首个“数字英镑”试点项目。在发行数字货币方面，亚洲新兴经济体体现出较高的热情，包括伊朗9月推出试点CBDC、印度尼西亚央行于11月发布数字印尼盾研发设计白皮书、印度于12月1日在四个城市开展数字货币试点，等等。有分析认为，相较于发达经济体，新兴经济体更倾向于通过CBDC提高货币体系的效率，打通与跨货币国际支付相关的关键痛点，提高跨货币支付的速度，反过来助力增加国际贸易流动和跨境业务。这可能是亚洲新兴经济体更积极地参与CBDC的原因。

正是基于上文提到的提升跨境支付效率这一目标，在试验和研发本国数字货币的同时，各国也在积极探索构建数字货币的跨境流通网络。而国际清算银行、环球银行间金融通信协会（SWIFT）等国际经济、金融组织也在其中发挥着巨大的作用。3月22日，国际清算银行宣布与澳大利亚储备银行、马来西亚国家银行、新加坡金融管理局以及南非储备银行共同开发完成了多中央银行数字货币（mCBDC）国际结算平台原型，证明了相关技术的可行性，将减少跨境交易所需的成本和时间。9月，国际清算银行与瑞典、挪威和以色列央行启动了一个项目，以测试使用央行数字货币进行国际零售和汇款支付。10月6日，SWIFT为全球中央银行数字货币网络制定蓝图，研究了CBDC如何在国际上使用，以及在需要时转换为法定货币的方法。SWIFT表示，通过两项独立实验发现，其解决了跨境交易互操作性的重大挑战，通过在不同的分布式账本技术（DLT）网络和现有支付系统之间建立桥梁，以允许数字货币、通证化资产与传统货币顺畅流动。这一重要进展意味着，未来可以大规模快速部署CBDC和通证，以促进全球200多个国家、地区之间的贸易与投资。

各国在发展数字货币时既注重鼓励创新，又强调防范风险，以保障数字货币规范、健康、有序运行，从而为经济注入活力。因此，各国在研究、实验阶段就对数字货币的风险问题予以高度重视。美国总统拜登3月9日签署了《关于确保负责任地发展数字资产的行政命令》，指示政府机构对快速增长的加密市场投入更多的关注，要求财政部等政府机构评估数字资产的好处和风险，并探索开发美国央行数字货币。该行政命令确定了六个关键优先事项，标志着美国的数字资产发展上升到国家战略层面。作为对上述行政令的回应，美国白宫9月发布《关于负责任地开发数字资产的首个综合框架》，概述了保护消费者、投资者、企业、金融稳定、国家安全和环境的建议，包括金融服务行业应该如何发展以使跨国交易更容易，以及如何打击数字资产中的欺诈行为等。而一贯标榜自身为数字监管领导者的欧盟也在数字货币方面及时开展监管探索。10月10日，欧洲议会经济和货币事务委员会批准了《加密资产市场法案》，对数字资产发行、加密资产服务商提出了较为全面的要求。

二、新技术新应用发展特点与趋势

（一）从发展模式看：全方位政策体系推动，政府作用日益重要

中美科技博弈叠加新冠疫情暴发，世界供应链陷入分裂，国际科技与产业合作水平明显降低。各国都寻求“科技突围”，把科技放在更加重要的地位上，频繁制定科技发展政策和行动计划，加大科技研发投入，试图寻求下一个增长点。从全球主要国家扶持战略性新兴产业的举措可以看出，战略性新兴产业的发展和创新活动已不是单纯的企业行为，而是成为一种政府推动和引导的社会化行为，很多国家从资金投入、技术研发、财税金融政策、政策支撑体系建设等方面给予了前所未有的支持。可以预见，未来相当长的时期，相关国家在技术投入、军事研发、政府采购、高端制造、科学家培养等方面，会进一步扩张规模。

（二）从发展方向看：新技术新应用交叉融合，创新范式发生转换

2022年，前沿信息技术被多个国家纳入国家发展战略高度，各国密集发布相关战略规划和行动计划，5G、大数据、云计算、人工智能、物联网等新

技术新应用加速向经济社会各领域不断渗透、持续扩张。但新一轮科技和产业革命的方向不再仅仅依赖于一两类学科或某种单一技术，而是多学科、多技术领域的高度交叉和深度融合。因此各国的新兴技术布局也呈现出“横向融合”“潜在整合”的特点，例如，将 5G/6G 与卫星通信一起融合发展推进下一代通信网络的建设，利用人工智能与量子计算强化网络设施的安全防护能力等。在这种特征下，新的科研范式、技术范式和产业范式不断涌现，可以从不同层面推动多学科领域科技取得重大进步。

（三）从风险隐患看：科技创新受政治裹挟更加普遍，技术军事化风险提升

一方面，“政治正确”更大范围地波及科技发展，新技术新应用“武器化”“军事化”趋势愈发明显，如自俄乌冲突以来，谷歌、“星链”以及开源软件巨头等科技企业，开始有意识地配合政府管制措施，高科技企业、技术垄断型企业已成为国家军事力量的重要组成部分，并发挥战略性作用，卫星互联网等技术发展的同时也增加了网络空间的摩擦与冲突。另一方面，各国在科技创新方面越来越强调“安全”问题，各国国防部门在科技创新中承担着越来越重要的角色，在美国等国家或地区甚至有在政府规划之外寻求独立发展模式的倾向，这无疑将增加未来全球科技军备竞赛的风险。

（四）从监管格局看：新技术新应用安全治理和标准制定已成为被迫切抢占的话语权范围

2022 年，新技术新业务的发展愈发受到各国政府的规则布局影响。在大国博弈逐渐激烈的当下，美欧依旧急切谋求成为全球网络安全治理和技术标准的“领头羊”。尤其是在科技快速发展而屡屡出现“失控”的背景下，对技术进行“前置监管”的理念，被越来越多的国家采纳。可以看到，2022 年，各国在对量子技术、人工智能、5G/6G、数字货币等相关领域进行布局的同时，也都在加快推进网络治理规则、数字规则、相关技术标准等的制定和输出，打响全球数字货币发展规则、5G 标准规则等制定权的争夺战，以此谋求发展先机，争夺全球范围内数据、技术和产业发展主导权，抢占新一轮科技革命制高点。

三、启示与建议

（一）夯实创新基础，提升新技术核心竞争能力

面对国际形势新变化和国内发展阶段演变，我国应积极调整优化科技结构。一是增强政府在基础研究方面投入，提升基础研究投入占比，鼓励原始创新，鼓励社会加强基础及其应用研究。二是加快创新平台建设，强化公共创新体系建设，推动建立一批国家技术创新中心、产业创新中心、制造业创新中心，高标准建设科技创新平台、共性技术研发平台。三是加强新型基础设施建设，围绕人工智能、集成电路、工业互联网、物联网、5G移动通信等领域布局建设一批新型基础设施，提升创新发展动力支撑。

（二）完善顶层设计，推动战略引领作用

我国战略性新兴产业已在一些领域取得良好进展，甚至走在世界前列，为推动未来取得关键性突破和可持续发展，政府亟须在法律、政策和资金等多方面构建全方位的政策支持体系。应依据我国现有的产业基础和比较优势，分清发展时序，明确不同阶段发展重点、主要任务及目标，进一步聚焦重点以寻求突破。需要构建战略性新兴产业评价体系，尽快制定战略性新兴产业指导目录，明确战略性新兴产业认定标准，多路并举，坚持补足短板和加强长板相结合、应用牵引和基础供给相结合、军用研发和民用科技相结合等，形成多路径协同的体系化能力。

（三）紧盯关键环节，提升产业链供应链安全保障能力

以技术科学为突破口，增强关键核心技术攻关和理论科学研究布局，培育科技新生力量。尤其是应当集中攻克集成电路、操作系统等一批关键基础技术和“卡脖子”环节，推动加快自主创新产品推广应用的“迭代”工程，超前布局前沿未来技术和颠覆性技术。同时应更加重视企业作用，发挥创新型领军企业潜力，支持有条件的企业开展基础研究和关键核心技术攻关，加强“卡脖子”环节技术突破。此外，应明确战略性新兴产业认定标准，聚焦重点领域关键核心技术和产业发展急需的科技成果，特别是重点产业领域“卡脖子”技术攻关和科技成果转化，优先支持社会公益性、行业共性技术攻关和成果转化项目。

（四）强化对外开放，构建合作共赢国际化局面

顺应全球贸易格局发展新态势，立足当前我国战略性新兴产业发展基础，持续扩大高水平开放，加快推动新兴领域对外开放程度。加强国际创新合作，积极融入全球创新体系，探索创新成果共享化，破除新技术应用国际市场壁垒。同时积极拓宽国际市场，进一步加强“一带一路”建设，借助RCEP区域一体化等机遇，与欧盟、东南亚等更多国家和地区建立互利共赢的长期合作关系。此外，应鼓励支持企业、高校、科研院所参与战略性新兴产业及其细分领域国际标准的制定，强化国际市场话语权和新兴产业发展引导力，加快推广我国优势产业标准，保持产业标准领域领先地位。

4.4　元宇宙发展与治理

一、元宇宙简介

元宇宙源于美国作家尼尔·史蒂芬森在 1992 年出版的科幻小说《雪崩》中提出的概念，可被看作当前存在的延伸，即一个脱胎于现实世界又与之平行且相互影响的在线虚拟世界，人们能以虚拟形象在具备完整经济和社会系统的元宇宙内生活。元宇宙概念的提出有其深刻的现实基础。一方面，网络空间的内涵和外延不断拓展，打通了人们现实生活与虚拟生活的时空壁垒；另一方面，网络空间凭借其固有的虚拟属性，为人类提供了从现实生活中“脱嵌”的可能。随着信息技术的迅猛发展，上述对立统一关系持续深化，为元宇宙的出现提供了契机。

2021 年 10 月 29 日，脸谱网创始人扎克伯格宣布将公司更名为“Meta”（取自元宇宙 Metaverse），随即引发一波元宇宙热潮。作为虚拟世界和现实世界融合的新载体，元宇宙概念不仅承载了社交娱乐创新的广阔前景，还蕴含着未来生产方式和社会运行方式变革的巨大空间，各大互联网公司均渴望抢先驶入下一轮爆发式增长的快车道。此外，元宇宙凭借其高度沉浸式、交互式体验的理念和设计，很好地满足了在线生产生活的需求，给互联网企业汇聚流量、创造价值带来巨大吸引力。乘着脸谱网力捧元宇宙的东风，全球其他大型互联网科技企业也纷纷宣布跟进布局，将元宇宙热潮推向了一定高度。

元宇宙的技术与产业发展呈现出以下特点。

（一）技术成熟度：雏形已具，发展新一代数字技术任重道远

元宇宙是集成电路、通信网络、脑机交互、可持续能源、数字孪生等一系列技术“聚沙成塔”的综合体。随着大数据、区块链、人工智能、VR 等技术逐步成熟，元宇宙雏形已经浮现。但要完全实现其设想，需要在底层数字技术发展上取得更多的甚至是颠覆性的突破。

一是通信网络基础设施迭代箭在弦上。元宇宙要实现上亿用户的实时交互

和海量数据的并发处理，需要通信网络具备多连接、大速率、低时延的能力。以VR体验为例，只有分辨率达到16K、刷新率达到120Hz以上时，用户才能真正产生“身临其境”的感觉，而支撑这一体验的网络数据传输量至少为每秒15GB。当前，5G网络数据传输的理论峰值为10Gbit/s~20Gbit/s，勉强满足单个用户的初步视觉体验需求，但难以满足大规模用户全方位、沉浸式的VR体验需求。要真正实现元宇宙复杂化、多样化的应用场景，对通信网络的要求至少是6G甚至7G。

二是集成电路技术革命势在必行。元宇宙运行将产生海量数据，带来的超高密度计算需求将会呈指数级增长，而现有的集成电路技术已经逐渐达到摩尔定律的极限，要满足元宇宙超高密度的计算需求，仅靠现有计算设备的投入，其带来的能源、资源消耗问题是难以承受的。解决这一瓶颈的根本途径就是现有集成电路技术的颠覆性创新，通过全新技术路线和原材料的使用，使计算能力相对于目前的半导体芯片实现倍数级甚至数量级的提升。

三是节能降耗减排迫在眉睫。技术升级在提升通信计算能力、降低单体功耗的同时，也带来了能源消耗总量的增加。以5G技术为例，有专家研究，自5G商用以来，单个基站能耗大幅下降，但在部署密度同时增加的情况下，2020年我国通信网络耗电量比2019年增加了14.6%。超高密度计算和高频率传输意味着更小的覆盖范围和更高的部署密度，未来6G/7G网络需要消耗更多的能源。元宇宙实现后，上亿用户的生产、生活都可在其中复刻，对能源的消耗量将是不可想象的。在实现“双碳”目标的背景下，解决元宇宙能耗问题，需要发展新一代储能设施，开发更多绿色可持续能源。

总体来看，当前通信网络、芯片等底层技术能力准备尚不充分，元宇宙发展根本上还要靠发展新一代数字技术，特别是在低时延、高密度、低能耗等关键指标上实现突破，元宇宙实现大规模商用可能还需要一定的时间。

（二）产业成熟度：潜力巨大，与实体经济深度融合未来可期

元宇宙尚处在萌芽阶段，但已具有巨大的发展潜力。这种潜力既来自元宇宙对产业变革和市场需求的促进，也来自元宇宙加快数字经济和实体经济深度融合的特有属性。

一方面，从产业发展规律来看，元宇宙技术革命将引发产业变革，进而创造出巨大的应用需求和市场价值。19世纪法国经济学家萨伊提出著名的“萨伊定律”，核心思想是“供给自动创造需求”。尽管从马克思到凯恩斯等主流经济学家都对“萨伊定律”从不同角度提出了批判，但也应该看到，在技术革命引发产业变革的过程中，“供给自动创造需求”的情况一定程度上也是客观存在的。纵观互联网发展历程，从拨号上网到宽带上网再到移动互联网，我们所使用的网络服务从简单的浏览文字、收发邮件，发展到如今覆盖工作、学习、社交、娱乐各个方面。新冠疫情暴发以来，全球数字化进程进一步加快，线上应用需求井喷式增长。随着元宇宙构想实现，新的生产生活场景会自然涌现，相关产业和市场会迎来爆发式增长，整个数字生态也将发生翻天覆地的变化。

另一方面，从实际应用价值来看，元宇宙最核心的价值在于同实体经济深度融合。作为当前沉浸感体验需求最高的应用场景，网络游戏已经率先成为元宇宙落地的领域，现在布局元宇宙的公司也大多以游戏为切入点。然而，元宇宙绝不等同于或局限于游戏。以制造业为例，元宇宙能够在虚拟空间实现物理世界的拟真并承载其与现实世界的叠加，从而打破时空限制，促进生产效率和经济效益的提升。近期，宝马公司借助英伟达公司开发的开放式实时模拟平台 Omniverse，实现了员工异地实时虚拟协作，成功将生产效率提高了 30%，展现了元宇宙巨大的产业应用前景。随着机器学习、数字孪生、虚拟引擎、全息影像等技术的演进，元宇宙在教育培训、城市规划、应急处置、军事演习等经济社会领域同样具有广阔的应用前景，有望开启一个崭新的数字时代。

二、2022 年元宇宙发展治理情况

（一）各国政府积极发力元宇宙，审慎监管并行

2022 年，各国政府积极推动元宇宙产业发展。一是推出战略规划。迪拜启动元宇宙战略，从国家层面来支持元宇宙发展，包括审查基础设施、法律法规，鼓励创作，促进教育、人力资源开发的研究等，期望区块链和元宇宙公司增加 5 倍。韩国首都启动了“元宇宙首尔”（Metaverse Seoul）第一阶段，印度尼西亚推出国有元宇宙平台“元尼西亚”（metaNesia），阿联酋推出了世界上第一个公开的、政府支持的元宇宙城市“沙迦宇宙”（Sharjaverse）。二是加强技术研发投资。西班牙宣布拨款 400 万美元资助元宇宙发展，该资助计划面向在欧盟或西班牙从事元宇宙项目的公司和个人开放。韩国称将投资 2237 亿韩元，创建一个名为“扩展虚拟世界”的元宇宙生态系统，支持该国数字内容的增长和企业的发展。三是扩展行业应用。欧盟专员与 40 家公司成立了虚拟

和增强现实产业联盟，以连接来自关键元宇宙技术的利益相关者。Meta与印度电子和信息技术部（MeitY）推出发展元宇宙的初创企业加速器项目“XR Startup Program”。

另外，各国政府也高度重视元宇宙行业的风险挑战，并陆续出台监管举措。欧洲方面，欧洲议会研究局（EPRS）发布名为《元宇宙的机遇、风险和政策影响》的元宇宙网络安全报告，呼吁修订《一般数据保护条例》（GDPR）应对元宇宙挑战。英国通信管理局指出，不会允许元宇宙行业进行自我监管，元宇宙的使用必须遵守即将出台的《在线安全法案》所有条款。澳大利亚网络安全委员会发布《2022—2025年网络安全战略》，战略审视了元宇宙等一系列新应用被滥用的可能性等关键监管挑战。韩国方面，韩国科技信息通信部（MSIT）公布了元宇宙生态核心伦理原则初稿，强调元宇宙参与者要树立三个价值观，即自我认同、安全享受和可持续繁荣，并应该进一步关注虚拟平台上有关保护青少年、个人信息和版权的互动。

（二）全球科技巨头竞相布局，行业应用领域不断拓展

2022年，全球科技巨头纷纷入场元宇宙赛道，推动行业应用向更多领域拓展。一是积极开发元宇宙应用，如英伟达开发出创建元宇宙虚拟世界的软件Omniverse，免费向艺术家、创作者提供软件；Adobe发布《元宇宙行动指南》，提出将为用户设计专属虚拟角色和资产；Meta推出元宇宙身份系统Meta Accounts与Meta Profiles以及应用Horizon Worlds。二是加强元宇宙跨界、跨国合作。高通宣布与微软合作，扩展并加速AR在消费级和企业级市场的应用，韩国现代汽车计划与3D内容平台Unity建设元宇宙工厂；比亚迪与英伟达合作将元宇宙和无人驾驶汽车结合；谷歌收购Micro LED显示屏公司Raxium用于AR头显，微软将向川崎重工提供“工业元宇宙”等。韩国最大的移动运营商SK电讯与日本最大的移动运营商NTT DOCOMO宣布签署了一份谅解备忘录，讨论联合打造元宇宙内容。SK与亚洲通信技术集团Singtel签署谅解备忘录（MOU），以在49个国家和地区推出其元宇宙平台。

（三）产业论坛相继组建，探索建立行业标准规范

在科技巨头争相布局元宇宙的激烈竞争中，“标准”已成为新的关键词。2022年，科技巨头之间的互动和交流加强，开始举办行业论坛、组建产业协会或联盟，共同探索建立行业标准规范，以促进元宇宙的应用与发展。日本成立了面向应用推进研究和规则完善的“元宇宙推进协议会”，力争未来在生活和商务中普及元宇宙的应用；微软、Meta、英伟达等Web 2.0 时代的科技巨头成立了“元宇宙标准论坛”，目的是促进元宇宙产业标准的制定，使企业新推出的数字世界能够相互兼容；基于区块链的元宇宙和Web 3.0 平台决定联合组建Web 3.0 开放元宇宙联盟（OMA3），旨在提出标准，促进Web 3.0 和其他行业利益相关者之间的协作，克服行业的互操作性难题。

三、我国发展元宇宙的优势与短板

（一）我国发展元宇宙的优势

一是具有领先的网络基础设施。工信部数据统计显示，我国已完工 5G基站超过 111 万个，占全世界的 70% 以上，全国所有地级市城区、超出 97% 的县城城区和 40% 的乡镇镇区实现 5G无线网络覆盖，已经形成全世界经营规模最大、技术最领先的 5G独立组网互联网。到“十四五”末，我国将实现城市和乡镇全面覆盖、行政村基本覆盖、重点场景应用深度覆盖，千兆光纤网络将实现城乡基本覆盖，还将突破一批 6G核心研究成果。高速泛在、集成互联、智能绿色、安全可靠的新型数字基础设施将为元宇宙中各类实体相互链接、实时互动提供重要基础。

二是具有广阔的数字市场空间。根据国家统计局、工信部的数据，截至 2021 年 6 月，我国网民规模已突破 10 亿人大关，互联网普及率达到 71.6%，移动电话用户已达 16.1 亿户，其中 5G手机终端用户连接数达 3.65 亿户，占全球 80% 以上。超大规模市场优势赋予了探索发展元宇宙的广阔空间，各类元宇宙场景应用可以在大规模市场中试错、迭代、发展，最终打磨出符合市场需求、满足经济社会发展需要的“杀手级”产品应用。同时，我国 14 亿人口中区域、城乡发展不平衡，还有大量潜在数字用户潜力尚待挖掘，未来数字技术的市场应用前景非常广阔。

三是具有一批国际竞争力强的网信企业。元宇宙概念落地始于社交媒体和网络游戏。作为全球最大的电子游戏和网络社交最活跃的国家，中国有关产业和企业具有很强的先发优势。目前，在港股和美股上市的市值最大的中国公司都是互联网公司（腾讯、阿里巴巴），尚未上市的估值最高的中国公司也是互联网公司（字节跳动），中国估值超过 1000 亿美元的互联网公司至少有 5 家。全球唯有美国的互联网巨头比中国的数量更多、估值更高。目前，腾讯、阿里巴巴、字节跳动等纷纷投资布局发展元宇宙及相关配套技术领域，其强大的业务应用孵化能力非常值得期待。

四是具有强大的市场化应用推广能力。我国非常重视数字技术在推进经济社会发展中的重要作用，在国家大力推进数字产业化、产业数字化过程中，我国已经初步形成具有国际竞争力的数字产业集群，为元宇宙发展奠定了良好的产业基础。同时，中国的互联网企业尤其善于吸收转化国外先进技术和理念，将其形成适应中国市场和具有中国特色的产品应用。在抗击疫情过程中，我国数字技术与经济社会的融合进一步加深，经济创新创造更加聚焦于具有引领性的先进数字技术。元宇宙作为未来数字技术的发展方向，有望获得强有力的政策支持和产业支撑。

（二）我国发展元宇宙的短板

一是核心技术能力存在短板。从底层技术来看，元宇宙核心技术包括集成电路、网络通信、脑机交互、可持续能源、数字孪生等，但目前我国相关技术距离元宇宙落地应用的需求仍有较大差距，不少核心技术面临“卡脖子”风险。网络通信技术方面，我国6G的发展演进尚在起步阶段，未来发展还面临国外打压的不确定风险；集成电路方面，我国在成熟半导体制程上与国际领先的制程工艺相比还有5~10年的技术代差，下一代芯片设计制造技术的基础性研发尚待推进；脑科学方面，马斯克已经宣布计划2022年在人类身上试验脑机接口芯片，与之相比，国内基础研究和技术应用还存在差距。

二是标准制定能力存在欠缺。技术标准是引领产业发展的重要基石，更是争夺国际竞争主动权的重要抓手。只有像互联网那样通过一系列标准和协议来定义元宇宙，才能实现元宇宙不同生态系统的大连接。在绝大多数网信领域国际标准制定权把持在美西方国家手中的背景下，虽然我国在5G国际标准制定上取得一些成果，但在人工智能、区块链、物联网、网络及运算、虚拟现实等元宇宙关键技术方向上，引领国际标准制定的能力仍待提高。应当看到，目前开放元宇宙互通组织（OMIG）等国际机构已经在制定相关标准，但我国尚未见就元宇宙相关标准有明确清晰的统筹规划。

三是金融支撑科技创新存在不足。美国的风险投资催生了互联网“八大金刚”，孵化出特斯拉、脸谱网等一批国际领先企业，确立了美国在网信科技领域的领先地位。与之相比，我国在资本支撑科技创新方面仍有较大差距。以半导体为例，2020年我国创投基金在半导体行业投资金额达到626.14亿元，新增案例955个。但从效果来看，资本市场对半导体投资跟风炒作居多，长远战略性投资不够，一旦市场环境变化，投资波动就会引发连锁反应。国内资本热衷于赚快钱、割“韭菜”，受到人民群众诟病。同时，作为科技创新主力的轻资产、小规模创新性企业面临很多融资制约，股权融资的比例较低，真正做到直接融资的企业占比也很低，尚缺乏对核心技术初创企业持续高效的金融支持机制。

四是安全监管能力存在挑战。一方面，在元宇宙中，人与人、社会与国家极有可能深度融合在同一虚拟场景之下，其身份认定、关系界定、权责分配、法制伦理等问题都必须在新空间中予以明确。在当下互联网公司纷纷布局元宇宙，甚至有国家宣布要在元宇宙中“设立大使馆”之时，如果不提前布局，就可能在事实上丧失对元宇宙的定义权、监管权，无法在未来对其实现有效监管和治理。另一方面，元宇宙在一定程度上为大型资本规避金融监管提供了更隐蔽的操作空间，脸谱网已经宣布要在未来元宇宙中大规模推广使用Libra数字货币。对此，我国金融监管需要拓展至虚拟世界，明确监管主体责任，通过不断完善法律法规，加大对市场操纵、金融诈骗等违法违规行为的打击力度。

四、启示建议

尽管元宇宙大规模产品化应用预计还有较长时间，但虚拟经济与实体经济融合、数字技术与传统产业融合已成不可逆转的大势。无论元宇宙是否会成为下一代信息技术的“元概念”，甚至成为“下一代互联网”，我们都应利用好宝贵时间窗口抢抓先机，引领技术突破与产业发展。

一是加快核心技术突破，筑牢长远发展“压舱石”。技术瓶颈是元宇宙发展的最大瓶颈。元宇宙涉及的技术领域囊括当代所有前沿信息技术，其产业成熟亟须大量关键核心技术实现突破。必须充分发挥社会主义市场经济条件下新型举国体制优势，紧盯集成电路、网络通信、脑机交互、可持续能源、扩展现实（XR）技术等前沿核心技术，加强基础研究和科研布局，持之以恒打好关键核心技术攻坚战，力争用十年时间突破相关核心技术，努力推动形成部分市场化应用，彻底扭转核心技术受制于人的被动局面，为我国网信事业长远发展筑牢“战略基石”。

二是加强前瞻战略研究，抢抓未来科技“定义权”。通过制定标准规则定义“互联网”，进而掌控“网络空间”，一直是美国夺取制网权的重要手段。当前，脸谱网等美国科技巨头正就元宇宙标准和协议，与政策制定者、行业专家及学者积极沟通，试图塑造未来科技产业版图中的绝对统治力。必须加强战略性、前瞻性问题研究，积极参与、努力引领相关国际标准和规则制定，对未来数字生态的技术标准、伦理准则、监管规则乃至元宇宙中“国际关系”问题开展前瞻性研究，进而引领国际标准和国际规则制定，最大限度地掌握未来科技的“定义权”“主导权”。

三是完善资本支持机制，注入科技创新“催化剂”。要不断完善资本市场支持科技创新和实体经济的体制机制，积极发挥好科创板、创业板、新三板支持创新的作用，加速促进科技、资本和产业高水平循环；完善私募基金“募投管退”机制，鼓励投早、投小、投向面向未来的重大科技方向；完善股权激励和员工持股等制度，支持网信领域领军企业更好地发挥引领作用，带动中小企业创新活动。同时要坚持对有关金融活动的审慎监管，严防资本过热炒作、野蛮生长，挤压真正的科技创新，形成“劣币驱逐良币”“仿冒驱逐创新”的不良效应。

四是升级数字监管手段，系牢产业发展“安全带”。元宇宙会成倍放大网络空间中存在的问题，包括意识形态渗透、虚拟货币炒作、数据安全隐私、知识产权纠纷、平台企业垄断、算法歧视偏见等。必须统筹发展与安全，加强元宇宙前瞻性法律制度研究，针对各类元宇宙概念的新技术新应用及时制定针对性监管政策，在发展之初就建设和配套必要监管手段，严密防范元宇宙场景下的政治安全、数据安全、金融安全等安全风险，确保元宇宙这一新生业态发展在法治轨道上运行，做到“配好刹车再上路”。

五是强化数字技术赋能，注入转型升级“新动力”。经过近30年的发展，我国成功在移动互联网时代赶上并开始引领世界互联网发展潮流，成为全球第二大数字经济体。未来，应当继续运用好、发挥好我国超大规模互联网市场优势、先进网络技术优势、技术转化产品优势，加快推动新型数字基础设施建设，推动6G、人工智能、数字孪生、区块链、虚拟现实等前沿技术同实体经济领域的深度融合，力争在智能制造、智慧交通、智慧城市等具体领域率先取得元宇宙应用的突破性进展，掌握未来国际技术竞争和产业竞争主动权。

4.5 Web3.0发展现状和机遇挑战

Web3.0又称第三代互联网，是继Web1.0、Web2.0之后一套全新的互联网概念体系。Web3.0 基本理念是通过区块链、加密货币、新网络协议等，将互联网的控制权重新交给用户，让用户在网络上真正“拥有”和“掌控”个人信息、数字货币等虚拟资产。基于这一理念，大量以 Web3.0 为名的软件应用、组织结构、行业形态不断催生，在引领互联网发展、提供数字经济新机遇的同时，也对传统的网络监管提出了新的挑战和新的课题。

一、Web3.0 简介

（一）概念及特点

2014 年，以太坊联合创始人加文 · 伍德首次提出了 Web3.0 的概念，引发了对于下一代互联网的热烈讨论。目前，尽管 Web3.0 发展仍在探索中，但 Web3.0 的基本架构和发展方向已初现雏形。综合业界观点，Web3.0 是指一种以去中心化为构建理念、以区块链技术为底层支撑、以数字身份为信任基础、以数字生产和数字交易为主要经济形态，由用户自主掌控个人数据及数字资产的新一代互联网形态。

在 Web1.0 时代，以雅虎、新浪、搜狐等为代表的门户网站满足了用户上网获取信息的需求。在 Web2.0 时代，以脸谱网、推特、优兔等为代表的网络平台满足了用户生产内容、人际交往的需求。到了 Web3.0 时代，在区块链、去中心化组织等技术应用的加持下，用户可以在网上真正拥有个人信息、掌控自己的网络虚拟财产，并在网上开展虚拟资产交易、虚拟社交等活动。相比于过去的互联网形态，Web3.0 最大的特点是强调用户自主权。具体来说有以下四个特点。

一是信任模式去中心化。在 Web2.0 时代，用户必须对网站或平台进行授权来获取和使用服务，且无法掌控平台后续行为，其信任模式是单向的、高度中心化的，平台实际上权利较大且对用户信息的处理缺乏有效监督。而在 Web3.0 中，用户通过查看不可篡改的去中心化协议或规则来达成信任共识，通常认为用户与平台建设者平权，不存在谁控制谁的问题，用户以极小的成本就可以切换服务平台。

二是用户权利自主化。在 Web1.0、Web2.0 时代，用户数据存储在各个平台上，平台可以随意处理用户数据并获得收益，甚至针对性搞“大数据杀熟”，用户个人隐私无法得到很好的保护。进入 Web3.0 后，用户只需要使用一个基于区块链的统一身份账户，就可以登录和使用任意平台或应用，理论上用户可以完全掌握个人信息的所有权，平台只有获得用户的许可才能获取和使用用户数据，个人隐私能得到更好保护。

三是算法规则公开化。在Web2.0时代，平台特别是超大网络平台几乎垄断了对算法的使用，用户在平台上的一切行为都受到平台的算法监控和规制，“信息茧房”“算法歧视”等问题难以避免。到Web3.0时代，具体应用场景的规则和协议以智能合约的形式进行确定，并被所有用户承认，其程序代码是公开透明的，用户可以随时检查和验证代码，理论上避免了可能存在的算法滥用和歧视问题。

四是数字交易复杂化。在Web2.0时代，线上交易的支付手段背后通常处于国家的金融强力监管下，且交易对象（货物、服务等）价格相对稳定，网络主要是实体物品交易的渠道和手段。到Web3.0时代，数字交易更加高频，支付手段除了央行支持的数字货币外，还可能会有许多不被官方承认的虚拟货币或虚拟物品。同时，交易的对象也会由一般的货物和服务扩展到丰富多样的虚拟物品，而这些虚拟物品的货币价格高度不稳定（比如NFT数字藏品、虚拟人物形象），很大程度由短期供需关系决定。

（二）Web3.0的关联生态及应用情况

可以认为，区块链技术、非同质化代币（NFT）、元宇宙、去中心化自治组织（DAO）等都是Web3.0环境下的重要要素。其中，区块链是Web3.0最底层的基础设施之一，区块链上的任何一个网络节点都存储着数据，且对数据的修改都需要半数以上的节点同意，区块链技术使得Web3.0具备去中心化和安全性等特点。NFT可以看作Web3.0的基本构成元素，在Web3.0下，通过NFT可以把各种信息（图片、音视频等）存储在区块链上。元宇宙可以看作Web3.0的一种表现形式，二者均代表互联网的未来，只是Web3.0侧重于技术发展，元宇宙则侧重于应用场景和生活方式。DAO可以看作Web3.0下的社交网络形态，在Web3.0中，成员按照约定好的规则和协议，将具有共同目标且不限地域的用户群构成网络社会组织。

2022年以来，Web3.0应用快速增长，重点聚焦于金融、社交、数字藏品、游戏等领域。数据研究机构Apptopia报告显示，2022年可供下载的Web3.0应用程序数量的增长速度几乎是2021年的5倍。到2022年5月，可供下载的应用程序增长了88%。其中有接近半数的Web3.0应用与金融领域有关，其次则是社交（8.9%），关于游戏的应用仅占总数的5.7%左右。

金融领域，数字钱包应用可以帮助用户管理虚拟资产，密码和密钥仅存储于用户个人设备，信息由用户掌控。如钱包应用MetaMash，用于协助用户管理其数字资产，在同类市场占有率超过 50%，被称为Web3.0 时代的支付宝。去中心化借贷应用Aave，不需要用户抵押房产、股权等资产，而是将数字资产作为抵押，由智能合约实现整个借贷过程，目前已有约 100 亿美元的数字资产可供贷出。

社交领域，典型应用如FaceDao，其应用平台不操作用户数据、保护隐私且算法透明，用户可以加入社区并与全世界真人用户交流，且平台收入由全体用户共享；再比如在俄乌冲突中被大量下载的即时通信软件Berty，该应用无须电子邮件和电话号码就可以登录，用户在任何情况下都可以进行通信交流。

数字收藏领域，典型的Web3.0 产品一般通过NFT技术实现唯一数字标识绑定。例如，Sound.xyz、Audius等Web3.0 音乐平台将音乐作品NFT化，艺术家对其创作的音乐拥有绝对所有权，可以从他们的作品中获得全部受益，不存在以往第三方平台抽成的问题。

游戏领域，Web3.0 游戏机制与传统游戏差别较大。游戏玩家可以在游戏的过程中赚取收益，并将自己在游戏中的数字资产通过加密货币钱包进行交易。典型应用如Web3.0 游戏工会平台GuildFi，旨在构建一个统一的游戏互联生态系统，提高玩家的收益并实现在元宇宙中的互操作性。再比如运动健身应用StepN，用户在游玩健身的过程中就可以赚取代币收益。

其他应用方面：存储方面，如去中心化云盘应用Ardrive、STORJ，利用区块链技术帮助用户保存个人数据，以实现数据的永久保存；信息检索方面，如面向Web3.0 开发者的搜索引擎应用TheGraph，旨在实现Web3.0 下的数据快速查询；邮箱应用Dmail，将Web2.0 时代的单一信息交互功能拓展为包含信息、资产、应用开发的复合平台。

二、Web3.0 发展情况

（一）世界主要大国纷纷布局Web3.0，意图抢占未来互联网发展主动权

美国方面，总统拜登 2022 年 3 月正式签署关于加密货币的行政法令，敦促美联储研究创造属于美国自己的数字货币，以确保掌握未来互联网中的货币和经济主导权。6 月，美国两党议员联合提出《负责任金融创新法案》，指出要“确保Web3.0 革命发生在美国”。欧洲方面，7 月，欧盟推出《加密资

产市场框架》，为地区加密货币创建全面监管框架；4月，法国总统马克龙表示希望欧洲成为Web3.0核心参与者，认为欧洲文化机构应制定NFT政策；同月，英国政府公布了一项创建"全球加密资产技术中心"的详细计划，包括将重点监管稳定币、发行NFT、对税收制度进行重新审议等一揽子措施。日本方面，岸田政府将Web3.0的地位拔高到影响未来经济地位的高度。3月，发布《数字日本2022》白皮书将NFT定位为Web3.0的经济引爆剂之一；5月，推出Web3.0发展计划，将发展Web3.0提升为国家战略；6月，在《2022年经济财政运营和改革的基本方针》和《资金决算修订法案》中，提出全面改善Web3.0发展环境。

（二）大型互联网企业踊跃加入，押注下一代互联网

一是社交巨头加紧投入。Meta基于Oculus主推元宇宙生态，表达了对Web3.0拥抱的态度。推特是目前在Web3.0领域探索较多的社交巨头，不仅拥有专门的团队，还在自己的平台界面上设置了各种关于Web3.0的应用。二是电商巨头密集布局。eBay于6月22日收购NFT交易平台KnownOrigin，并在28日提交了相关应用的商标申请；加拿大电商大厂Shopify宣布在其平台的新版本中加入Token（代币）门控功能，并与Doodles、CoolCats等知名NFT项目进行合作。三是云服务商竞相发力。2022年以前，亚马逊在加密货币和Web3.0的云服务方面"一家独大"，占据了50%以上的市场。随后，许多互联网巨头旗下的云厂商也开始纷纷发力。谷歌云专门成立了Web3.0团队；华为云积极拓展海外Web3.0公司，其生态下的公司也进展顺利；阿里云宣布为海外用户提供NFT解决方案。四是风险投资青睐有加。咨询机构GalaxyDigital 2021年12月报告显示，截至2021年年底，风险投资公司对加密行业和Web3.0相关企业的投资规模高达330亿美元，超过了历年该领域投资总和。据不完全统计，2022年1月1日至4月26日，红杉资本以每周1家的速度，共投资了17家Web3.0公司；投资机构CoinbaseVentures在2022年第一季度投资了71家公司，几乎每天投资1家公司。此外，MasterCard、PayPal、Square等支付行业巨头也纷纷进入Web3.0相关赛道。

（三）国内企业采取"内外有别"策略进入Web3.0赛道

我国已经开始布局发展的Web3.0产业主要分为五类：数字藏品、虚拟数字人、游戏、社交、供应链。从国内来看，有关应用相对较少，数字藏品是目前Web3.0具体应用中发展最好、最具活力、资金流动性最强、民众参与最多的产业。速途元宇宙研究院发布的《激活数字经济的钥匙——2022 数字藏品产业研究报告》数据显示，2022 年上半年，我国数字藏品发行平台的数量超过 500 家。此外，虚拟数字人作为元宇宙的场景入口与连接纽带也备受瞩目。天眼查数据显示，国内有“虚拟数字人”相关企业近 30 万家，其中有超过 63%的企业成立于近一年内。

从国外来看，国内企业对在海外布局 Web3.0 表现出强烈兴趣，阿里、腾讯、字节跳动等巨头纷纷选择先在海外试水布局 Web3.0 框架和应用。在 2021 年 10 月，TikTok 宣布推出首个 NFT 合集产品；2022 年 3 月，阿里巴巴早年收购的《南华早报》成立了 NFT 公司“ArtifactLabs”；同月，腾讯和淡马锡、MiraeAsset 等国际资本一起，投资了澳大利亚一家基于 Web3.0 技术的游戏初创公司。许多中国创业者正以互联网巨头为标杆，在 Web3.0 海外市场布局上开启第一轮抢滩登陆。

三、Web3.0 带来的机遇和挑战

（一）机遇方面

一是有望大幅改进现有的互联网生态系统。作为一种更强调去中心化和用户自主的互联网形态，Web3.0 有望解决 Web2.0 时代存在的垄断、隐私保护缺失、算法滥用和歧视等问题，推动互联网更加开放、普惠和安全，向着更高阶的可信互联网、价值互联网、智能互联网、全息互联网等概念创新发展。随着 Web3.0 的发展应用，人们的数字生活将更加丰富，甚至可以通过数字身份在网上独立从事生产生活、社会交往、娱乐游戏等活动。

二是 Web3.0 需要大量新技术支撑，将有效提升基础设施和技术水平，带动产业发展。Web3.0 将打通数字世界与现实世界连接，其生态系统本身是无法单独成立的，需要大量的新技术如人工智能、区块链、数字隐私保护、虚拟现实等联合支撑。随着 Web3.0 的概念越发火热和各大网络平台纷纷入局，Web3.0 相关产业或将带动互联网全产业链条共同突破发展，逐渐形成一条集合网络基础设施、底层核心技术、在线商品生产、网络社会活动的新兴数字经济业态，为经济发展注入新的动力。

三是为我国引领国际标准规则制定带来机遇。在 Web3.0 时代，网络主导权的争夺将更加依赖于用户的认可、信任和支持，“人”才是最大的变量。只有受到更多用户认同和信任的 Web3.0 项目和机制才能获得更广泛的运用。在

此背景下，传统Web2.0时代的大型互联网平台无法因资本和技术优势而永久获得垄断地位。目前，Web3.0标准化工作仍在起步阶段，尚未形成完善的标准体系，只要瞄准机会，加快推出更多用户认可、用户信任、用户支持的Web3.0产品和应用，就有可能抢占未来互联网创新和标准制定的制高点。对此，我国可引导国内企业在相关行业和赛道上积极布局，主动探索下一代互联网产品应用模式，从而为未来争夺国际标准制定权抢占先机。

（二）挑战方面

一是Web3.0全新的动员模式带来政治安全风险。Web3.0的技术和应用变革了社会组织动员模式，任何个人都可以在基于区块链的去中心化网络上成立组织而不受监管，召集世界各地的人参与，并且通过自有组织生态中的代币机制进行激励，从而达成组织目标。Web3.0具备高度的组织协同和天然的激励机制，通过这种方式开展的组织动员具有范围广、隐匿性强、难以取证等特点，加之线上虚拟世界和线下真实世界的交互，将给维护社会稳定带来新的考验。

二是Web3.0中可能出现违法有害信息泛滥问题。在Web3.0的推动下，互联网主导权由互联网巨头向用户转移，用户行为不再受到第三方主体限制，用户进入门槛更低。在Web3.0生态中，内容生产社交化、智能化、个性化、碎片化趋势更加显著，虚假和错误信息传播变得更加肆无忌惮，秩序管理的难度将增大。同时，极端和恐怖分子还会利用Web3.0应用中的私人交际空间来进行非法活动、传播极端思想，甚至模拟暴力攻击。

三是Web3.0给监管部门带来更大的监管困难。Web2.0时代，媒体内容掌握在平台手中，压实平台主体责任是监管部门开展网络内容治理的重要抓手。在Web3.0时代，平台由社区本身制定的规则来约束，没有一个实体可以因特定的内容不合适而进行删除，去中心化的社交网络面临监管和法律的不确定性，同时区块链的不可篡改性还意味着不能删除数据，极易成为有害信息反宣渗透的入口和跳板。

四是警惕资本炒作行为诱发金融风险。Web3.0具有去中心化交易和匿名交易等属性，其所产生的新的商业模式和金融创新模式与现有经济、金融体系存在巨大差异，蕴含可能产生系统性连锁反应的金融风险。与所有的新技术与事物一样，Web3.0生态在技术路径尚未清晰前，项目方无法受到约束，面临极大的投机性炒作风险。如Web3.0网游StepN游戏原理为“用户走路就可以赚钱”，但真实价值难以评估，老用户赚的钱往往来源于新加入用户的金钱投入，存在“庞氏骗局”的嫌疑。此外，过度迎合概念热潮可能产生偏离原有技术发展路径的行为，为产业格局和企业发展带来挑战。

四、对策建议

（一）把握最前沿，加快推动Web3.0关键技术研发布局

Web3.0仍处于探索和发展阶段，作为一种新的网络形态，其技术及应用均还不成熟。建议及时跟踪Web3.0前沿动向，持续加强对全球虚拟数字人、数字交易、虚拟社交等Web3.0具体应用场景的跟踪研究，重点在区块链核心技术、基础设施、标准制定、产业发展等方面加快布局，尽快突破区块链核心算法、国产化高性能区块链系统等问题，切实将发展和安全的主导权掌控在自己手中。

（二）抓住最要害，严密防范Web3.0应用场景下的安全风险

Web3.0虽然号称“去中心化”，但由于互联网发展的强大“头部效应”，在Web3.0发展初期，高价值高流量的Web3.0项目仍然会依附于某几个大型互联网平台。对此，应当密切监测相关平台项目存在的网络安全、数据安全等方面的风险，特别是针对当下热炒的NFT数字藏品、数据交易、虚拟社交等前沿热点领域，加强立法预研，配备必要监管手段，在确保安全的情况下鼓励其发展。

（三）争夺制高点，加快Web3.0产品和应用市场化标准化

我国具备超大规模市场和强大的数字技术应用转化能力，发展Web3.0具有得天独厚的制度优势和市场优势。建议切实用好优势条件，加快推动我国在Web3.0环境下的数据交易、数字支付、虚拟生活等方面的项目开发和市场化应用，力争率先在几个典型应用场景上取得市场领先地位，有效提升我国在相关国际标准制定中的话语权、主导权。

4.6　各国互联网平台治理与反垄断监管主要特点

2022年，全球各国政府针对互联网平台监管长期失灵、低效等问题，对监管政策、体系进行了较为全面的改革，在持续加大对大型互联网平台企业的监管审查力度，严惩数据隐私泄露和打击虚假信息内容等常规执法行动之外，

普遍加强互联网治理与反垄断强度，对法律制度和执法工具进行相应调整，前置式监管日渐成为新趋势，治理架构日渐完备，执法结构和体系出现一定创新，各国争夺国际数字经济规则的行动更进一步。但需要关注的是，在俄乌冲突中，出现了将监管作为武器驱使互联网平台介入其中的现象。同时，互联网平台基于经济利益对抗监管的态势也愈加明显。这显示出，平台的力量边界在政府影响下愈加模糊，未来围绕监管的博弈，可能随着各国“紧箍咒”的缩紧而更加激烈。

一、各国互联网平台治理与反垄断重要动向

（一）监管体系构建提速，互联网平台治理架构更加完备

2022年，欧盟、美国等加快立法进程，完善对互联网平台治理和反垄断法律法规。尤其是针对大型互联网平台的相关法律法规制度更为完善，规定更为明确，要求更为严格。欧盟方面，2022年11月，《数字市场法》《数字服务法》相继生效，前者意在遏制大型网络平台企业的非竞争性行为，创新提出了“守门人”概念，关注的是线上平台对竞争环境所产生的经济影响；后者规定了互联网平台的信息传播义务，关注互联网平台的数字服务对社会问题的影响，提出超大型在线搜索引擎（VLOSEs，即在欧盟拥有超过4500万用户）与超大型在线平台（VLOPs，即在欧盟拥有超过4500万消费者）概念。这两项法案共同构成了欧盟互联网平台监管的欧洲方案。2022年1月21日，美国参议院司法委员会审议通过了《美国创新和在线选择法案》，旨在打击平台的歧视性及自惠性行为。该法案提出了“Covered Platforms”（大平台）一词，其特征为：年净销售额或市值超过5500亿美元，境内月活用户达到5000万以上等。2月3日，美国参议院司法委员通过《开放应用市场法案》，允许在应用商店之外下载应用程序，对象也是“在美国拥有或控制5000万以上用户”的平台。两项法案的矛头主要指向亚马逊、苹果、谷歌等硅谷巨头。

为更好地对互联网平台实施监管，各国还通过组建专门性机构、技术平台等，完善相关组织架构，使得相关监督、执法活动更为高效、专业。1月，韩国公平贸易委员会成立新的数字市场响应团队，以加强对平台巨头的监管；4月，欧盟计划开设美国旧金山办事处，以对美国科技公司进行更全面细致的审查；5月，法国数字监管机构被曝正在建立一个研究人员网络，负责审查平台的决定并标出潜在的违规行为，允许技术研究人员广泛访问推特、优兔、推

特、TikTok和其他平台，以打击网上的滥用、歧视和错误信息。

（二）反垄断监管态势趋严，平台并购等成为监管重点

各国对大型互联网平台滥用支配地位的监管力度不断加大，重点审查科技巨头并购活动与关键技术领域方面的垄断。一是从立法层面规范并购行为。除了前面提到的欧盟《数字市场法》外，美国也启动了相关的立法程序。2022年9月，美国众议院通过的《并购申报费现代化法案》提出，当大型合并交易需要政府审查时，企业需要提高向联邦机构支付的费用，这将为联邦贸易委员会和司法部反垄断部门筹集资金。对于需要审查的较小交易，费用将相应降低。美国国会议员肯·巴克（Ken Buck）指出，“这是恢复竞争、保护美国小企业免受大型科技公司垄断行为影响的第一步”。该法案对大型互联网平台开展并购形成一定压力。

二是严格审查并购交易。除了通过制度设计对平台并购进行限制之外，各国更多的是对并购交易进行严格审查以防互联网平台持续“坐大”。2022年，美国对大型互联网平台的并购、合并等交易进行了密集的审查，包括美国联邦贸易委员会（FTC）介入马斯克收购推特交易、调查芯片巨头博通向苹果供应蓝牙等芯片、对Meta发起反垄断诉讼阻止其并购虚拟现实健身软件“Within无限公司”、要求微软提交收购视频游戏公司动视暴雪（Activision Blizzard）交易的数据等。英国也多次出手，对互联网平台的并购行为进行深入审查和严厉的干涉。9月，英国竞争和市场管理局（CMA）对上述微软公司690亿美元收购视频游戏公司动视暴雪的交易进行深入的反垄断调查；10月，英国竞争监管机构审查科技巨头并购，再次命令Meta出售动画图像平台Giphy等。

（三）重视数据安全，重拳惩处互联网平台数据及隐私滥用

2022年，各国加大对互联网平台数据泄露和滥用的惩处力度，尤为重视保护未成年人的隐私数据。其中，以巨额罚款倒逼平台遵守相关规定成为常规动作。1月，法国数据监管机构国家信息自由委员会（CNIL）因谷歌和脸谱违反欧盟电子隐私规则，分别对其处以9000万欧元和6000万欧元的巨额罚款；3月，爱尔兰数据保护机构因严重数据泄露问题，对Meta处以1700万欧元罚款；5月，美国联邦贸易委员会因推特欺骗性地使用账户安全数据进行定向广告，对其罚款1.5亿美元；8月，澳大利亚因谷歌在收集个人位置数据方面误导用户，对其处以6000万美元的罚款；9月，韩国个人信息保护委员会对谷歌和Meta分别处以692亿韩元和308亿韩元罚款，理由是二者涉嫌在韩国未经用户同意收集个人信息并将此用于在线投放个性化广告，这是韩国首次对在线广告平台收集和利用用户信息的行为做出处罚决定。

值得注意的是，俄乌冲突背景下，围绕互联网平台的数据权力之争成为俄罗斯政府极为重视的问题。2022年，俄罗斯继续推动跨国互联网平台遵守“数据本地化”相关规定。6月，莫斯科一家法院以一再拒绝落实俄罗斯个人用户“数据本地化”相关法律规定为由，对谷歌公司处以1500万卢布罚款；7月12日和28日，苹果、WhatsApp因未对俄罗斯用户的数据进行本地化备份，分别被判处200万卢布和1800万卢布的罚款。此外，包括美国Airbnb、Pinterest、Twitch等在内的平台也以相同原因均被处以200万卢布的罚款。考虑到这些公司在俄营收，这些罚款金额不高，警告意味要更浓一些。

（四）关注内容安全，严惩互联网平台虚假性、煽动性信息

各国对互联网内容安全的重视程度大大提升，在压实平台内容传播责任的同时，也通过赋予平台用户更大的内容选择权来对抗不良信息的传播。

在平台侧，各国采取建立新规、加强执法等方式，敦促互联网平台加强内容监管。1月，印度以传播“虚假和煽动”内容为由屏蔽多个社交媒体账号；同月，澳大利亚《在线安全法》（OSA）正式生效，其中“打击网络欺凌澳大利亚儿童计划”得到了加强；2月，美国参议员提出《未成年人在线安全法案》，加强未成年在线安全保护；5月，欧盟委员会对消息服务提供商提出普遍的扫描义务，以打击在线儿童色情信息；6月，欧盟《关于应对网络恐怖主义内容传播的条例》正式实施，其提供了一个治理平台恐怖信息内容的法律框架；同月，欧盟发布新版《反虚假信息行为准则》，制定更广泛的措施来打击在线虚假信息；6月，新加坡提出将制定《在线安全实践准则》和《社交媒体内容监管准则》，加强社交媒体内容监管；7月，英国政府表示正在提出一项新法案，将要求社交媒体平台、视频流媒体服务方和搜索引擎采取行动，尽量减少人们接触外国政府支持的旨在干扰英国的所谓“虚假信息”的风险。

在用户侧，美欧进行了大胆的尝试，通过赋权让用户参与到不良内容传播监管与整治行动中。4月，英国提交议会进行二读的《在线安全法案》中加入给予用户更大控制权条款；6月，美国参议院提出《电子邮件算法分类中的政治偏见法案》，赋予用户更多权利来控制自己的电子邮件收件偏好；7月，欧洲议会批准的《数字服务法》让人们对在网上看到的内容有更多的控制权。

（五）互联网平台加强自我监管，通过行业自律寻求发展合规

2022 年，在各国政府和国际社会的不断施压下，部分社交媒体平台也在积极寻求行业自律，通过整治虚假煽动信息、谋求国际合作等方式实现合规发展。

一方面，科技巨头自觉主动整治暴力、错误信息。如推特公司 1 月 17 日宣布，推特的错误信息报告功能试用地区已扩展到 3 个新国家，以帮助研究不同语种用户的使用情况，从而提高该功能的有效性；优兔依据该平台的一项重大暴力事件政策，删除了 7 万多个与俄乌冲突有关的视频和 9000 多个频道；2 月，脸谱网母公司 Meta 表示，已删除了数十个与加拿大抗议卡车车队有关的群组、页面和账户，并指控上述群组由垃圾邮件发送者和骗子运营；2 月，Telegram 公司应德国政府要求屏蔽了 64 个德国频道，以阻止有关新冠疫情的虚假信息以及暴力抗议活动的传播。其中，涉政治类信息成为各大互联网平台治理的重点，其存在配合政府行动或向政府“示好”的可能。如 1 月推特成立工作组监控美国会大厦暴乱一周年相关内容，脸谱网和优兔网也表示正密切监控有关美国选举的错误信息。8 月，Meta 推出中期选举计划并承诺消除错误信息。值得注意的是，互联网平台在内容治理方面普遍存在一定的政治偏见。

另一方面，互联网平台积极与国际组织合作打击非法信息。2 月，全球打击极端主义意识形态中心（Etidal）和 Telegram 平台在预防和打击网络恐怖主义和暴力极端主义方面寻求合作；5 月，Meta 通过建立全球事实核查合作伙伴网络打击错误信息传播。

二、各国互联网平台治理与反垄断新特征

（一）愈加强调事前监管，互联网平台治理链条进一步延伸

为减少反垄断法的实施成本与错误成本，及时有效地回应鼓励科技创新和维护自由公平竞争的现实需求，创建事前监管成为平台反垄断的新趋势。如 2022 年 1 月 5 日，德国联邦卡特尔局（FCO）将谷歌指定为“对市场具有关键影响力”的公司，谷歌成为第一个获得该标签的公司。FCO 可根据最新修订的《德国反限制竞争法》赋予的权限，就谷歌的个人数据使用方式等展开广泛调查。这一举措实际上反映了该机构对谷歌等进行事前监管的权力。俄罗斯联邦反垄断局（FAS）于 2022 年 2 月与大型互联网公司签署加入数字市场公

平行为基本原则的备忘录，旨在建立自我监管机构，通过前置行业自律的方式强调事前监管。欧盟《数字市场法》更是通过对“守门人”进行约束实现事前监管。该法案对“守门人”应当遵守的禁令与应尽义务进行了较为详细的规定，相当于为“守门人”的市场行为画了红线，强化了政府机构对数字市场的监管权力。同时，美国的《美国创新和在线选择法案》和《开放应用市场法案》也有类似于“守门人”的定义，其起到的规范作用与《数字市场法》也较为类似。引入事前监管框架，有助于加快公共干预，能约束互联网平台的商业自由，并赋予监管机构广泛的执法权力，这将是具有深远意义的一步。

（二）深入改革传统监管，探索互联网平台综合性治理体系

多年来，各国在对互联网平台，尤其是大型互联网平台的治理方面耗费了大量的行政资源。部分反垄断调查延续时间长、牵涉部门多，且起不到震慑作用。究其原因在于传统反垄断执法在责任认定、举证等方面存在诸多困难。为解决这一问题，欧美从主体认定方面入手，通过“指定”的方式来确立监管对象，通过设定权力与义务的方式规范其行为。欧盟《数字市场法》《美国创新和在线选择法案》等以定性标准和定量标准结合的方式，以活跃用户、市值等指定满足标准的“守门人”或“大平台”，明确监管对象，有助于避开传统反垄断法中关于相关市场界定和市场支配地位认定的复杂过程。同时，通过设立“行为准则”，将举证责任倒置。在案件触发时由受管辖平台证明“其行为不会损害竞争”，降低了反垄断执法机构的执法难度。此外，各国探索通过设立专门性的执法机构来强化执法能力，实现专业性的监管。如美国 2022 年提出的《数字平台委员会法案》（DPCA），意图通过在联邦层面设立由不同领域专家组成的数字平台委员会，专门对“系统重要性的数字平台”进行全面的监管，以弥补现有反垄断法在数字平台监管问题上于规则层面和执行层面存在的不足。

（三）监管带有地缘博弈目的，互联网平台政治化风险加大

随着监管升级深化，互联网平台成为欧美等开展地缘政治斗争的重要工具。尤其是要求平台配合审查政治意识形态类内容更加频繁。2022 年 1 月，推特发布的透明度报告显示，各国政府向推特发出的删帖请求创下历史新高；同月，欧洲数据保护监管局（EDPS）发布《关于“关于政治广告透明度和精准投放的监管提案”的意见》，全面禁止出于政治目的的微目标。俄乌冲突爆发后，这种态势更为明显。欧盟、俄罗斯分别对互联网平台施压，以打击虚假信息、暴恐信息等为由，向平台下达“删除令”“禁言令”等。互联网平台在各国政府压力下事实上成为信息战的主要阵地。

（四）监管带来政企利益冲突，超大平台反制问题待解

2022年，西方主要互联网平台主动配合基于社会公共利益的政府监管与治理，包括在内容监管、数据安全等方面配合政府展开行动。但当经济利益受到监管行动的直接冲击时，大型平台的这种配合大打折扣，甚至出现对抗行动。苹果、亚马逊、Meta等公司加大政治游说，发起大规模宣传，指控《美国创新和在线选择法案》《开放应用市场法案》等“破坏用户的隐私和安全”，大肆利用美国中小企业向美国国会施压，要求撤回相关反垄断法案。另有文件显示，脸谱网已经向美国政界人士提供了数百万美元谋求取得豁免权，以帮助该公司解决频繁出现的政治和法律问题，包括反对参众两院通过大型科技公司权力的反垄断立法，要求在内容审核、选举诚信、区块链政策等方面增加自主权。据美国司法部调查，亚马逊被指控非法阻挠美国众议院反垄断调查，谷歌滥用“保密特权”对抗谷歌搜索反垄断调查。在欧盟，谷歌等大型平台尝试通过法律诉讼来阻止《数字市场法》实施。虽然各国对互联网平台反垄断诉讼不减，但谷歌、Meta等正对类似罚款提出上诉，这或让类似的“法律战”拖延十年甚至更长时间，影响互联网平台治理成效。

三、启示与建议

（一）重点加强互联网平台投资并购管理，防止资本无序扩张

目前，从美国到欧洲，通过立法、调查、处罚等各种手段对平台企业的扩张进行规制已经是各国的基本共识。我国在互联网治理与反垄断方面，也已出台了《反垄断法》《反不正当竞争法》等法律，形成了比较健全的法律体系。下一步，要强化反垄断和反不正当竞争法，依法查处互联网企业滥用市场支配地位和垄断协议行为，加大对“互联网企业采取无资质进入等方式进行资本无序扩张”行为的监管和处罚力度。要加快建设与反垄断民事诉讼相关的法律，重点新增有关反垄断实体审查判断标准和互联网平台行为规制的内容，充分发挥司法裁判的引领作用，加强对平台经济等新业态领域不正当竞争行为的规制。落实企业重大投资并购事前审核制度，严格遵照审核标准和审核流程，有效防范投资并购中可能引发的意识形态安全、数据安全等风险。实施境外上市

监管，从严掌握涉意识形态和数据安全的企业境外上市。

（二）规范互联网平台数据收集使用，有针对性地强化数据安全防护

2022 年以来，全球范围内的数据泄露事件层出不穷、影响广泛，引发各国政府高度重视。当前全球网络空间安全形势持续演变，外部环境日趋严峻，如果此类事件持续发生，势必会带来诸多连锁风险。对此，需加强数据安全防护能力建设，对个人信息和重要数据进行重点保护，对核心数据实行严格保护。建议分行业开展数据分类分级管理、数据安全评估和数据安全防护工作；督促互联网企业加强数据收集、流转、处理、使用等环节管理，强化数据滥用风险识别、评估、监测和预警；进一步对互联网用户的个人数据知情权、选择权、更正权、删除权进行明确，要求互联网企业尊重用户权益。

（三）大力培育自主可控的平台，坚持网络空间自主权

此次俄乌冲突中，直接反映出社交媒体尤其是全球化平台在国际舞台中的特殊角色。反观当前我国外宣工作，主要是通过美西方国家操纵的境外网站或社交平台开展，极易被封号或禁言，处于极度被动的境地。对此，建议积极鼓励自主自控的移动互联网应用和平台发展，持续推动国内高科技企业“造船出海”，争取打造出以我为主、为我可控、具有国际影响力的“舆论航母”，以此打破西方国家的发声渠道垄断。同时，必须把网络空间发展自主权牢牢攥在手中，在关键基础设施和域名管理等领域坚决探索自主发展道路，以防止未来我国在互联网领域陷入被动。

（四）本土化与国际合作并举，突破西方数字规则压制

当前，美欧等国家和地区正在积极推动立法进程，试图引领互联网平台治理的风向标，以此巩固国际数字市场中的规则制定话语权。在此背景下，我国需把握好内外两个大局。对内，我国必须更深一步对互联网平台进行监管探索与尝试，尽快找到适应我国数字经济发展水平的本土化监管路径，应当加深、加快研究适合我国国情的本土化数字平台监管制度安排，以避免政策不确定、方向不明确等问题给数字经济发展带来负面影响。对外，应当对当前国际互联网平台监管现状进行长期性、深入性跟踪研判，重视美欧反垄断立法在国际博弈中所扮演的重要法律工具角色。通过数字经济合作、法律法规、指南及内部指引等不同层面和方面加强与国际规则的接轨。在双边或多边经贸和投资谈判中就数字市场公平竞争、消费者保护等议题开展深入交流，主动融入全球数字治理体系。

4.7　主要国家和地区半导体产业发展

受俄乌冲突和疫情反复影响，半导体产业在 2022 年呈现波动发展态势。美西方国家在当前全球不稳定的环境下明确了自身发展方向，采用空前力度加大半导体资金投入，半导体产业链、供应链的本土化和自主可控发展趋势明显。在各国国家干预主义推动下，全球半导体产业供应链出现割裂，国家主体日益成为竞争主体。

一、主要国家和地区半导体发展情况梳理

（一）美国："对内自强、对外拉拢"，维护半导体产业霸权

2022 年，美国先后通过《美国竞争法案》和《芯片法案》，确立了今后一段时期半导体发展的"总方案"，共计 527 亿美元的芯片拨款包含四项基金：500 亿美元的"美国芯片基金"，390 亿美元用于鼓励芯片生产，110 亿美元用于补贴芯片研发；20 亿美元的"美国芯片国防基金"，主要补贴与国家安全相关的关键芯片的生产，2022 至 2026 年由美国国防部分期派发；5 亿美元的"美国芯片国际科技安全和创新基金"，用于支持建立安全可靠的半导体供应链；2 亿美元的"美国芯片劳动力和教育基金"，用于培育半导体行业人才。可以看出，该法案为芯片生产研发、供应链、人才培养和关键行业应用提供了全方位的支持。同时，为推动该法案的实施与落实，美国白宫还与商务部成立了跨部门协调团队。相关举措旨在"确保美国在未来的产业中继续保持领导者地位"。

美国通过多个部门在多个方面为半导体行业发展创造良好条件。在产业规划方面，美国政府对半导体行业进行了全面调查和研究，白宫于 2021 年 2 月 24 日协同七个重要部门发布第 14017 号行政令的审查报告，指出美国半导体权力遭侵蚀严重，政府对半导体行业的研究投资占比下降，地方和州政府就半导体产业给予的激励措施相对不足等问题，为推动半导体产业规划"把脉"。人才方面，放宽了对科学、技术、工程和数学（STEM）专业技能人才的签证限制，将与半导体等产业相关的 20 个高精尖研究领域人才列入签证优待名单中。创新方面，美国国家标准与技术研究院（NIST）与谷歌于 9 月签署了合

作协议，共同为不同用途设计多达40种的不同开源芯片电路，使得学术和小型企业研究人员可以在不受限制或不收取许可费的情况下使用芯片。行业安全方面，美国总统拜登于2022年9月15日签署一项行政命令，要求美国外国投资委员会（CFIUS）审查外国投资者对美国的投资事项，以确定每项交易对美国国家安全的影响。其中，半导体、人工智能、量子计算等领域成为了重点审查的领域。

为维护半导体霸权，美国也积极拉拢盟友和伙伴国家，构建半导体的“小院高墙”。美国通过多边及双边两个层次构建半导体供应链体系，如2022年3月，美国提出组建所谓“芯片四方联盟”（Chip4）的构想，以加强芯片产业合作；5月，美国—欧盟贸易和技术委员会举行第二次会议，提出在芯片领域建立网络监测机制，以尽早发现半导体短缺，放宽国家援助的原则，进一步深化美欧合作关系；7月，拜登政府又开始积极游说荷兰、日本政府，将两国用于生产电脑芯片的深紫光刻机也列入对华禁运名单。

（二）欧盟：提高半导体生态弹性，寻求半导体“战略自主权”

多年来，欧盟一直希望加强其在半导体芯片开发和制造方面的国际地位。2022年，欧盟提出并积极推进历史性的“芯片法案”，加强半导体生态系统，扶持本土芯片供应链，增强芯片技术的竞争力和自主性。

2022年2月8日，欧盟委员会正式公布《欧洲芯片法案》草案，提出调动430亿欧元的公共和私人投资加强半导体生态系统，旨在降低欧盟半导体产业的脆弱性和减少对外国参与者的依赖，重申其到2030年将全球半导体生产份额提高到20%的目标。其中，110亿欧元将用于资助“欧洲芯片计划”，以实现到2030年在芯片研究、设计和制造能力方面的技术领先，至少20亿欧元通过“芯片基金”对早期阶段的初创企业、快速成长的初创企业和供应链上的其他企业提供股权支持。430亿欧元的资金将主要来自欧盟此前开展的“数字欧洲”和“欧洲地平线”等现有项目。

该法案指出，欧洲需注入前所未有的资金水平，尽可能整合人才，充分利用自身优势，并聚焦未来最有前景的技术。该法案包含了三大支柱：研究、开发和创新政策；为尖端的晶圆厂提供新的国家援助豁免；监测供应链和干预危机的措施。支柱一（即研究）明确了法案是针对半导体技术开发的欧洲关键资源投资计划，涵盖了对泛欧虚拟设计平台、先进设计中心、先进制程、前沿技术和知识产权管理的投资，总共将动员110亿欧元的资金。支柱二（即开发）

提出了确保供应链安全的框架，以加快投资并确保投资是针对关键战略领域，如建立“首创”的综合生产设施（包括晶圆厂）。这将为在欧洲建立尖端“巨型晶圆厂”的制造商提供补贴打开大门。此前，建立巨型晶圆厂并不能满足欧洲工业补贴项目（IPCEI）的条件，欧洲芯片法为此制定“首创”规则，将允许对使用欧盟尚未采用，但在其他地方已采用的尖端技术的晶圆厂提供补贴。支柱三（即创新政策）意在建立针对半导体市场的监控机制，并建立可在危机时期进行干预的政策工具。这些措施包括了由欧盟委员会代表欧盟国家和行业进行“联合采购”，要求从国家支持中受益的晶圆代工企业首先向欧洲客户供货等。

技术主权是欧盟半导体产业布局的重要考量，重视提高欧盟在芯片领域的供应安全、弹性和技术主权。在资金补贴的基础上，法案还将加强欧洲整个半导体生态系统，保证供应的弹性与安全，减少对外部市场的依赖。欧盟委员会主席乌尔苏拉·冯德莱恩表示，“欧洲芯片法将改变欧洲单一市场的全球竞争力”“在短期内，它将使我们能够预测并避免供应链中断，从而增强我们对未来危机的抵御能力”。

此后，在不动摇三大支柱的基础上，欧盟对细节做出了一些修订，主要是将欧盟国家芯片补贴的范围放宽，而不仅是聚焦于最先进的芯片，对于欧洲的汽车和工业设备制造商更加有益。可以发现，经济效率对欧盟的布局考量起到了一定的推动作用。欧盟希望更好地发展汽车、消费电子等产业，并保障不受其他国家制约。

（三）韩国：期望成为产业“领头羊”，谋求供应链资源独立性和稳定性

韩国的三星、海力士均为半导体行业巨头，这是韩国参与国际半导体产业角逐的底气。韩国积极出台激励措施为半导体发展奠定基础，措施包括简化许可程序，对芯片产业的生态、研发及国际合作进行综合支援等。

2022年，韩国推动两大半导体产业的国家级战略规划实施落地，内容涵盖投资、审批、人才及机制等全方位的保障。7月21日，韩国政府公布《半导体超级强国战略》，从大力支持企业投资，官民合作培养半导体人才，确保系统半导体技术居世界领先地位，构建稳定的材料、零部件和设备生态系统四大行动方向发展本国半导体产业，力争到2030年将全球系统芯片市场的占有率从目前的3%提升至10%，将材料、零件、设备的自给率从30%上调至50%。8月4日，被称为“半导体特别法”的《关于加强与保护国家尖端战略产业竞争力的特别措施法》（也称《国家尖端战略产业法》）正式实施，该法通过指定特色园区、支援基础设施、放宽核心规制等，大幅加强对半导体等战略产业领域企业投资的支援。韩国政府还将组建由韩国总理领导的国家尖端战略产业委员会，作为战略产业政策的最高决策机构。7月24日，韩国知识产权局（KIPO）还宣布，为配合对半导体产业的国家性支援，将对半导体相关专利实施优先审查，审查期从12.7个月大大缩短至2.5个月左右，为确保核心专利提供全方位支援。

韩国半导体企业也在主动出击，在全球半导体产业链深刻调整的背景下寻求竞争优势。2022年5月，三星电子宣布未来五年内将投资450万亿韩元，以加速半导体、生物制药和其他下一代技术的发展，应对日益严重的经济和供应冲击。同时，三星电子还将与英特尔合作，展开下一代存储芯片、系统芯片、晶圆代工等多领域合作。另外，由于2019年韩国进口半导体材料受到日本限制，存在材料溢价、增加审批环节等问题，三星与SK集团正在寻求同日本公司加强在半导体材料和半导体原材料方面的合作，目的在于在全球不确定性增加的情况下，确保半导体材料及生产设备的稳定供应。

（四）日本：推动半导体产业“复活”战略，积极投资下一代半导体

日本曾长期处于半导体产业的领导者位置，而后竞争力有所衰落。2022年，日本开始推动其半导体产业“复活”计划，尤其是希望在下一代半导体研发方面有所建树。

日本在宏观经济政策方面对半导体产业予以高度重视。如2022年5月11日，日本参议院通过《经济安全保障推进法》，包括构建供应链、确保核心基础设施安全、尖端技术官民研究和专利不公开四部分，提出在半导体等重要的战略物资方面强化供应链安全。日本政府12月8日表示，将投入约7万亿日元来扩大日本国内投资，核心内容是为日本国内的尖端半导体生产提供投资支援等，预计到2027年度面向日本国内的设备投资额将达到100万亿日元。日本首相岸田文雄表示将投入资金，用于强化尖端半导体和蓄电池的日本国内产能，以及支援中小企业将生产基地从海外迁移到日本国内。

2022年11月，日本正式推出了其半导体产业发展的长期规划。该战略分为三步：一是从2020年起，紧急强化用于物联网（IoT）的半导体生产基盘；二是从2025年起，加强日美合作，从日美联合项目中获取新一代半导体技术，并在日本国内确立相关生产体系；三是从2030年起，加强全球化合作，实现光电融合技术等未来科技。在推动下一代半导体设计和制造的政策中，包含两方面具体措施：一是与美国建立联合芯片研究中心，目标是开发并掌握大规模生产 2 纳米先进半导体的能力，东京大学、日本产业技术综合研究所、理研研究所、美国和欧洲的企业和研究机构将参加此次活动；二是在日本政府主导下成立先进制程芯片公司 Rapidus，日本政府将向该公司补贴 700 亿日元。该公司由日本丰田、电装、索尼、日本电报电话公司（NTT）、日本电气（NEC）、软银、铠侠、三菱 UFJ 银行等来自多个行业的八大巨头联合组建，并与美国 IBM 等公司合作建立试验线，引进 EUV 光刻机等，目标是到 2027 年在日本国内生产超级计算机、人工智能等领域的下一代 2 纳米或者更小的芯片。

（五）俄罗斯：受到域外制裁高压，确立长短期目标

俄乌冲突爆发后，俄罗斯受到西方国家的多轮制裁，其中半导体产业遭到严重打击。2 月底，美国商务部对俄宣布的制裁决定中，包含了“阻止俄罗斯获得包括半导体在内的一系列技术”；5 月，英国对 63 家俄罗斯实体进行制裁，其中包括贝加尔电子和莫斯科 SPARC 技术中心（MCST）这两家俄最重要的芯片制造商，这两家企业被视为俄罗斯追求技术独立的关键。

为应对域外制裁和打压，俄罗斯政府出台了一系列财政补贴政策和投资计划，目标在于推动本国半导体的短期的正常供应和长期的技术突破。在战略投资方面，2022 年 4 月，俄罗斯制定半导体的国产化战略，预计到 2030 年总拨款 3.19 万亿卢布用于半导体制造、芯片研发、数据中心基础设施以及人才培养等。其中计划投资 4200 亿卢布，争取 2022 年内实现 90nm 芯片的量产，争取在 2030 年实现 28nm 成熟制程芯片的生产和制造。在技术设备研发方面，俄罗斯科学院应用物理研究所正在大力开发国产光刻机，计划在 2024 年之前建造一台功能齐全的设备，2028 年之前建成具有 7nm 工艺制造的光刻机；4 月初，俄罗斯联邦工业和贸易部向俄罗斯莫斯科电子技术学院（MIET）拨款 6.7 亿卢布用于研发新一代 EUV 光刻机的合同。企业扶持方面，9 月，俄罗斯宣布斥资 70 亿卢布支持俄最大的半导体公司米克朗（Mikron）提升芯片产能。

二、发展趋势与影响分析

（一）国家力量和资本深度干预，半导体产业政策趋势明显

长期以来，美欧秉持“自由市场”原则，对“由政府制定产业政策引导产业发展方向”持以谨慎的态度。但随着半导体成为地缘政治和科技博弈的重要工具，美欧开始纷纷出台重磅政策以推动半导体产业发展。2022年，美欧先后推出涉及半导体产业的重要法案，对产业的资金支持、发展目标进行了全面的规划，同时为保障政策的推进和目标的实现，建立领导组织体系，半导体顶层设计规划基本成型。这些做法，尤其是对半导体的研发和生产予以巨额补贴，具有明显的产业政策的特征。这也代表着美欧半导体产业发展由自由市场竞争，转向国家行政力量和资本深度介入和干预的阶段。尽管这些政策因为有违美欧长期以来的“自由市场”原则而受到域内外的批评乃至部分企业的抗争，但美欧政府仍然坚定不移地推动相关政策的落地，这释放出其不惜一切代价维护半导体产业霸权的强烈信号，未来不排除美欧继续加码相关产业政策力度。

（二）安全考量成政府共识，半导体产业自主发展意愿强烈

半导体产业区域集中度高，长期以来掌握在少数国家和地区手中。数字经济是各国政府推动经济发展的重要抓手，一些国家因半导体产业长久被少数企业以及特定国家和地区把持而存在极度不安的焦虑心态。对此，全球主要国家和地区都开始倾向于自建半导体产业链，各主要经济体在制定与之相关的、具有重要战略性质行业部门产业扶持政策方面动作频频，如日本提出强化本国供应链，加强技术开发；韩国扩大扶持力度，通过推动三星、海力士等企业“自强”以保障半导体供应链；美国则通过投资和补贴等吸引英特尔、台积电、三星等企业建厂。尤其是俄罗斯因西方制裁更是深刻认识到“半导体自强”的重要性，通过一系列补贴政策力图寻求“打破西方枷锁”。然而，考虑到经济效率、半导体产业壁垒等问题，各国的半导体产业发展目标未必都能实现，半导体产业集中在少数国家和地区的格局短期以内不会发生巨大改变。

（三）西方强化对中国打压围堵，半导体产业链高度撕裂

美欧等国家和地区以安全为由，阻挠中国参与全球半导体分工合作。美欧2022年多项政策直指中国，在研发工具、芯片贸易、投资准入、人员交流等多个层面限制中国的半导体产业发展。美国先是在芯片法案中加入“中国护栏”条款，禁止获得联邦资金的公司在中国大幅增产先进制程芯片，期限10年；后又于10月7日宣布对中国实施严厉的芯片出口管制，要求芯片制造商必须获得美国商务部的许可才能对华出口先进芯片和芯片制造设备。欧洲方面，先是德国于11月9日决定禁止中资企业收购包括Elmos芯片产线在内的德国两家半导体企业，后是英国于 11 月 16 日要求中国公司闻泰科技控股的荷兰安世半导体公司（Nexperia）出售完成并购和接管的纽波特晶圆制造厂（Newport Wafer Fabrications）86% 的股份。中国是全球最大的半导体市场，西方的打压在一定程度上推动了中国芯片国产化进程，中西方博弈背景下的全球半导体产业将更加地区化、割裂化。

三、启示与建议

（一）强调半导体产业的战略性

鉴于数字时代半导体产业对于国民经济发展和国家安全的重要作用，以及我国半导体产业落后以至于在关键领域被别人“卡脖子”的现实情况，我国应把促进芯片半导体产业发展作为一项国家战略工程加以系统推进。应当制定半导体领域发展战略和协同措施，做好近、中、远期的重点任务的统筹和协调。加大科技投入，建立我国半导体领域国家战略科技力量，充分发挥半导体领域的国家级科研机构、具有学科优势的高校以及科技创新型企业的作用，集中优势力量加快研发和创新速度，实现我国在半导体领域的科技自立自强。

（二）发挥政府对产业的主导性

美西方对半导体进行深度干预表明，政府在产业创新与竞争中的作用是永久性的。我国还需借鉴其半导体产业政策的经验，通过构建和谐的政企关系，充分发挥政企合力，用好国家与市场两股力量，培育我国的半导体产业生态系统和技术创新体系，实现自身在半导体产业链、供应链和价值链中的升级。一方面要确定半导体产业发展的长期路线图，在不同的发展阶段因地制宜地采取相应的投资、税收、财政以及知识产权等相关配套措施；另一方面也要以宏观调控为手段，在半导体产业链的各个环节进行全国性的资源调配，建立完整的产学研创新体系，为本土技术创新和企业发展提供良好的发展环境。

（三）构建全球合作的新格局

美西方采取科技脱钩政策实际上是想借助其技术和产业优势对我国进行“降维打击”。我国若过于强调半导体产业自主发展而“主动”与其脱钩则正落入其陷阱。我国应继续推动高水平对外开放，借鉴国际半导体产业规划推进的成功经验，通过调整全球合作战略，构建新的、不以美国为中心的全球创新网络，充分发挥我国的需求牵引优势和技术优势，推动国际标准组织和合作机构发展，在新技术领域形成中国与全球，特别是与欧洲和韩国相互深度嵌入、多赢的研发和供应体系，构建国内半导体产业自主发展和国际合作并进新格局。同时，在技术和市场相对成熟时，鼓励我国企业以独资、合资、合作等多种形式在政治友好或中立的国家投资设立研发中心和工厂，进一步降低利用全球创新要素和市场的成本，构建多来源、多节点的“以我为主”的全球创新网络。

第5章

2022年主要战略文件选编

5.1 欧盟《2030年欧盟人工智能路线图》

一、简介

全球科技领导地位的竞争已成为欧盟的优先事项。如果欧盟不能迅速且勇敢地采取行动，最终将不得不遵循其他国家/地区制定的规则和标准，这可能会对欧盟的政治稳定、社会安全、基本权利、个人自由和经济竞争力产生破坏性影响。

人工智能（AI）是第四次工业革命中的关键新兴技术之一，有助于推出创新产品和服务，增加消费者的选择空间，提高生产效率，从而推动数字经济发展。到2030年，人工智能对全球经济的贡献值预计将超过11万亿欧元。但是，人工智能技术存在降低人类能动性的风险，应该始终坚持以人为中心，确保技术值得信赖，不能取代人类的自主性，也不应该假定个人自由的丧失。必须确保第四次工业革命的包容性，不能让任何人掉队。

全球正在争夺人工智能的领导权。人工智能技术有望为开发、生产和采用此类技术并从中获利的经济体和国家带来巨大的经济价值。人工智能不是一种万能的技术，而是一套有效的工具和技术，可以造福社会。技术如何运用取决于我们如何设计。欧盟已宣布有意率先构建人工智能监管框架。欧盟必须对监管方式（包括保护基本权利和自由）进行定义，并充当全球标准制定者。因此，欧洲在人工智能方面的竞争力，以及欧盟在国际层面塑造监管格局的能力格外重要。人工智能的某些用途可能会给个人和社会带来风险，危及基本权利，因此，应由政策制定者加以处理，从而使人工智能有效地为人民和社会服务，为追求共同利益和普遍利益服务。

欧洲行为体要想在数字时代取得成功，要想成为人工智能领域的技术领导者，就要有明确的监管框架、政治承诺和更具前瞻性的思维模式，而目前而言，这些往往都有所欠缺。基于这种方法，欧盟公民和企业都可以从人工智能中受益，人工智能为提高竞争力提供了重大机遇。构建监管框架必须避免设置不合理障碍，妨碍欧洲行为体在数字时代取得成功。应大幅增加私人投资和公共投资，创造有助于在欧洲大陆上出现更多成功案例并得以发展的环境。

二、“适应数字时代的欧洲”——成为全球领导者的路线图

（一）构建有利的监管环境

1. 立法

由于单一数字市场需要经历真正的协调过程，因此，呼吁委员会在提出人工智能等领域的立法法案时，仅以新数字法律法规的形式提出。由于科技发展迅速，数字立法应该始终保持灵活性，基于原则，技术中立，面向未来并且适当。同时，在尊重基本权利的基础上，酌情采用基于风险的方法，防止对中小企业、初创企业、学术界和研究机构造成不必要的、额外的行政负担。此外，强调法律的高度确定性的重要性，因此，需要在销售、使用或开发人工智能技术的所有相关法律文本中制定健全、实用、明确的适用标准、定义和义务。

更好的监管议程是欧盟人工智能战略取得成功的关键。在提出新的立法法案之前，必须重点审查、调整、实施和执行现行法律的机制。

委员会在发布人工智能等领域的新数字提案之前，需要进行深入的事前影响评估，并进行充分的前瞻性分析和风险分析。影响评估应系统地描绘和评估相关的现行立法，以防出现重叠或冲突。

人工智能等领域的新法应辅以推广利益相关者制定的欧洲标准。欧盟应努力避免碎片化，国际标准可作为有用的参考，但欧盟应优先制定自己的标准。这些标准应该是欧盟内部最佳标准公平竞争的结果，欧盟和标准化组织应对此做出回应。技术标准和设计说明可以与标签计划相结合，提供值得信赖的服务和产品，这是建立消费者信任的一种方式。强调欧盟标准化组织在制定顶尖技术标准方面的作用。呼吁委员会根据 2012 年 10 月 25 日欧洲议会和理事会关于欧洲标准化的第 1025/2012 号条例，加速向欧洲标准化组织发出标准化指令。

开放的认证平台可以建立涉及政府、民间团体、企业和其他利益相关者的信任生态系统。

在涉及人工智能等首要议题时，呼吁议会、委员会和理事会完善能力，处

理内部权限冲突。这种冲突有可能拖延立法程序，并在立法生效方面产生连锁反应。

2. 治理和执行

呼吁在欧盟范围内始终如一地协调、实施和执行与人工智能相关的立法。

基于利益相关者的协商论坛是一种有发展前景的治理方法。这种方法使欧盟的人工智能生态系统能够践行其原则、价值观和实现目标，并在软件代码层反映社会利益。

强调“节奏问题”，需要特别关注法院和监管机构有效的事后执法，以及应对新兴技术带来的法律挑战的事前执法。支持使用监管沙盒，为人工智能开发者提供独特的机会，在主管部门的监督下快速、敏捷和受控地进行实验。这些监管沙盒将成为实验空间，在人工智能系统和新商业模式进入市场之前，在受控的现实环境中接受测试。

3. 人工智能的法律框架

欧盟数字战略的基本目标和人工智能战略的基本目标是在数字化世界中打造“欧洲路径”，这种路径应以人为本、值得信赖、以道德原则为指导，并以社会市场经济概念为基础。个人及对其基本权利的保护应始终是一切政治和立法考量的中心。

同意委员会在其2020年《人工智能白皮书》中得出的结论，即有必要为人工智能建立基于风险的法律框架，特别是要涵盖基于透明度、可审计性和问责制的高水平道德标准，并结合产品安全规定、适当的责任规则和特定部门的规定，同时为企业和用户提供足够的灵活性和法律确定性以及公平的竞争环境，以促进人工智能的应用和创新。

在立法时，经合组织（OECD）制定的概念、术语和标准对定义人工智能具有启示性和指导性，这样做将使欧盟在未来的国际人工智能治理体系塑造时占据优势。

人工智能并不总是一种应该受到监管的技术，但监管干预的程度应与使用人工智能系统所引发的个人风险和/或社会风险的类别相称。强调区分“高风险”和“低风险”人工智能用例的重要性，“高风险”用例需要严格的额外立法保障，而“低风险”用例在很多情况下可能只需要为最终用户和消费者提出透明度要求。

将人工智能系统列为“高风险”分类，应基于其具体用途，以及在违反欧盟法律规定的基本权利和健康与安全规则的情况下，可能发生的伤害的背景、性质、概率、严重程度和潜在不可逆转性。这种分类应接受指导，并促进人工智能开发者的最佳实践交流。必须始终尊重隐私权，人工智能开发者应保证完全遵守数据保护规则。

可能与儿童互动的人工智能系统或以其他方式影响儿童的人工智能系统，都必须考虑到儿童的权利和脆弱性，并在设计时、在默认情况下满足安全、安保和隐私相关现行最高标准。

与企业对消费者（B2C）环境相比，人工智能系统在企业对企业（B2B）环境下的运行环境可能不同，需要通过消费者保护立法来合法地保护消费者权利。虽然公司可以通过与商业伙伴直接签订合同的方式来快速且低成本地解决法律责任和其他法律问题，但可能需要通过立法的方式来保护较小的企业，防止主导行为体利用商业或技术锁定、市场进入壁垒或信息不对称等手段滥用市场权力，有必要考虑中小企业和初创企业的综合需求，避免它们与大公司相比时处于不利地位。

销售和使用人工智能应用可能会引起公开的道德问题，有必要采用基于原则的方法来解决这些问题，这些原则包括基本的强制性原则，如不伤害原则、尊重人类尊严和基本权利的原则，以及保护民主进程。人工智能发展的良好实践，例如以人为本的人工智能、负责任的治理、透明原则和可解释原则，以及与联合国《2030 年可持续发展议程》完全一致的可持续人工智能原则，是塑造人工智能经济的其他重要组成部分。

完全消除人工智能算法偏见并不总是能够实现的，因为数据无差错这个理想目标很难或几乎不可能实现。即使人工智能系统已经经过测试，但当它被部署在不同于其训练数据和测试数据构成的现实环境中时，也可能产生偏见结果，这是不可避免的。欧盟应努力提高数据集和算法的透明度，与人工智能开发者密切合作，以抵消和减少结构性的社会偏见，并在开发的早期阶段考虑制定强制性的人权尽职调查规则。

虽然人工智能系统的透明度或可解释性义务是有意义的，在很多情况下也是有帮助的，但不可能在所有情况下都落实到位，必须保护知识产权和商业秘密不受工业间谍活动等非法行为的侵害。

知识产权立法框架必须继续激励和保护人工智能创新人员，向他们授予专利，作为开发和发布其作品的奖励。现行法律大多是面向未来的，但建议进行若干调整，包括整合开源元素，以及在适当情况下通过政府采购要求人工智能解决方案使用开源软件。提出新的专利许可形式，确保无法负担这些工具的地区和倡议能够获取使用。

基于明确规则和标准的强制性事前风险自评以及数据保护影响评估，辅以带有相关和适当CE标志的第三方符合性评估，结合事后市场监督执法，有助于确保市场上的人工智能系统的安全性和可靠性。为了防止中小企业被挤出市场，按照人工智能法制定的标准和指南应在小企业紧密参与的情况下制定，尽可能与国际接轨，并免费提供。

为了提高产品的安全性，改进故障识别，高风险人工智能的开发者应确保安全地维护算法活动日志的可访问性。鉴于此，在适当的情况下，开发者应设计带有嵌入机制“停止按钮”的高风险人工智能系统，以便人为干预，在任何时候都可以安全有效地停止自动化活动，确保人机协同的方法。人工智能系统的输出和逻辑推理应始终是人类可理解的。

基于人工智能系统带来的法律挑战，有必要考虑对现有责任规则的特定部分进行修订，因此期待委员会提出人工智能责任相关立法提案。针对人工智能造成的大部分伤害，强调《产品责任指令》和国家过错责任制度原则上可以继续作为核心的法律依据进行适用。在某些情况下，可能会出现不适当的结果，但告诫任何修订都应考虑到现行的产品安全法，并应基于明确界定的差异性，同时面向未来，能够有效实施，并确保保护欧盟范围内的个人。

在理解风险方面，法律框架不应要求儿童承担与成人相同的个人责任。

可以考虑对“产品”（包括集成软件应用程序、数字服务和产品间依赖性）和“生产者”（包括后端运营商、服务提供商和数据供应商）的部分法律定义进行修改，确保可以对这些技术造成的伤害进行赔偿。应避免对“产品”的定义过于宽泛或过于狭窄。

由于人工智能系统的特点（例如其复杂性、连通性、不透明性、脆弱性、通过更新进行修改的能力、自学能力和潜在的自主性）以及参与系统开发、部署和使用的众多行为体，欧盟和国家责任框架条款的有效性面临重大挑战。因此，虽然没有必要对运行良好的责任制度进行全面修订，但有必要对欧洲和国家责任制度进行协调性方面的具体调整，避免遭受损害的人或遭受财产损失的人最终得不到赔偿。虽然高风险的人工智能系统应受严格的责任法律管辖，也有强制性保险作为保障，但如果由人工智能系统驱动的任何其他活动、设备或流程造成伤害或损害，则仍应适用过错责任。受到影响的人仍应受益于经营者的过错推定，除非经营者能够证明其已履行注意义务。

（二）建成单一数字市场

1. 国家人工智能战略

呼吁成员国审查其国家人工智能战略，因为其中一些战略仍然模糊不清，缺乏明确的目标，包括面向全社会的数字教育战略以及专家的高级资格相关战略。建议成员国制定明确的、可量化的具体行动，同时努力实现这些行动之间的协同效应。

呼吁委员会帮助成员国确定优先事项，并尽可能使各成员国的人工智能战略和监管环境保持一致，确保整个欧盟的连贯性和一致性。虽然各国采取多种措施是确立最佳实践的良好方法，但如果人工智能开发者和研究者面临 27 个成员国各不相同的操作参数和监管义务，他们的工作将面临严重阻碍。

2. 市场壁垒

敦促委员会继续开展工作，消除妨碍全面建成单一数字市场的不合理障碍（包括基于国家的不当歧视、不全面的专业资格互认、过于烦琐的市场准入程序、不必要的高额合规性成本和不一致的符合性评估程序），并解决频繁使用减损条款导致的不同成员国司法管辖区之间规则不同的问题。与每个成员国自行制定人工智能规则的分散方式相比，跨境运营的公司更欢迎适用于整个欧盟的规则，这将有助于推动欧洲在人工智能发展和部署方面占据领导地位。

呼吁委员会加快建立真正的资本市场联盟。强调需要增加企业获得金融资源的机会，特别是对于中小企业、初创企业和规模化企业而言。

以建成单一数字市场为目标的立法文件谈判仍在继续，需要迅速达成一致。

呼吁委员会确保单一市场规则的持续执行。

对新的立法框架的更新应小心谨慎，确保其与数字产品和服务保持一致。建议将重点放在合规程序的现代化和精简化上，允许公司通过使用数字CE标志、电子标签或数字安全说明等方式，引入数字化，替代现有的模拟化和纸质方式。

鼓励委员会为有意愿开展线上经营的传统企业提供支持。鼓励开展更多针对中小企业和初创企业的宣传活动，期待欧盟在这方面未来有新的立法，并加强市场监督规则的执行力度，提升欧洲消费者的信任度。

3. 公平的竞争环境

目前的国家和欧洲竞争以及反垄断框架需要进行改革，这样才能更好地聚焦于数字经济中的市场力量滥用和算法合谋，以及数据积累相关问题，并在不影响创新的情况下更好地应对新出现的垄断风险。对即将得到批准的《数字市场法》表示欢迎。呼吁考虑人工智能领域潜在的具体竞争问题。

这种改革应加强循证方法，更多地考虑数据的价值和网络效应的影响，为市场主导型平台引入明确的规则，增加数字经济合作的法律确定性。

委员会应调整其市场定义实践，以便更准确地定义市场，根据数字部门的现代市场现况，开展动态分析，并从长远角度评估是否存在竞争压力。

呼吁委员会和国家竞争主管部门加大力度，持续监测数字市场，确定制约竞争的因素和竞争瓶颈，随后提高对滥用主导地位或从事反竞争行为的公司进行纠正的频次。

呼吁成员国大幅增加对竞争主管部门的资助，提升其技术能力，确保在快节奏的复杂数字经济中有效且迅速地执行竞争规则。竞争主管部门应加快推进滥用诉讼程序，并在必要时采取临时措施，维护和促进公平竞争，同时保障公司的程序性辩护权利。

（三）数字绿色基础设施

1. 连接性和计算能力

呼吁委员会继续落实“到2030年激励75%的欧洲企业采用云计算服务、大数据和人工智能”，以保持全球竞争力的雄心，并加快推进其气候中和目标，确保到2050年实现该目标。

需要开发和部署涵盖边缘计算的新型数据处理技术，这样才能转变人工智能的数据处理方式，从而从基于云的集中式基础设施模式转向增强的去中心化数据处理模式。加强对分布式计算集群、边缘节点和数字微控制器举措的投资和研究。由于集合优化的好处已经丧失，转向广泛使用边缘解决方案可能会强化资源密集属性，边缘基础设施的环境成本/效益应在欧洲云战略的系统层面上进行研究。

人工智能需要强大的硬件才能使复杂的算法发挥作用，包括高性能计算、量子计算以及物联网。呼吁继续增加有针对性的公共和私人资金投入，用于研究降低能源消耗的创新解决方案（包括软件生态设计）；呼吁根据最佳实践，在欧盟层面制定衡量数字基础设施资源使用情况的标准；对全球微处理器危机表示关切，并在这方面欢迎委员会提出《芯片法》提案，减少欧盟目前对外部供应商的依赖；对未来市场上存在产能过剩的风险提出警告，并提醒要认真考虑投资周期。

高速正常运行的人工智能基础设施必须建立基于公平、安全的高速数字连接，这要求到 2030 年，在所有城市地区推出 5G 服务，同时，实现大规模接入超高速宽带网络，并落实具备许可条件的频谱政策，这些条件能确保可预测性，促进长期投资，不扭曲竞争；敦促成员国继续实施 5G 工具箱；呼吁实施《宽带成本削减指令》，促进网络部署；呼吁委员会对 5G 进行环境影响评估；强调通过欧盟的传播战略抵制 5G 网络虚假信息传播的重要性；广泛和包容的辩论最终将有助于在公民中建立起对持续发展移动网络行动的信任。

呼吁委员会为成员国、城市、地区和行业制定时间表，优化 5G 的行政审批流程；要求在公共部门开展推广的地区提供更多资金，为偏远社区提供高速连接，并为缩小数字鸿沟做出贡献；呼吁在多年期财政框架下支持宽带和连接项目，让地方主管部门更容易获得资金支持，避免公共资金利用不足。

呼吁委员会评估人工智能和下一波数字基础设施之间的相互作用，使欧洲能够在下一代网络（包括 6G 在内）中处于领先地位。

呼吁制定在农村地区部署光纤网络、铺设宽带的明确战略，这也是人工智能等数据密集型技术的关键；呼吁欧洲投资银行加大对农村地区连接项目的支持力度。

为了实现“数字罗盘”（Digital Compass）计划设定的目标，部署网络和快速推广所需的大量投资需要达成基础设施共享协议，这也是促进可持续发展、降低能耗的关键。

2. 可持续发展

敦促欧盟根据《巴黎协定》的目标，结合《欧洲绿色协议》政策方案，到 2030 年，率先实现绿色数字基础设施气候中立并提升能效；呼吁采取协调一致的全球多边行动，利用人工智能应对气候变化、环境和生态退化以及生物多样性丧失挑战。

敦促利用人工智能监测各城市的能源消耗，并制定措施提高能效。

充分认识大规模人工智能应用的数据密集性和资源密集性特点，及其对环境的影响；为了使欧洲人工智能具有可持续性和环境责任性，在设计、开发和部署人工智能系统时应实现绿色转型、气候中立和循环经济。

呼吁委员会鼓励使用能够支持碳中和的高能效数据中心。

由于数据中心目前信息共享不足，公共行动和对数据中心的环境表现进行对比分析受到了阻碍；呼吁大幅增加人工智能发展的环境影响评估；呼吁制定要求，确保有适当的证据来衡量大规模人工智能应用的环境足迹；指出有必要为人工智能的环境影响评估（包括多标准生命周期评估）制定明确的规则和指引；呼吁提供数据中心的环境关键绩效指标，制定欧盟标准并创建欧盟绿色云计算标签。

呼吁为数字技术和人工智能制定循环经济计划，欧盟应确保具备强大的信息和通信技术（ICT）回收链。

建议根据所有部门的绿色转型和数字孪生转型情况，推动使用基于人工智能的解决方案，协调企业的可持续标准，监测能源效率，收集排放和产品生命周期相关信息。

呼吁委员会针对人工智能解决方案发起竞赛，发布任务，以解决特定环境问题，并加强“欧洲地平线”和“数字欧洲”计划中相关组成部分；与人工智能解决环境问题有关的项目应在负责任且合乎道德的研究和创新基础上进行。

呼吁委员会制定环境标准，并将欧盟的人工智能预算、资金和政府采购程序与其环境表现挂钩。

呼吁委员会推动建设智能城市，包括智能建筑、智能电网、联网汽车、移动平台、公共服务和物流；支持开发项目和应用的最佳实践集合；智能城市需要国家和地方政府之间，以及政府机构和私人团体之间的良好合作。

需要确定原则，确保在建立新的可持续性数据空间时，可以整合相关的气候数据和可持续发展数据。

呼吁委员会与成员国和私营部门合作，建立和支持测试设施，对人工智能应用的可持续性进行测试，并就如何改善这些应用的环境足迹提供指导；鼓励调整现有的测试设施，关注循环生产中的用例。

呼吁委员会推广可持续的交通基础设施，这些设施利用人工智能提高效率、减少污染，并提高对用户需求的适应性。

（四）卓越的生态系统

1. 人才

呼吁委员会在数字能力框架的基础上为个人创建人工智能能力框架，为公民、劳动者和企业提供与人工智能相关的培训和学习机会，并在欧盟和国家层面改进组织与公司之间在知识、最佳实践以及媒体和数据素养方面的共享；要求委员会在现有人工智能教育计划的基础上迅速采取行动，创建上述能力框架；建议建立欧洲人工智能技能数据空间，支持所有成员国在部门和区域层面的欧洲技能培训；强调需要为所有人提供数字和人工智能技能及相关教学，特别是妇女和弱势群体；敦促委员会和成员国支持加强人工智能基本培训的免费在线课程。

敦促投资于研究，以更好地了解劳动力市场中与人工智能有关的结构性趋势，包括哪些技能在未来有更高的需求或面临短缺的风险，以便为雇员过渡计划提供信息。

在成人职业培训方面缺乏有针对性的系统措施；呼吁委员会和成员国制定政策，包括适当投资于劳动力的新技能学习和技能提升，让公民了解算法的运作方式及其对日常生活的影响；呼吁对那些因数字转型已经失去工作或有可能失去工作的人给予特别关注，目的是让他们准备好使用与人工智能及信息和通信技术（ICT）相关的技术；呼吁委员会激励和投资于关乎多方利益的技能伙伴关系，以检验最佳实践；建议监测欧盟内部与人工智能相关的高质量工作岗位的创造情况。

只有对妇女和老年人有针对性地采取包容性措施，才能消除现有的数字鸿沟，因此，呼吁对有针对性的技能提升和教育措施进行大量投资，消除数字鸿沟，呼吁委员会和成员国从这个方面改善性别平等的文化和工作条件。

呼吁委员会推动人工智能和ICT相关公司的性别平等，包括为数字部门中由女性领导的项目提供资金，在人工智能和ICT相关研究的融资要求中对女性参与者的最低数量提出要求。

解决人才短缺问题需要确保增加、吸引和留住顶尖人才；敦促委员会继续落实在欧盟雇用 2000 万名信息和通信技术（ICT）专家的目标；为了留住顶尖的人工智能人才并防止人才流失，欧盟需要提供有竞争力的薪酬、改善工作条件、开展跨境合作，建设有竞争力的基础设施。

强调简化、合理的联盟框架对吸引技术领域国际人才的附加价值，它可以使人才在欧盟内部流动或从欧盟外部流入，便于国际人才进入欧盟劳动力市场，并根据需求吸引工作者和学生；强调需要使用新的创新工具，制定新的法律，帮助雇主与潜在的信息和通信技术（ICT）工作者进行匹配，解决劳动力市场短缺的问题，促进国际资格和技能认证；建议创建欧盟人才库和匹配平台，为希望在欧盟申请工作的国际人才和在国外寻找潜在雇员的雇主提供一站式服务；呼吁委员会扩大欧盟蓝卡的适用范围，确保欧洲对全球人才保持开放。

跨成员国边境开展远程工作的需求日增，呼吁委员会响应需求，允许欧盟和国际雇员在一国居住，在另一成员国开展远程工作；建议全面审查远程工作的立法障碍和其他障碍，并在随后的立法提案中解决这些障碍。

人才分布可能不均衡，因此需要加强欧盟各地区和各成员国之间的创新凝聚力。

呼吁委员会和成员国适当保护工作者的权利和福祉；在工作中使用人工智能时，雇主必须公开其使用方式及其对工作条件的影响，在使用基于人工智能的设备和实践之前，必须告知工作者并征求其意见；算法必须始终在人的监督之下，其决定必须可以问责、接受质疑，并且在相关情况下可以逆转；应鼓励对算法开发者进行道德、透明度和反歧视方面的培训。

呼吁制定关于儿童安全使用人工智能的欧洲战略，让儿童了解与人工智能的互动，保护他们规避风险和潜在伤害。

呼吁成员国将数字技能和数字素养作为基础教育和终身学习的组成部分；呼吁从早期阶段建立高性能人工智能教育系统，从小学教育开始，培养数字素养、数字技能和数字适应能力；开发有效的数字教育课程需要有政治意愿、充足的资源，并开展科学研究；呼吁委员会提倡欧洲所有中小学、大学和教育机构推出人工智能和计算能力课程；成人教育和中小学教育同样需要培养此类技能；呼吁委员会和成员国在欧盟层面采取全面一致的人工智能技能和教育政策举措，呼吁对工作场所的人工智能提出立法倡议。

有必要在多科性大学开设以数字和人工智能技能（包括卫生方面）为重点的课程，有必要建立跨学科的研究中心。

呼吁成员国优先开发科学、技术、工程和数学（STEM）领域以及编程方面的创新教学方法和课程，特别是要提升数学和统计分析的质量，以便理解人工智能算法；呼吁委员会和成员国推广STEM学科，增加这些领域的学生人数；强调与STEM学科相互影响的其他学科对于推广数字技能也至关重要。

鼓励成员国推动女性从事与STEM、ICT及人工智能相关的研究和工作，实现性别平等。

数字教育还应提高人们对机器学习的认识，机器学习对日常生活的方方面面都可能产生影响，包括推荐引擎、定向广告、社交媒体算法和深度伪造；需要开展额外的媒体教育，将新的数字和人工智能技能置于大的背景之下进行思考，呼吁支持和认可面向所有公民的人工智能素养课程。

呼吁采取措施，确保每个教育设施都有宽带接入；需要为欧洲的大学及其网络提供足够的计算资源以训练人工智能模型；需要确保教师拥有必要的人工智能技能和工具；呼吁加大对教师技术培训和开发创新教学工具的重视力度。

要求对青年编码技能计划进行投资，培养青年的人工智能技能，助其获得高水平任职资格；欧盟的数字机会实习项目应进一步扩大到职业培训。

2. 研究

呼吁欧盟增加对人工智能和其他关键技术（如机器人、量子计算、微电子、物联网、纳米技术和 3D 打印）研究的投资；呼吁委员会制定欧洲人工智能战略研究路线图，解决重大跨学科挑战，让人工智能成为解决方案的一部分。

鼓励所有成员国上调数字技术研究支出在国内生产总值的占比；敦促继续推进“欧洲地平线”（Horizon Europe）计划，特别是要强化其人工智能、数据和机器人伙伴关系以及欧洲创新理事会；敦促扩大“数字欧洲”计划，并应对已经划拨的 76 亿欧元拨款进行追加。

需要优先在欧盟层面开展人工智能领域的研究；呼吁委员会简化研究经费管理组织架构，包括经费申请要求和流程；需要利用欧洲人工智能研究路线图，提高提案审查的质量和一致性，提高资金调度工具及资金调度时间的可预测性，以支持长期规划；呼吁委员会通过不同方式为人工智能领域的应用提供资金。

呼吁委员会和成员国优先资助拥有可持续性且对社会负责的人工智能研究，助力寻找保障和促进基本权利的解决方案，避免资助对这些权利构成不可接受风险的方案。

鼓励在欧洲的大学增设人工智能教学岗位，为人工智能研究提供足够的工资，并提高公共资金数额，从而妥善地培养和留住当前和下一代研究者和人才，防止人才流失；需要减少阻碍大学研究人员轻松获得资金的官僚主义障碍，并呼吁委员会提供工具，提高成员国内和跨成员国的大学之间的数字互联互通；敦促在欧洲的大学、研究机构和私营部门发展人工智能的跨领域网络，建立专门的人工智能多学科研究中心。

如果应用研究项目含有人工智能维度，建议大学加大资助力度。

呼吁委员会通过与大学里的法律专业人士和商业顾问建立商业网络和联络点，通过建立公民小组、科学和社会平台，并让公众参与制定人工智能研究议程，改善人工智能研究和公众之间的知识转移；强调从学术界顺利过渡到产业界的重要性，强调两者之间的紧密连接对成功且充满活力的人工智能生态系统和工业中心的附加价值。

有必要加快欧盟人工智能应用从研究和科学到产业和公共部门的知识转移；鼓励在人工智能领域建立专门的公私伙伴关系；呼吁委员会在产业界和民间团体的参与下，共同建立欧洲人工智能数据中心；强调人工智能测试场地的重要性。

为了建立强大的欧洲研究组织联盟，呼吁在“欧洲地平线”框架下，以现有和未来的区域人工智能卓越中心网络为基础，建立人工智能灯塔；该联盟将共享同一幅发展路线图，支持卓越的基础和应用研究，协调国家人工智能措施，促进创新和投资，吸引并留住欧洲人工智能人才，并创造协同效应和规模经济；灯塔概念有潜力吸引国外最优秀和最聪明的头脑，并将大量私人投资引入欧洲。

与其他研究机构和产业界合作的人工智能灯塔，应得到足够的资金；强调人工智能产品、服务和方法上市前，在受控的现实环境中用控制得当的监管沙盒进行测试的好处。

在“数字欧洲”计划下建立欧洲数字创新中心（EDIH）是基于大学—产业集群建立人工智能卓越生态系统的另一个重要步骤，但EDIH的构建标准仍然模糊不清，导致欧洲各地的EDIH在能力和发展方面存在差异；同时，欧洲创新和技术研究院建立了数字中心，“欧洲地平线”框架下也建立了数字中心，EDIH与这些数字中心的相互作用仍然不明确；鼓励委员会提倡在欧盟内外建立创业网络（如“创业欧洲”和“创业欧洲地中海”），促进思想交流、业务交流和网络交流。

建议扩大现有计划，推进雄心勃勃的、通力合作的和全欧盟范围内的研发项目。

（五）信任的生态系统

1. 社会与人工智能

除了建议的人工智能培训之外，欧盟及其成员国还应开展提高认识的运动，让公民更好地了解人工智能带来的机会、风险以及社会、法律和道德影响，进一步提升人工智能的可信度和民主化。

呼吁欧盟确保人工智能的开发、部署和使用充分尊重民主原则、基本权利，并以能够对抗监视机制、不对选举进行不当干预、不助长虚假信息散布的方式维护法律。

政府和企业只应部署和采购值得信赖的人工智能系统，这些系统的设计应维护工作者的权利，提升教育品质和数字素养，并且不会加剧性别差距或歧视。

支持对消费者保护法进行调整，以此作为建立对人工智能信任的另一种方式，例如，让消费者有权知道他们是否在与人工智能代理互动，这将使他们能够坚持要求人工智能决策得到人工审查，并为他们提供对抗商业监视或个性化定价的手段。

在工作场所引入某些人工智能技术（如使用员工数据的技术），应与员工代表和社会伙伴协商；员工及其代表应能要求雇主提供信息，说明收集了哪些数据、这些数据存储在哪里、如何处理这些数据以及为保护这些数据采取了哪些保障措施。

呼吁欧盟确保人工智能系统反映欧盟的文化和语言的多样性，防止偏见和歧视；为了解决人工智能的偏见，有必要推动特定人工智能应用开发、实施和风险评估团队的多样性；需要使用按性别分类的数据来评估人工智能算法，并将性别分析作为所有人工智能风险评估的一部分。

强调在国家和欧盟层面持续研究和监测人工智能对社会各个方面影响的重要性；建议欧盟统计局和其他欧盟机构都参与其中。

根据系统监测的结果，可以考虑设立欧洲过渡基金，帮助管理脆弱部门或解决跨区域就业岗位流失等问题。

2. 电子政务

呼吁成员国落实《塔林电子政务宣言》，将公民置于服务的中心，并建立机制，各级公共行政部门向所有公民提供基于人工智能的无边界、可互操作、个性化、用户友好的端到端数字公共服务；目标应该是在未来五年内向公民提供基于人工智能的数字化电子政务服务，同时仍然提供人工服务；呼吁公共机构支持和发展公共部门的人工智能；鼓励修订《电子身份认证和信任服务条例》，并乐于接受其在提供数字公共服务方面的作用；不应遗漏任何人，应始终提供线下替代品。

呼吁委员会更新电子政务行动计划，并与“数字欧洲”方案产生协同效应，支持公共行政机关根据欧洲开源软件战略采用人工智能技术。

电子政务在单一数字市场的数据经济和数字创新发展过程中发挥着重要作用；在公共行政机关内部和各成员国之间跨境分享合作，共享良好实践，是在整个欧盟部署电子政务的重要组成部分；呼吁推进公共行政程序的标准化、精简化，以便在欧盟成员国和各级行政机关之间更有效地交流。

需要发展高质量在线服务需要熟练的专家；政府需要针对具有人工智能知识的数字技术人才，强化招聘和培训政策。

呼吁加快实施单一数字网关，推进在欧盟提供跨境服务的可互操作平台的开发，以满足所有成员国的共同安全标准。

欧盟和成员国机构的公共咨询平台增加了对数字信息的接触和访问；建议投资改善可用性和可及性，例如以多种语言提供摘要和信息，并对数字公众参与平台进行专门营销和定向推广。

建议通过在线公民咨询、与利益相关者对话的形式，或对欧盟立法和倡议发表评论，加强与欧盟公民的互动和个人对话。

3. 国际舞台

欧盟应建立以核心价值观为基础的强大国际技术联盟，并以身作则，与志同道合的伙伴合作，建立共同的监管标准，从人工智能、隐私权、数据流和竞争规则等领域的最佳实践中获益，并通过在对双方都有利的领域利用彼此的资产来弥补战略漏洞；欧盟还应在相关的多边和双边论坛上，在合乎道德、值得信赖和以人为本的人工智能方面，积极支持展开更有力的国际合作。

建议同时设立专门的跨大西洋人工智能工作组，成员来自政府、标准化组织、私营部门和民间团体，该工作组致力于制定适用于人工智能的共同标准和道德准则；建议在目前的贸易和技术委员会基础上，与其他志同道合的伙伴一起，建立探讨人工智能和其他重要数字和贸易问题的长期交流平台。

欧盟应推动以对社会负责且合乎道德的方式使用人工智能，并与国际标准化机构合作，进一步完善道德、安全、可靠性、互操作性和安全性方面的标准；为了协调世界各地不同的人工智能规范，国际标准化组织联合技术委员会和国际电工委员会等行为体发起了标准化倡议，对此表示欢迎；欧洲应推广和发展智能制造、物联网、机器人和数据分析等领域的标准；建议为学术界、民间团体和中小企业参与标准化论坛提供更好的支持。

支持世界贸易组织的电子商务倡议，制定包容的、高标准的、有商业意义的、基于证据的针对性政策，更好地解决数字贸易壁垒；该协议还应体现善治的原则，为各国政府提供应对数字保护主义的能力，同时保护和提升消费者信任，为全球经济创造实际价值。

建议委员会继续设法消除不合理的贸易壁垒，特别是欧洲人工智能公司在第三国遭遇的非关税壁垒或市场准入限制；应积极利用贸易、邻国和发展政策来塑造关于人工智能的国际辩论，并推广欧洲的人工智能伦理原则。

（六）安全

1. 人工智能与执法

强调执法机构在人工智能技术的帮助下识别和打击犯罪活动相关能力的重要性。

在执法中滥用人工智能有可能造成伤害，而提供的追索手段却很少；敦促成员国实施有意义的人工监督要求，并保证那些受到人工智能决策影响的人有追索手段。

建议欧盟参与联合国区域间犯罪和司法研究所确立的软法之治，该研究所已经开发出人工智能操作工具包，并开始与国际刑警组织建立伙伴关系，作为执法机构、行业、学术界和民间团体之间就人工智能进行对话和合作的独特论坛，其完全符合欧盟的数据保护和隐私规定。

欧洲刑警组织在开发、训练和验证人工智能工具，打击有组织犯罪、恐怖主义和网络犯罪方面具有重要作用，欧洲刑警组织应与欧洲数据保护监督员合作，充分尊重欧盟的基本价值观，特别是不歧视和无罪推定。

呼吁欧盟委员会强化欧盟内部安全创新中心的财政和人力资源保障；欢迎欧盟刑事司法合作署、欧盟基本权利机构和欧洲刑警组织，为司法和内部安全从业者使用人工智能制定通用问责原则工具包；呼吁欧盟委员会为这一举措提供专项财政支持，以推广形成欧盟在人工智能领域的问责标准和价值观。

2. 网络安全

要求成员国加强欧洲层面的网络安全合作，使欧盟和成员国能够更好地汇集资源，更有效地协调和简化国家网络安全政策，进一步加强网络安全能力建设，进一步提高认识，并迅速向中小企业及其他更传统的部门提供网络安全知识和技术援助。

鼓励欧盟率先制定强大的密码标准和其他安全标准，以实现人工智能系统的信任和互操作性；为了在信息和通信技术（ICT）风险监督领域形成国际趋同，应尽可能借鉴和考虑现有的国际标准。

建议在现有立法的基础上引入横向网络安全要求，并酌情引入新的横向立法法案，以防止碎片化，并确保所有产品组采取一致的网络安全方法；未来在单一数字市场上带有CE标志的人工智能产品，可以代表具有高水平的物理安全性和风险适当的网络韧性，也表示符合欧盟相关法律的要求。

建议成员国通过政府采购政策激励对人工智能的网络安全需求，包括强制规定人工智能应用采购的道德、安保和安全原则，特别是在关键部门。

要求欧盟网络安全局（ENISA）开展部门安全风险评估，从使用风险最高、最敏感，且最有可能对人类健康、安全、安保和基本权利产生负面影响的人工智能的公私部门开始；ENISA应与欧洲网络安全能力中心和国家协调中心网络一起评估网络安全事件，以确定差距，找到新的漏洞，并及时向欧盟机构提出适当的纠正行动建议。

鼓励活跃在单一数字市场中使用、开发或部署人工智能系统的公司，根据其各自的风险情况，制定经过独立评估的、明确的网络安全战略；鼓励将人工智能系统纳入威胁建模和安全风险管理；建议委员会、ENISA和国家主管部门支持这一进程。

对人工智能产品的网络安全要求应覆盖其整个生命周期；供应链中的每家公司都必须发挥其作用，为创造有韧性的人工智能产品做出贡献；新的要求应基于特定产品组的相关风险和对风险水平的影响程度，避免中小企业和初创企业承担过重的负担。

在制定欧盟范围内的可信人工智能认证计划时，应考虑某些成员国的现有举措，如德国的人工智能云服务合规标准目录，或马耳他的人工智能认证计划。

3. 网络防御

敦促成员国奉行积极的欧洲网络外交政策，谴责外国支持的网络攻击（包括由人工智能驱动的网络攻击），同时充分利用欧盟外交工具箱；对于从事恶意网络活动或混合攻击（包括虚假信息运动），或是赞助网络犯罪的国家或代理人，工具箱将终止对其的财政援助并对其予以制裁；如果由人工智能驱动的网络防御包含一些攻击性的手段和措施，会更加有效，但这些手段和措施必须符合国际法的规定。

建议加强欧洲防务局内部的网络安全能力；建议监督每个成员国网络防御政策的落实情况，并评估欧盟内部相关资源的分配情况。

需要分析人工智能对欧洲安全的影响，并与成员国、私营部门、研究人员、科学家和民间团体合作，就如何应对欧盟层面新的安全挑战提出建议。

鼓励成员国采取措施，为漏洞发现及分析提供奖励，并支持对基于人工智能的产品、系统和流程进行审计。

4. 人工智能的军事用途

军用人工智能的任何使用都必须严格受制于人力控制和监督机制、道德原则，并充分尊重国际人权和人道主义法；欧盟应与其志同道合的伙伴合作，建立一个安全研究、开发和使用人工智能辅助武器的国际框架；在开发和使用新的军事技术时必须遵守国际规范和原则，如武力相称原则。

基于人工智能的技术日益成为军事装备和战略的重要组成部分；人工智能的专属军事用途和国家安全用途应严格区别于民用情况；与军事领域新兴技术有关的问题（包括与人工智能有关的问题）由致命性自主武器系统领域的新兴技术政府专家组处理，欧盟成员国在该专家组中有代表。

对未来的欧盟战略指南持积极态度，该指南将为解决人工智能的安全和防御问题提供框架和一定程度的雄心；在共同安全和防御政策和欧洲防务基金支持下建立永久性结构化合作，将在人工智能等新技术领域提高成员国和欧盟的投资、能力和互操作性。

欧盟应将人工智能视为欧洲技术主权的重要组成部分。

成员国应继续培训其军事人员，确保他们拥有必要的数字技能，并能够在控制、操作和通信系统中使用人工智能；欧洲防务基金在支持欧盟国家开展军事人工智能研究、开发最先进的防御技术和建设必要的基础设施（即具有强大网络能力的数据中心）等跨境合作方面具有重要作用。

呼吁理事会就自主武器系统采取联合立场，确保人类对其关键功能进行有意义的控制；坚持启动国际谈判，制定具有法律约束力的文书，禁止完全自主武器系统；此类国际协议应确定所有致命的人工智能武器必须受到有意义的人类监控，这意味着人类仍处于决策圈，因此负责选择目标并采取致命行动。

呼吁在网络防御领域加强与北约的合作，呼吁北约盟国支持规范人工智能军事用途的多边努力。

5.2　德国《数字战略》

一、简要概览

数字化是一个跨领域的主题。《数字战略》将联邦政府对该领域的政治优先事项集中到一起，构成了2025年数字政策的总体框架。

德国技术和数字主权是联邦政府数字和创新政策的指导原则，并隶属欧洲战略主权的高级目标。技术和数字主权是加强行动能力和减少依赖性所必需的，同时又是竞争力、创新和弹性的条件。为了实现技术和数字主权，就要针对性地鼓励并促进创新，提升软件开发和微芯片、传感器、人工智能、量子计算机、通信技术等关键技术领域的能力，扩建先进的数字基础设施，持续鼓励并促进发展开源方法。此外，网络安全、虚假信息和平台监管等战略性主题也具有特殊优先地位。

该战略以此为基础，对由每个职能部门独立负责的主要数字政策计划进行了概述。这一过程中，18个灯塔项目被辅以简短的故事，展示了公民社会、商业界、科学界、研究界和国家是如何在数字化的帮助下切实改善公民生活的。

该战略每个小节的最后都列出了2025年要实现的成果。特别重要的几项要点如下。

- 利用光纤提供至少一半的固定连接，而移动通信方面，争取2026年在全国范围内为所有终端用户提供不间断的无线语音和数据服务。
- 构建一个可互操作的教育生态系统，该系统为人们提供数字教育平等机会和无障碍访问渠道，并在所有生命阶段被大家积极使用。
- 至少80%的法定医疗保险患者使用电子病历，并将电子处方作为药物供应的标准，作为数字支持的、更完善的医疗保健的基础。
- 为成功发展数据经济以及通过科学和研究、经济、行政和社会的联网数据空间改善数据使用，提供一个现代法律框架。
- 加强初创企业生态系统，支持中小企业和初创企业使用人工智能应用程序，并开发数据驱动式商业模式。
- 加强数字化专业人员基础，并让数字产业更多样化。
- 进一步提高书面形式与电子通信形式的兼容性，更容易提交电子签名。
- 行政服务全面数字化，从而让官方机构也可以利用数字身份，以电子方式有效地执行这些任务。
- 加强数字主权，例如：针对性地赞助创新，提升关键技术能力，并鼓励和促进发展开放源代码。
- 欧洲和国际合作时，采取透明和民主的多方利益相关者方法，实现数字世界各个层面的可靠框架条件、互联网技术统一以及基于人权和基本自由、民主、规则的全球数字秩序法律和隐私保护。

二、初始状况

德国需要一次全面的数字觉醒。数字化对于德国未来的生存至关重要。然而，目前在欧盟委员会发布的《2022 年数字经济与社会指数》报告中，德国在 27 个欧盟成员国中仅排名第 13 位。虽然德国在数字基础设施（“连通性”，第 4 位）方面远高于欧盟平均水平，但在技能和专业人员（“人力资本”，第 16 位）、企业数字渗透（“数据技术整合”，第 16 位）和数字公共服务（第 18 位）等方面却低于欧盟平均水平。如果德国想继续在国际竞争中位列顶级行列，那么只占据这样的排名是不够的。通过该数字战略和指定措施的实施，希望德国在欧盟数字经济与社会指数排名中进入前 10。

由于在数字政策方面做出了进一步的努力，德国与欧洲进入“数字十年”，进而与 2030 年预计达成的宏伟目标相一致。正如“数字指南针”所建议的那样，届时至少 80% 的人口应具备基本数字技能，欧盟 IT 专家的数量应增加到 2000 万。公司的数字渗透率也应该明显提高：75% 的公司使用云、人工智能或大数据应用程序工作，90% 的中小型企业能展示至少达到基本水平的数字配备，并且独角兽企业（价值超过 10 亿欧元的初创企业）的数量翻番。在基础设施领域，欧盟并不局限于为所有家庭提供千兆位，而是希望在欧洲实现 20% 的前卫半导体生产、10000 个气候中和“边缘节点”，希望截至 2025 年能交验欧盟第一台量子加速计算机。所有基本行政文件都将以数字方式提供给公民，为此还需要相应的 100% 互联网接入，以及安全的识别号码和识别路径。

这些数字的背后是所有成员国的利益，必须为公民社会、经济、科学、教育和研究开辟空间，以发展新的思路，实现技术和社会创新。要成功做到这一点，必须让大家都信任数字产品。为此，必须加强每个人的数字主权，并在数字领域的各个方面实现更多的创造能力，但也要对具有保护意义的数据和过程掌握更多的控制能力，并保证所属的安全性。同时，在对数字化进行设计的时候，确保所有人都能从中受益——无论年龄、性别、残疾、社会状况和种族出身，这一点是很有必要的。此外，社会、经济，特别是生态上可持续的数字化设计问题也随之出现。17 个联合国可持续性目标对联邦政府的政策起到指导作用，对数字战略也同样如此。这意味着将数字化作为生态、经济和社会可持续性的驱动力的同时，要认识到其反面效应。

国家、经济和社会的全面数字化也为间谍活动等提供了可能，我们除了能防御来自网络空间的威胁之外，还要有能力实现弹性，并减少造成的损失。

数字化是一个跨领域主题，我们只是共同去实现与之相关的大目标。就这个意义而言，数字战略应被理解为一个总括性战略，为德国数字政策提供总体框架，为所有职能部门提供服务，并成为相应专业具体战略和措施的课程手册内容。联邦财政部、联邦数字事务和交通部、联邦经济和气候保护部、联邦总理府正在为联合协议中所预设的数字预算制定一个方案，旨在实施数字战略的特殊核心计划。这是在职能部门内进行协调的，并确保实施过程透明。该方案的框架内，还将根据已决定的数字战略，确定那些超出已融资措施的需求。

希望借助该战略改善框架条件，并以性别平等和非歧视的方式在可持续、多样化、包容性和民主社会意义上实现数字化转型，特别是在公民社会、经济、教育和科学领域，以人类利益为目标进行数字化设计。国家将在可能的范围内提供支持，并努力让其成为数字化转型的榜样。

三、行动领域

（一）创新经济、工作世界、科学和研究

1. 数据经济

塑造一个有吸引力、安全和灵活的数据经济，这是联邦政府一项战略重点，也是未来竞争力的基础，能有效利用数据的潜力，让每个人的生活更美好。我们需要一个全面和开放的数据生态系统，作为欧洲单一数据市场的基石。所有领域的数据基础设施的发展必须迅速推进。必须跨领域加强数据的可用性，这也是创新人工智能应用的基础。

- 希望将数据岛的端到端联网具体化。为此，德国将继续制定数据战略。
- Gaia-X帮助我们创建了一个跨行业、可用、面向欧洲、开放、创新并面向数据驱动型商业模式和产品的生态系统。德国对其发展提供支持和帮助。
- 将不同的数据空间跨域联网。目标是构建一个跨行业的数字数据生态系统，并且在尊重数据主权和数据保护的前提下，使数据可以在参与者之间共享。为此，支持制定一个通用全球数据标准，并建立国际战略伙伴关系。
- 数据机构应该推动数据的可用性和标准化，并建立数据托管人模式，

制作许可证。以实用并且面向需求的方式改善德国的数据可用性，加强基于数据的科学、研究、经济、社会和行政管理。

- 希望通过欧盟数据法在欧洲鼓励并促进以创新为导向的数据法的实施，从而实现公平的数据访问和使用，为采集和分享数据制定激励措施，能够更轻松地更换云服务供应商。
- 通过数据法在国家层面为这些措施奠定了必要的法律基础。
- 继续实施人工智能战略，旨在通过支持人工智能利益相关者的联网构建一个人工智能生态系统，并推进从研究到应用和经济开发的转移，负责任地开发和使用人工智能。
- 让欧盟的人工智能创新法规变得友好和有益，同时保护基本权利，并确保较高的安全水平。
- 正在构建人工智能服务中心，以便中小企业更多地使用人工智能，并让德国和欧洲成为科学和经济领域领先的人工智能基地。

希望到 2025 年可以实现以下目标。

- 来自经济、科学、行政和社会各领域不同数据空间的数据可以根据用户的喜好进行组合。
- 应用示例已经实施，其展示了 Gaia-X 的技术和经济效益。
- 成立一个数据研究所，以提升德国的数据可用性，推动数据标准化，并构建数据托管人模式，制作许可证。
- 关于数据访问、数据可移植性和互操作性的竞争法得到进一步发展，并构建了数据经济成功发展的框架。
- 成功地扩展了人工智能的应用范围，并将其转化到实践中。

2. *科学和研究*

在为互联社会、创新经济和可持续未来释放数字化潜力方面，科学和研究发挥着关键作用。必须要有大学、公司和非大学研究机构的卓越研究，德国才能在最佳数字解决方案的竞争中起到主导作用。在科学和研究领域实现全面网络化、可持续数据文化，这是未来几年的一项关键任务。这项任务一方面包括使研究数据全面、长期地用于科学、经济和社会，以便由此得出新创新潜力，另一方面让数据广泛用于研究目的。具体措施和进度如下。

- 构建了一个分散且联网的数据空间，以实现国家研究数据基础设施中研究数据库的开发和系统化，从而可持续地保护研究数据，并确保其始终可用。

- 正在成立德国转移和创新署，以促进技术和社会创新，与初创企业、中小企业以及社会和公共组织等开展合作。
- 正在联盟协议的基础上进一步发展飞跃创新机构，旨在更加迅速和灵活地促进颠覆性创新。利用派生研究倡议促进了研究和科学的派生。
- 将科学和经济联网，特别是将Gaia-X作为知识和技术移植的创新工具，通过数据空间之间的互操作性实现联网。
- 为研究创建数据访问权（研究条款），以实现全面、可持续和以价值为导向的数据文化研究。
- 已经在宇宙和物质探索（ErUM）框架计划内，通过ErUM数据行动计划提高该科学领域所有职业的数据能力，希望在研究数据行动计划框架内，通过资助计划，在所有科学领域提升数据能力。
- 正通过扩建高性能和超级计算型数字基础设施来加强数据处理的能力。
- 将利用“未来战略”进一步发展研究和创新政策，以确保德国的国际竞争力，加强社会的弹性，并确保技术主权。
- 为了构建一个预防性、预防危机和现代化的卫生系统，将鼓励并促进生物技术和应用生命科学研究方面的新技术开发，推动数字卫生创新和跨地区使用卫生数据的研究。

希望在2025年能实现以下目标。

- 研究数据法全面改进和简化了公共和私人研究对研究数据的获取途径，并引入了研究条款。
- 德国科学领域，NFDI已经确立了自己的“网络”地位，研究数据更容易用于新的商业模式、创新活动和现代国家。
- 科学和经济的联网得到加强，研究工作可以更好地访问来自经济领域的数据。
- 就科学领域的所有职业而言，数据能力都得到了提高。
- 可以提供百亿亿次级范围内的计算能力。
- 在大学医院建设了跨地点使用健康数据的数据基础设施。

（二）德国和欧洲数字主权的关键技术

关键技术是数字主权的基础，对关键技术的研究、应用和引进一直在进行，并始终坚持以人为本的原则。重点是开发强大的经济、科学和社会生态系统，将研究结果转化为实践。

在欧盟范围内考虑数字主权问题，因为只有通过欧盟成员国联合行动才能充分挖掘数字单一市场的潜力，实现规模经济。

德国正在增强人工智能、微电子、5G/6G、自动化和自主系统、机器人、量子计算和网络安全等关键技术能力，并全面加强生态系统。具体措施和进度如下。

- 让“人工智能（AI）德国制造”成为全球公认的质量保证。目前正在进一步加强德国研究和工业 4.0 在该领域的强大地位。
- 正在加强整个德国和欧洲价值链的微电子生态系统。德国还在推进欧洲芯片法案，支持对新型半导体制造设备和半导体技术及应用的投资。
- 通过边缘云基础设施实现数据驱动型业务模式，切实落实 IPCEI 下一代云基础设施和服务——工业云，致力于在其他行业和成员国中产生溢出效应。
- 通过主权技术基金（STF）鼓励并促进发展开源生态系统，特别是基础技术。
- 在外交和经济政策方面，将更关注技术依赖性。目前正在制定一项工业战略，在该战略中供应链也发挥着作用。

希望在 2025 年能够实现以下目标。

- 德国是欧洲人工智能研究的领先者。就移植方面而言，德国是世界上领先的五个国家之一，并且已经能在德国软件开发方面发挥巨大的推动作用。
- 凭借值得信赖和具有可持续性的微电子技术，德国减少单方面国际依赖性，防止出现瓶颈。
- 研究和开发了面向未来的、安全的、可信的通信技术，这促成了必要的、强大的、安全的全新通信基础设施的建设。
- 在欧洲量子技术网络中拥有性能强大的生态系统，并且在面向研究和工业领域的量子传感器和量子计算方面处于世界领先地位。
- 通过 STF 确保了基于开放源码的基础设施，开放源码技术的范围得到了扩展，其背后公司的数量也有所增加。
- 作为外交和经济政策的一部分，德国一直在监督国际供应链，并更密切地关注由此产生的依赖性。

（三）学习型数字状态

1. 公共行政管理部门的数字主权

为了确保对自己IT的控制，特别是为了保护信息和数据，公共行政管理部门必须更独立于单个供应商和产品。因此，德国将通过一个开放和有竞争能力的市场为行政管理数字化提供支持和帮助。具体措施和进度如下。

- 与国家和市政当局合作，借助开源、开放接口和开放标准，尽量减少对技术供应商的依赖，并发展多云结构。德国正以此为目的实施德国行政云战略。
- 随着公共管理数字主权中心（ZenDis）的成立，德国正在构建一个总体性组织单位，以确保强大开源解决方案的可用性。支持工作岗位主权的进一步发展，并建立起更强大的工作岗位主权。
- 通过进一步发展国家加密技术，以高度安全的通信形式保护国家和经济秘密，利用和进一步发展跨职能部门的通信项目，提升数字主权、网络安全和危机抵御能力。
- 利用“平台分析和信息系统”（PLAIN）为联邦政府大数据的主权和保护处理创建了一个标准，旨在优化政治决策的信息基础。
- 面对物理或虚拟的威胁，安全和可靠的国家IT可以通过提供多重且独立的IT基础设施给予保证。为了进一步降低地理冗余度，德国正努力在海外构建联邦政府数字数据大使馆。

希望在2025年可以实现以下目标。

- 多云结构作为德国行政云战略的一部分，已付诸实施。
- 成立了ZenDiS，并与各国一起提供主权工作岗位。
- 建立了一个高度可用和高度安全的云计算基础设施，并使其可以通过公共供应商网络进行访问。
- 为中等规模企业提供具有成本效益和超高保护需求的IT服务。
- PLAIN被视为一个开放的主题标准，并确保整个联邦政府内部能实现人工智能支持型数据分析。
- 已设立数字数据大使馆。

2. 网络安全

国家在网络安全领域采取了一系列行动，这些行动以网络国内政策、网络外交政策和网络防御为特征。网络安全是公民社会、经济和国家数字化的一个基本组成部分，并且与国家和国际安全政策关联。其为国家的行动能力和弹性做出了巨大贡献。具体措施和进度如下。

- 正在进一步发展德国网络安全战略，并为联邦政府的活动建立一个现代化的、跨职能部门的框架。
- 将以数字化和网络化的推进为基础，对相关的关键基础设施的网络安全要求做出调整。目标之一便是确保不值得信任的公司不参与到关键基础设施的扩建过程中。
- 利用联邦政府现有的用于识别早期危机和进行战略前瞻的职能部门联用工具，预测来自数字空间的威胁，并及早制定行动方案。
- 正在为国家网络防御中心制定法律基础，并进一步发展该网络防御中心，从而加强跨职能部门和全国范围内的网络安全合作，进而对信息进行整合，构成一个一致的和全面的网络安全形势图。
- 正在大幅深化网络安全方面的联邦合作，将联邦信息安全办公室（BSI）扩大为 IT 安全领域的中央办公室，并更为独立地对其进行构建。
- 委托网络安全领域的创新机构进行研究，并确保结果具有实用性，以有针对性的方式加强网络安全领域的数字主权。
- 正在引入加密权、有效的漏洞管理，目的是为了弥补安全漏洞。此外，还将引入“按设计/默认安全”规定。国家有义务确定实现真正加密通信的可行性。
- 制造商要对其产品 IT 安全漏洞造成的损失负责。
- 与经济部门合作，并支持他们采取适当措施，以提高企业的网络安全，并为数字产品和服务的安全使用创建一个一致的框架。

希望在 2025 年能实现以下目标。

- 网络安全战略已经根据国家安全战略得到进一步发展，并且在国家网络基础设施的现代化和联邦政府的信息安全管理自我保护方面取得了长足进展。
- 关键基础设施的网络安全要求对于当前威胁形势而言是合理的。
- PREVIEW 为预测来自数字空间的威胁并及早制定行动方案做出了有效贡献。
- 国家网络防御中心得到了进一步发展。
- 以 BSI 为中心机构的网络安全方面的联邦政府合作已得到改进。

- 已经制定了关于公司网络安全的行动建议。

3. 防务

可持续性国家和联盟防务需要所有层面都具有防务能力，并且要有助于抵御来自网络空间的威胁。实现联邦国防军数字化转型，武装部队数字化转型是重中之重。具体措施和进展如下。

- 确保数字化武装部队有一个强大和有弹性的网络，以便在所有层面（陆地、空中、海上、网络和信息空间以及外层空间）有充分抵御当前和未来威胁的自信和能力。为此，德国正在不断增强武装部队的数字能力。
- 为了跟上新技术的创新速度，要继续在过程数字化方面持严谨的工作态度，以提高武装部队的作战准备状态。其中包括在所有从业人员中推广数字化思维。
- 确保创新和以价值为导向地使用数据，德国国内和跨国合作伙伴亦是如此。
- 鼓励并促进思想和创新，特别是在新兴和颠覆性技术领域。通过参与北约和欧盟的倡议活动，打造多边创新局面。

希望在2025年达成以下目标。

- 提供了初步构建端到端战场信息和通信网络的能力，以便部队在演习和行动中利用现成的信息加速决策。
- 构建了利用人工智能更快分析战场上数据的能力，以提高战场的有效性。

4. 国际

一次成功的以人为本的数字化转型，在全球范围内对于实现全球去碳化目标、消除饥饿和贫困、加强消费者保护、减少歧视、预防和稳定冲突以及促进和确保平等和包容方面至关重要。

数字技术和基于这些技术的业务模式正迅速发展，市场力量在少数数字公司之间日益集中，国家和非国家行为者滥用这些技术的现象正在增加，这些都要求对新技术和数字市场进行以人为本、基于价值和促进创新的监管，以确保数字技术被安全、非歧视和自主地使用。

德国在所有相关的多边和多利益相关方论坛上承诺，将致力于确保数字世界以人权和基本自由为基本原则，使所有人能够安全和不受歧视地使用在线产品和数字服务。具体措施如下。

- 为减少数字干扰做出贡献，并通过数字解决方案加速实现联合国可持续目标。
- 支持实施全球数字公约。
- 与国际标准化组织中的国家代表合作，致力于制定基于“数字原则”的国际标准。
- 推动国际立法程序的协调，以提高伙伴国家的数据主权。
- 通过“GovStack”项目支持在联合国框架内为全世界公民提供更好的数字服务，从而加强数字主权和政府对电子政务解决方案的所有权。
- 大幅增加对现有互联网治理进程以及多边和多方利益相关者论坛的参与度。
- 为美国—欧盟贸易和技术委员会（TTC）的进一步发展提供支持，并主张尽快缔结一项符合基本权利的跨大西洋数据流量安全监管新协议。
- 扩大与数字领域重要政治、经济和监管参与者的对话和合作，并让经济、科学、技术界和公民社会参与这些数字对话。
- 以积极的数字外交政策参与其中。
- 与合作伙伴一起，致力于建设其独立数字基础设施，以加强其数字主权。为此，德国也在更多地参与欧洲数字政策项目，如欧盟全球网关倡议等。
- 将制定一项国际数字政策的战略。

希望在 2025 年可以实现以下目标。

- 已经有效地加强了德国合作伙伴的数字主权，特别是非欧洲地区的合作伙伴。
- 为填补数字鸿沟和真正的数字参与做出了贡献。
- 提出了一项国际数字政策的战略。

5.3　东盟《网络安全合作战略草案》（2021—2025）

网络安全是数字经济中经济进步和生活水平提高的关键推动力。这一点在新冠疫情大流行期间变得更加明显，我们被迫快速地采用数字化技术，政府、企业和社会活动被迫迁移至网上，这导致恶意网络行为者可以利用更大的攻击面进行攻击。此外，网络攻击正在演变，对现实世界的物理影响越来越大。因此，拥有强大的区域性网络安全战略对于东盟成员国（AMS）确保网络空间的持续安全和稳定至关重要。

东盟等区域性组织为成员国提供了一个分享和提供区域观点、交流新出现和现有威胁、实施“信任建立措施”（CBM）和提升建设能力的平台。区域性举措对于促进AMS及时应对未来危机并为该地区提供更安全的网络空间非常重要，这将确保网络空间能够继续成为一个值得信赖的推动力，使我们能够向公众提供基本服务，使网络安全成为数字经济的关键推动力。

一、第一份东盟战略文件回顾

《东盟网络安全合作战略（2017—2020）》旨在为区域合作提供路线图，以实现安全可靠的东盟网络空间目标。这将有助于加强东盟的信息和通信技术（ICT）安全，符合《东盟信息和通信技术总体规划2020》中关于信息安全和保障的战略重点。

东盟电信和信息技术部长会议（TELMIN）批准的第一个战略侧重于加强东盟计算机应急响应小组之间的合作和能力建设，协调区域网络安全合作举措，作为提高区域网络能力以应对不断发展和日益复杂的网络威胁的手段，避免资源的重复使用。

该战略建议通过以下几项决定。

一是东盟CERT成熟度框架，旨在加强东盟以协调和有针对性的方式提升其网络安全事件响应能力。AMS提供了一个自我评估工具包，根据问题列表和检查表衡量东盟CERT的成熟度水平。

二是建立未来的东盟区域计算机应急响应小组（CERT），协同东盟各国CERT的优势和专业领域，提高区域事件响应能力的整体有效性。

三是电信和信息技术高级官员会议和部长会议（TELSOM/TELMIN），现更名为东盟数字高级官员会议和部长会议（ADGSOM/ADGMIN），在协调上述活动中发挥主导作用。

四是有针对性的能力建设举措，确保东盟的资源用于有针对性和必要的举措，确保效率和有效性。

2018年“东盟领导人关于网络安全合作的声明”进一步强调了这一点，表明需要在AMS之间就网络安全政策制定和能力建设举措建立更密切的合作。

二、东盟支持网络合作的主要成就

自《东盟网络安全合作战略（2017—2020）》发布以来，东盟多年来在区域网络合作方面取得了进展。

（一）政策协调

为了使监管网络安全的东盟部门机构更好地协作，AMS 领导人同意了 2018 年"东盟领导人关于网络安全合作的声明"，为网络问题的讨论确定了方向。

此外，《东盟数字总体规划 2025》（以下简称 ADM）于 2021 年制定，为 AMS 政府和监管机构可以采取何种行动提出建议，旨在更好地实现东盟作为一个领先的数字社区和经济集团的愿景，并以安全和变革性的数字服务、技术和生态系统为动力。

为认识到数字部门的重要性，东盟于 2019 年将 TELSOM/TELMIN 更名为 ADGSOM/ADGMIN。这说明了 ICT 作为其他部门的数字化转型变量的作用，以及将该区域转变为数字化经济和社会的作用。

网络安全是一个跨领域的问题，因此 2020 年成立了东盟网络安全协调委员会（ASEAN Cyber-CC），由负责监督网络安全问题的东盟相关部门机构的代表组成，以加强网络安全方面的跨部门协作，同时保留部门机构专有的工作领域。ASEAN Cyber-CC 的建立源于新加坡担任东盟轮值主席国时发表的 2018 年"东盟领导人关于网络安全合作的声明"中的初步提议，即在东盟更好地协调网络安全政策。ASEAN Cyber-CC 成立大会于 2020 年 11 月 5 日举行，由老挝（时任 ADGSOM 主席）主持，并确认了委员会的职权范围，讨论了委员会的工作计划提案。

为进一步保护东盟的网络空间，非正式的东盟网络安全部长级会议（AMCC）还在 2018 年召集了东盟电信和网络安全部长，原则上同意了 2015 年联合国政府专家组报告中包含的所有 11 项非约束性、自愿的《网络空间负责任国家行为规范》，并使东盟成为第一个实施的地区。马来西亚和新加坡共同主持长期实施《网络空间负责任国家行为规范》的工作委员会，以让所有 AMS 感到舒适的步伐制定实施路线图。2020 年，参与者还一致表示出对保护国家和跨境关键信息基础设施（CII）的迫切需要。

（二）事件响应

为加强东盟的网络安全事件响应，以在日益复杂的跨境网络攻击面前保障东盟数字经济的发展，东盟同意建立东盟CERT，以确保AMS国家CERT之间交换威胁和攻击信息的及时性。东盟CERT还将促进与CERT相关的能力建设和协作，但此方式不会接管或影响每个AMS国家CERT的运营角色、任务和职能。非营利研发组织MITRE于2019年对东盟CERT进行了可行性研究，该报告成为建立东盟CERT的指南。根据可行性研究中的信息，AMS在第10届东盟网络安全行动委员会会议上同意东盟CERT应具有以下功能：

- 促进AMS国家级CERT之间的协作和信息共享；
- 开发和维护由网络安全专家和组织组成的东盟概念证明（POC）网络；
- 为AMS国家级CERT举办东盟网络安全会议、培训和演习；
- 促进和开展区域网络安全演习；
- 与其他国际和区域组织合作，支持东盟网络安全利益和目标实现；
- 与工业界和学术界建立伙伴关系；
- 支持AMS国家级CERT能力建设和最佳实践；
- 开展和支持网络安全意识活动。

为支持即将到来的东盟CERT的工作，东盟数字部长非常乐意采纳新加坡在2021年1月举行的第一届东盟数字部长会议上提出的建立东盟CERT信息交流机制的提议。这将促进所有东盟成员国CERT之间的事件响应和交流，并协作开展该地区的CERT能力建设计划。

（三）能力建设

对于更有针对性的能力建设举措，东盟在2020年完成了东盟CERT成熟度框架研究，该研究评估了AMS的网络安全态势，以及满足AMS网络能力需求所需的培训和发展行动。此举可以帮助其系统地识别差距领域，并将适当的培训或能力建设工作引向这些领域。

AMS在东盟-日本网络安全能力建设中心（AJCCBC）和东盟-新加坡网络安全卓越中心（ASCCE）下组织了各种能力建设活动，以促进沟通、信息共享以及交流专业知识和最佳实践。受新冠疫情影响，这些活动自2020年以来一直在线上举行。

此外，在关于信息通信技术安全和使用的东盟地区论坛闭会期间（2018年至2021年），举行了3次闭会期间会议（ISM）和7次开放式研究小组会议（OESG），通过了以下7项信任建立措施（CBM）。

- 共享国家法律、政策、最佳实践和战略以及规则和条例的信息（共同牵头国家：菲律宾和日本）。

- 提高对使用ICT的安全事件应急响应的意识和信息共享（共同牵头国家：柬埔寨、新加坡和中国）。
- 在国家层面使用ICT增强网络安全的研讨会（合作国家：新加坡和加拿大）。
- 建立关于ICT安全和使用的东盟地区论坛（ARF）联络点名录（共同牵头国家：马来西亚和澳大利）。
- 保护ICT支持的关键基础设施（共同牵头国家：新加坡和欧盟成员国）。
- 举办关于打击将ICT用于犯罪目的事件的研讨会（共同牵头国家：越南、中国、俄罗斯）。
- 规范东盟地区论坛信息和通信技术安全和使用领域术语（共同牵头国家：柬埔寨和俄罗斯）。

三、网络安全格局的变化

（一）加速数字化

在新冠疫情暴发之前，东盟各国正在经历快速的数字化转型，东盟的数字经济正在形成。例如，该地区的中小型企业（SME）利用技术颠覆实体零售商等行业，电子商务平台激增。东盟也是世界上增长非常快的互联网市场之一，网络用户每天新增 12.5 万人。东盟数字经济规模将显著增长，预计未来十年将为该地区的GDP增加 1 万亿美元。此外，东盟的潜力并没有被忽视，许多跨国公司一直试图打入东盟市场，大型科技公司在该地区的足迹不断增加就是明证。

东盟还计划利用技术发展其城市以改善其公民的生活。2018 年第 32 届东盟峰会上，东盟领导人建立了东盟智慧城市网络（ASCN）。ASCN是一个协作平台，来自 10 个AMS的城市致力于实现智能和可持续城市发展的共同目标。它目前包括 26 个试点“智慧城市行动计划”。

此外，新冠疫情大流行进一步加速了数字化进程，政府、企业和个人已转变为通过数字化措施进行工作、经济活动和社会互动。2020 年的一份报告显示，疫情加速了该地区对数字平台和技术的运用，2020 年在数个AMS中有 4000 万人首次上网。该地区的互联网用户总数从 2015 年的 2.5 亿增加到 4 亿。

2020 年地区经济也首次突破 1000 亿美元大关。

在一个一切都“默认为数字化”的时代，我们从未将数字平台视为关键基础设施，在新冠疫情大流行期间及以后，数字化已变得对我们的生活、工作和娱乐方式至关重要。因此，这种“新常态”不仅改变了习惯并导致了向更加数字化生活方式的转变，而且还增加了网络攻击的攻击面。然而，这并不意味着我们会回避数字化，因为向数字空间的发展推动了数字经济和智慧国家的发展。网络安全需要被视为数字化的推动因素，因此当我们享受数字化带来的好处的同时，也要应对其带来的网络安全风险。

（二）网络攻击的复杂性及其影响

技术的进步使加速数字化成为可能。然而，新技术变得越来越复杂，新的数字创新产品正逐渐超出我们确保其安全的能力范围。如今，我们的系统和网络更加互联，计算机产品和服务的供应链变得复杂多样。在这种情况下，诸如最近备受瞩目的网络攻击之类的复杂攻击已无差别地影响了主要目标之外的许多毫无戒备的受害者，并可能造成破坏区域和国际稳定的后果。这就是为什么网络安全社区特别关注此类漏洞及其下游影响，特别是我们的基本服务所依赖的CII，以及包括 5G 和物联网（IoT）设备在内的政府和私营部门网络，所有这些都是东盟数字经济的经济可行性的关键。这些趋势证明了网络威胁将继续发展并变得更加复杂。

（三）网络和数字问题的复杂相互关系

传统的网络和数字风险问题不再像过去那样简单，已经发展为更加交错复杂的问题。关于数据安全、错误信息和虚假信息、影响力运营和假新闻等网络和数字问题之间相关性的国际和国内对话，正在网络安全讨论中逐渐获得更多关注。东盟已经认识到需要采取整体方法来解决这些交叉问题，并为此建立了相关平台，例如ASEAN Cyber-CC，这是朝着正确方向迈出的一大步。

然而，国家政府并没有垄断网络和数字挑战的解决方案。领先的技术公司对关键技术和新兴技术的运营和开发能力已显著增加，各行业也帮助建立网络能力，并提供技术解决方案的培训。各国政府需要与业界合作改善网络安全，例如确保产品和服务的安全。民间团体和学术界也越来越积极地发表意见，并提出了有助于提高网络空间安全性的创新解决方案。网络和数字环境正在迅速变化，因此政府和非政府利益相关者进行合作，以应对新技术带来的网络威胁便更为重要。只有通过所有利益相关者共同、协调一致和经过各方共同商讨的努力，我们才能充分应对当前的网络威胁形势，进而创造一个能够支持东盟数字雄心的网络空间。

四、2021—2025 年战略目标

鉴于网络和数字领域的变化，制定新的东盟网络安全合作战略的总体目标是更新东盟的方法，同时继续巩固现有成就。此次更新将为东盟地区创建一个更安全、更有保障的网络空间提供指导。在东盟地区，一个安全、互操作和有弹性的网络空间是东盟实现数字雄心的基础和保障。这些数字雄心反映在许多倡议中，例如《东盟智慧城市网络》（ASCN）、《东盟关于向工业 4.0 转型的宣言》和《东盟数据总体规划 2025》（ADM 2025）。

为支持东盟的数字经济和雄心，2021—2025 年战略寻求支持建立基于规则的网络空间多边秩序，即开放、安全、稳定、可访问、可互操作和和平的秩序；通过应用非约束性、自愿的负责任国家行为规范、信任建立措施，以及通过加强东盟内部以及与东盟对话伙伴的合作来协调能力建设。

2021—2025 年战略目标是在东盟地区创造一个安全可靠的网络空间。它包含五个方面的工作：推进网络准备合作；加强区域网络政策协作；加强对网络空间的信任；区域能力建设；国际合作。

五、支持东盟数字化雄心的网络安全

（一）维度 1：推进网络准备合作

东盟将继续面临多种类型的网络威胁，例如DDoS攻击和CII服务中断，这些威胁将变得更加复杂。参考最近的供应链攻击，一旦受信任的软件受到损害，它就有可能从内部颠覆整个网络安全态势。鉴于数字领域的相互关联性，这些攻击利用一个漏洞，可以通过供应链影响整个数字生态系统。意外的附带损害很容易发生，并且不加区别地影响到主要目标以外的其他毫无戒备的用户。

通过建立更广泛的合作，例如通过快速共享威胁信息，东盟可以及时应对事件并减轻攻击的影响或潜在的传播。

该维度侧重于将所有AMS中的国家级CERT聚集在一起，共享信息资源和最佳实践，以促进集体响应，并为未来应对此类攻击做好准备。这将帮助东盟建立一个更安全、更有保障和值得信赖的区域网络空间，并使东盟成为该地区经济进步和发展机遇的关键推动力。

1. CERT合作

鉴于威胁的复杂性和快速演变，为了通过区域CERT之间的协调加强事件响应的有效性，以及通过CERT之间的威胁信息共享加强事件准备，并协调区域内CERT的能力建设方案，东盟将着手开展以下举措：

- 建立东盟区域计算机紧急响应小组（CERT）；
- 建立东盟CERT信息交流机制；
- 发布东盟网络安全威胁态势年度报告。

2. 关键信息基础设施保护

为加强保护关键信息基础设施的协调工作，包括那些为多个国家提供基本服务并建设区域通信和贸易支柱的跨境关键信息基础设施，东盟将基于关键信息基础设施保护（CIIP）协调框架（2020）进行东盟CIIP开发。

（二）维度2：加强区域网络政策协调

为了实现东盟领导人在2018年“东盟领导人关于网络安全合作的声明”中提出的愿景，东盟领导人重申需要在AMS之间就网络安全政策建立更密切的合作与配合。虽然东盟在这方面取得了重大进展，但网络和数字领域固有的跨境和交叉性质，以及快速发展的网络威胁形势，凸显了进一步加强区域网络政策协调的必要性。

东盟可以在其坚实的基础上再接再厉，利用现有平台，不仅可以进一步加强AMS之间的协调，还可以在适当情况下加强与对话伙伴和更广泛生态系统的协调。

作为第一个原则上同意2015年联合国专家组报告中规定的11项非约束性、自愿规范的区域组织，东盟已着手制定实施这些规范的行动计划。东盟还努力增加国际网络安全对话的价值，以支持基于多边规则的网络空间秩序。在这方面，东盟很高兴看到两个联合国网络安全进程的共识报告（由联合国首届开放式工作组（OEWG）和第六届信息安全政府专家组（UNGGE）发布）得到了通过。这些报告提高了AMS和更广泛的国际社会对关键网络安全问题的理解和认识，并将成为东盟规范实施工作的有效指南。

1. 网络安全和相关数字安全问题的协作

网络安全的边界日益模糊，为了加强网络安全和相关数字安全问题的跨部门协调，东盟将采取以下举措：

- 发布东盟领导人关于推进数字化转型的声明；

- 举办关于在线内容跨辖区监管方法的区域互联网治理论坛（IGF）。

2. 规范实施

为加强东盟以更协调一致和更审慎的方式实施东盟原则上同意的 2015 年联合国大会报告中非约束性、自愿的规范的能力，东盟将实施“负责任国家行为”准则的“区域行动计划矩阵”。

（三）维度 3：加强对网络空间的信任

网络安全是东盟日益依赖数字的生活方式的信任基础。众所周知，对数字系统的攻击会造成经济损失。在 IBM 安全公司的《2020 年数据泄露成本报告》中，2020 年东盟地区数据泄露的平均成本估计为 270 万美元。更重要的是，增强对技术使用的信任是东盟数字雄心的关键。企业需要知道他们可以在一个安全的环境中运作。公民需要知道，他们仍然可以获得持续安全、健康和福利性的公共服务。高度复杂的网络攻击的增加，也证明了国家之间更需要信任，以便在网络空间负责任地行事。

每个人都可以在共享的数字空间的网络安全中发挥作用。政府在国家层面发挥作用，推出保护数字基础设施的举措，同时企业、组织和个人必须加强他们的网络安全态势。80% 的网络攻击并不十分复杂，如果个人和企业采取网络卫生措施，如采用强密码和定期更新软件，就可以防止网络攻击。

这一维度的重点是通过采用国际网络安全标准建立信任，以确保新兴技术的进一步使用。

1. 推广国际网络安全标准

为了确保 5G 和物联网等新兴技术的安全，东盟将着手开展以下举措：

- 为物联网制定区域网络安全标准；
- 制定区域网络安全政策、程序和 5G、物联网实施指南；
- 制定区域网络安全政策、程序和智慧城市实施指南；
- 关于数字基础设施产品的能力建设活动，以及软件安全测试和认证。

2. 网络卫生和数字包容

为了保护共享的数字空间，东盟将采取以下举措：

- 为东盟成员国制定网络安全意识方案；
- 开发数字扫盲培训模块或方案。

（四）维度 4：区域能力建设

网络安全能力建设是一个有效的工具，不仅能加强集体网络安全态势，还能使各国为国际讨论做出有意义的贡献，这是实现网络空间安全和弹性的关键一步。因此，东盟应继续努力，提高东盟网络抗风险能力。

鉴于网络安全越来越具有跨领域的性质，不仅需要在技术和业务事项上加强培训，而且需要在网络安全政策、立法和战略上继续培训。有多个利益相关方参与时，培训还应该在政治上保持中立。

这一层面的重点是审查网络能力建设方面的投资，以确保东盟朝着最终目标前进，即建立一个更安全、更有弹性的东盟网络空间。这也将有助于东盟更好地分配资源，并让对话伙伴参与进来。

根据2019—2021年联合国政府专家组共识报告，能力建设应该是自愿的、政治中立的、互利互惠的，还应以多学科、多利益攸关方、模块化和可衡量的方式进行。为了建设区域能力，东盟将采取以下举措：

- 制定东盟-日本网络安全能力建设中心方案（AJCCBC）；
- 制定东盟-新加坡网络安全卓越中心方案（ASCCE）；
- 建设网络安全与卓越信息中心（ACICE）。

（五）维度5：国际合作

对于东盟及其对话伙伴来说，共同应对网络安全这样的问题非常重要。东盟是涵盖银行和金融部门、电信以及航空和海运部门的服务中心。最近的供应链攻击提醒人们网络威胁越来越复杂，以及它们可能如何影响支撑这些基本服务的整个数字生态系统和关键信息基础设施。

这方面的重点是探索东盟如何以互利和有效的方式与国际伙伴合作。这可能包括采取主动行动，寻求与发展伙伴更强有力的接触机会，以便在必要时弥合该区域网络安全发展中明显的差距，确保东盟+1工作流程满足东盟的需求和优先事项，并提高东盟在国际平台上的地位。

为了加强东盟与对话伙伴的现有合作，通过对东盟成员国的多利益攸关方培训，利用东盟对话伙伴的网络安全操作、技术和政策专业知识，提出了以下倡议：

- 与该地区的发展伙伴和其他国家就信任建立措施进行接触；
- 为东盟与相关发展伙伴的网络安全对话制定时间表和后续机制，以讨论具体议题，同时确保包容性并避免重复；
- 各CERT之间的对话以及与对话伙伴的联合演习。

六、结论

2021—2025 年东盟网络安全合作战略建立在过去的 2017—2020 年战略的基础上，以确定以下举措：推进网络准备合作；加强区域网络政策协调；加强对网络空间的信任；区域能力建设；为更新路线图开展国际合作，在东盟地区建立安全可靠的网络空间。本文已提交给东盟数字部长会议（ADGMIN）以供通过。

5.4　非洲联盟《非盟数据政策框架》

一、执行摘要

数据被认为是一种战略资产，是政策制定、公共和私营部门创新和绩效管理不可或缺的一部分，可为企业和个人创造新的创业机会。新兴技术可以产生大量的数据，对于社会进步和经济增长具有重大作用。

本文件的目的是为非洲国家提供政策框架，为私人和公共投资创造有利的政策环境，最大限度地发挥数据驱动的经济效益。从政策角度来看，采用的方法是以人为中心，通过识别“数据生态系统”中的要素和联系，将其与数据在当代经济和社会中的作用相关联，以确定政策干预的确切点。这使得设计一个基于背景但具有前瞻性的数据政策框架成为可能，该框架利用经济监管来指导政策制定者实现数据驱动的价值创造。该框架指出了如何通过创建有利和可信的环境来实现目的和减轻相关风险。

建立一个良好的国家和地区数据经济需要利益相关者之间达到前所未有的合作水平。为确保公平且安全地获取创新和竞争所需的数据，非盟成员国应制定清晰、明确的统一法律，并在整个非洲大陆提供保护。如有必要，应重新审视现有的法律和制度，以确保它们不会相互冲突，并提供互补的保护和应履行的义务。

全面的数据战略必然包括在国家和地区层面协调有关竞争、贸易和税收的政策及法律。一个优化的非洲数据生态系统可以平衡收入调动，避免对当地市场和全球税收体系造成扭曲。此外，还应修订知识产权法，以澄清它们通常不会阻碍数据流动或数据保护。同时，政府需要制定横向的数字政策和战略，协调公共部门以及公私部门之间的活动，以实现国家目标。

虽然对数据存在多种相互竞争的定义，但所有定义的共同点是都认识到有许多不同类型的数据。数据的分类方式也有很多种，这些方式会影响到该类别的适当政策和法规，以减轻与数据处理、传输或存储相关的潜在风险。主要的区别是个人数据和非个人数据，数据保护指的是确保数据主体的隐私。数据分类指南应该是数据信息监管机构的首要行动之一，该机构是发展国家数据综合系统的关键机构，应该与所有利益相关者合作建立该系统。为数据经济发展创造有利环境的关键是确保必要的基础数字基础设施和人力资源，将数据作为战略资产。需要适当考虑开发强大的数字身份系统，为公民和消费者提供公共和私人价值。

正如该框架所强调的那样，只有通过在数据生态系统中建立信任文化，才能真正确实现这一目标。可以通过建立基于有效的网络安全和数据保护规则及实践的安全且可靠的数据系统，以及为制定数据政策、实施数据政策和使用数据的人（无论是在公共、私营还是其他部门）制定道德行为准则来实现这一点。然而，这还不够。应通过合法性建立对数据治理和国家数据体系的信任，包括确保公共和私营部门遵守合规的制度和标准、政府本身遵守个人数据保护规则以及政府共享公共数据。

治理和制度安排应明确政府是政策制定者以及独立、灵活和有能力的监管机构，负责实施政策并有效规范数据经济，确保公平竞争产生积极的消费者福利。对于那些尚未建立数据和信息监管机构的国家来说，建立监管机构以促进和保障公民的权利以及他们在数据经济和社会中的参与权和公平的代表权，将成为优先事项。为实现这一目标，必须与其他监管机构进行协调。法律生态系统也必须得到协调和重新平衡。

数据访问是创造价值、创业和创新的先决条件。当数据质量差或不能互操作时，会限制企业和公共部门参与共享和分析的能力，而共享和分析可以为数据提供经济和社会价值。这些处理框架应符合以下原则：同意和合法性；收集限制；目的规范；使用限制；数据质量；安全保障；公开性；问责制；数据特异性。安全模式也需要是横向的，特别强调敏感和专有数据的云存储和处理、API管理，以及支持公平数据经济。

在整个非洲大陆更新开放治理原则的同时，需要注意获取高质量、可互操作和可靠的数据，这些数据主要来自国家，也来自私营和其他部门。能力建设应该是国家和地区的重要优先事项，需要在相关机构的数据保护、网络安全和机构数据治理领域等分配资源。国家机构以及其他部门和社区也需要培养技能和增加对数据生态系统的理解。

该框架的指导原则包括信任、可访问性、互操作性、安全性、质量和完整性、代表性和非歧视性。

横向合作需要以刺激数据需求的机制为基础，包括激励创新的数据社区，以及在供应方面，确保公私部门以及民间社会的数据质量、互操作性和相关性。

在非洲大陆制定有凝聚力的数据政策框架，应该综合考虑几个地区的进程、机制和工具。其中包括《非洲大陆自由贸易区协定》（AfCFTA），它为政策框架的许多重要方面提供了合作机会。国家和地区利益相关者之间的合作对于提升非洲国家在全球政策制定论坛的竞争力也是必要的，在这些论坛中，全球数据经济的规则已经制定，非洲国家在很大程度上已经成为“标准接受者”。

不同的非洲国家具有不同的经济、技术和数字能力，因此需要从这个角度来解读建议和行动。预计各国将逐步达到建立数据生态系统的不同要求。有几个领域可以独立于经济或技术能力，包括建立监管独立性，促进信任和道德文化，为相关部门建立合作框架，制定透明、基于证据和参与性的政策和法规，参与地区合作进程和机制，批准《非盟网络安全和个人数据保护公约》。

该框架提出了一系列详细的建议和相应的行动，以指导非盟成员国根据其国内情况制定政策。此外，该框架还提出了加强国家间合作和促进非洲内部数据流动的建议。为成员国提出以下几点建议：

- 合作使数据在非洲大陆流动，同时保障人权、保护数据、维护安全和确保公平分享利益；
- 合作创建必要的数据能力，利用依赖数据的技术和服务，使非洲国家和公民受益并促进发展；
- 促进横向数据政策出台和灵活监管，以引导新的动态数据驱动的商业模式出现，从而促进非洲内部的数字贸易和数据驱动的创业；
- 建立共同管辖框架，以有效规范数据社会和经济，以动态、前瞻性和实验性的方式制定、实施和审查数据政策；
- 制定关于个人数据保护的国家立法和适当法规，特别是围绕数据治理和数字平台，以确保在数字环境中保持信任；

- 建立资源充足且有效的数据保护机构（DPA），或使该机构保持独立，加强与非盟成员国数据保护机构的合作，并在非洲大陆层面建立机制，分享监管实践，支持机构发展，以确保对个人数据的高水平保护；
- 通过在数据创建中制定开放数据标准，促进互操作性、数据共享和对数据需求的响应性，这些标准符合匿名、隐私、安全的基本原则和任何特定部门的数据考虑因素，以促进非个人数据和某些类别的个人数据被非洲研究人员、创新者和企业家访问；
- 促进数据可移植性，使数据主体不被锁定在单一提供商中，从而促进竞争和消费者选择，并使临时工能够在不同的平台之间流动；
- 改善整个非洲大陆发展不平衡的基础设施，利用现有的区域经济共同体来支持高效的宽带网络覆盖、可靠的能源供应、基础数字（数据）基础设施和系统（FDI）（数字身份系统）、可互操作的可信支付、云和数据基础设施、开放的数据共享系统，以促进跨境数字贸易、电子商务；
- 建立一个国家综合数据系统，以促进数据驱动的公共和私人价值创造，并在统一的治理框架基础上运作，推动充满活力的数据经济所需的数据流动，同时，有足够的保障措施，确保可信、安全和可靠；
- 根据可访问、可用性、开放性（可保留匿名性）、互操作性、安全性、保密性、质量及完整性的原则管理国家数据综合系统；
- 将特定部门和专家的数据道德准则或指南纳入国家和非洲大陆的数据治理制度中；
- 尚未批准《非盟网络安全和个人数据保护公约》的成员国请尽快批准，以作为统一数据处理的基本步骤；
- 在即将进行的关于服务贸易和电子商务议定书以及竞争和知识产权议定书的谈判中，非洲大陆自由贸易区提供促进数据获取的指导方针，以支持当地创新、创业并促进竞争；
- 优先考虑政治中立的伙伴关系，把个人主权和国家所有权因素考虑在内，以避免可能对非盟成员国的国家安全、经济利益和数字发展产生负面影响的外国干涉行为；
- 促进各种基于数据领域的研究、开发和创新，包括大数据分析、人工智能、量子计算和区块链。

向非盟委员会、区域经济共同体和区域性机构提出以下建议：

- 通过在数字生态系统社区内建立协商框架，促进非洲大陆处理数据的各个实体之间的合作，以保障每个参与者的利益；
- 通过制定跨境数据流动机制，促进非盟成员国内部和成员国之间的数据流动，该机制应考虑到各国不同的数字化准备程度、数据成熟度以及法律和监管环境；
- 通过开发通用数据分类和共享框架，促进数据跨部门和跨境流动，该框架应考虑广泛的数据类型及相关隐私和安全水平；
- 在非洲数据保护机构网络的支持下，与非盟各成员国负责个人数据保护的国家机构密切合作，建立协调机制和机构，监督非洲大陆内的个人数据传输，确保遵守国家层面有关数据和信息安全的现行法律和规则；
- 在非盟内部建立或授权机制，以集中管理和授权地区参与数据标准；
- 在非盟内部建立机制和机构或授权现有机制和机构，向非盟成员国提供技术援助，以实现该数据政策框架的本土化；
- 支持发展非洲大陆和区域的数据基础设施，以促进大数据、机器学习和人工智能等先进数据驱动技术的发展，同时，支持必要的有利环境和数据共享机制，以确保非洲大陆的数据流通；
- 努力在非洲大陆建立一个安全且有弹性的网络空间，通过制定《非盟网络安全战略》和建立网络安全运营中心来降低与网络攻击、数据泄露和滥用敏感信息相关的风险和威胁，从而提供新的经济机会；
- 促进非盟成员国和非洲联盟警察合作机制（AFRIPOL）等其他非盟机制之间的数据共享，并增强互操作性；
- 建立非洲年度数据创新论坛，以提高政策制定者对数据作为数字经济和社会引擎的认识，从而促进成员国之间的交流，实现关于数据价值创造和创新以及数据使用对人们隐私和安全影响的知识共享；
- 加强与其他地区的联系，协调非洲在数据相关国际谈判中的共同立场，以确保在全球数字经济中获取平等机会；
- 制定一项实施计划，综合考虑成员国的数字主权以及不同的发展水平、人口脆弱性和非盟成员国的数字化。

二、背景

非洲大陆的数据监管大多集中在数据保护上，主要目的是观察和保护互联网用户的隐私权。虽然数据的使用和处理是一个跨领域的问题，会影响一系列传统上孤立的政策领域，但目前还没有监管数据各个方面的保护性法律。数据监管跨越了 5 个法律分支——数据保护法、竞争法、网络安全法、电子通信与交易法以及知识产权法，在某些情况下可能存在冲突。

据估计，非洲 55 个国家中有 32 个国家以保护个人数据为主要目的，制定或采纳了某种形式的法规。在区域方面，已经制定了 2008 年东非共同体网络法律框架、2010 年西非国家经济共同体个人数据保护法和 2013 年南部非洲发展共同体协调撒哈拉以南非洲ICT市场政策的示范法等立法。在非洲大陆，非洲联盟于 2014 年制定了第一个泛非洲框架，即《非盟网络安全和个人数据保护公约》，该公约尚未生效，目前正在获得批准。

在已建立的区域性经济共同体（RECs）中，关于竞争的区域竞争法和议定书适用于处理数据的企业，尽管它们大多没有明确提及数据。其中包括 2004 年的《欧洲经济共同体竞争条例和竞争规则》、2006 年的《欧洲经济共同体竞争法案》、《欧洲经济共同体共同市场议定书》、《建立欧洲经济共同体关税联盟议定书》、《西共体关于“通过共同体竞争规则及其在西共体内适用方式”的补充法案》、2006 年的《南共体贸易议定书》、2009 年的《南共体竞争和消费者政策区域合作宣言》。它们针对的是反竞争行为，但因细节和方法不同，给在多个地区经营的企业带来了挑战。

三、数据政策框架

数据越来越被认为是一种战略资产，是政策制定、公私部门创新和绩效管理不可或缺的一部分，也为企业和个人创造了新的创业机会。当应用于政府服务时，新兴技术可以产生大量的数字数据，并对社会进步和经济增长做出重大贡献。为了释放数据的经济和社会潜力，同时有效保护隐私、知识产权和其他政策目标，应在加强国际互操作性的背景下制定国家数据战略。

制定《非盟数据政策框架》对于实现非洲数据综合生态系统的共同愿景是必要的。该数据生态系统应支持建立非洲数字单一市场（DSM），促进非洲内部数字贸易，并促进包容性、数据驱动的创业和企业发展。这是非洲数字转型战略（DTS）以及非洲商品贸易与贸易协定第二和第三阶段谈判的设想，预计将建立服务贸易准则和电子商务议定书。

该框架为成员国制定适合其国情的数据政策，并提供基于原则的高级别指导。它确定了有效数据治理的关键原则，以及在国家、非洲大陆和国际各级实施的战略。这包括关于需要执行的适当体制、行政和技术程序和保障措施的指南。其目的是确保国家和次区域数据生态系统建立在可信赖的、可互操作的数字基础设施和流程之上，从而推进协调一致的非洲大陆数据系统，使所有非洲人民实现公平和可持续的经济增长和发展。

该框架重申了非盟致力于建立稳定、协调和可预测的监管框架以及与背景相关的政策的重要性，以实现以下目的：

- 对数据基础设施和基础数字系统的有效投资的激励；
- 允许国家、市场和监管机构之间制定最佳相互作用的制度，以实现公共和私人价值；
- 建设人力和机构的数字能力；
- 从负责任的数据使用中创造价值，促进可持续、公平的增长，并增强数据经济的共同繁荣；
- 营造有效监管的环境，促进公平竞争和资源配置效率，获得积极的消费者福利结果。

（一）框架的指导原则

《数据政策框架》需要与非盟价值观和国际法保持一致，以实现非洲国家和人民之间更大的统一和团结，确保平衡和包容的经济发展，包括通过《非洲人权与民族权宪章》和其他相关文书促进和保护人民的权利。

本着促进区域繁荣、经济增长和发展、社会进步的精神，该框架以以下高级原则为指导。

合作：非洲联盟成员国应在数据交换方面进行合作，承认数据是全球经济的核心投入，以及数据系统互操作性对繁荣的非洲数字单一市场的重要性。

一体化：框架应促进非洲内部数据流动，消除数据流动的法律障碍，只受必要的安全、人权和数据保护的约束。

公平和包容性：在实施该框架时，会员国应确保该框架具有包容性和公平性，为所有非洲人民提供机会和福利，并在此过程中，通过对边缘化者的声音做出反应来纠正国家和全球的不平等。

信任、安全和问责制：成员国应促进建立可信赖的数据环境，即安全可靠、对数据主体负责，并在设计上符合伦理和安全。

主权：成员国、非洲联盟委员会（AUC）、区域委员会（REC）、非洲机构和国际组织应合作，以提升能够自我管理数据，利用数据流动并适当管理数据的能力。

全面和前瞻性：该框架应能够通过发展基础设施、人力资源以及协调法规和立法，创造一个鼓励投资和创新的环境。

诚信与正义：成员国应确保数据的收集、处理和使用是公正和合法的，数据不应被用来不公平地歧视人民或侵犯人民的权利。

（二）数据定义和分类

关于如何定义数据还没有达成一致，这可能是因为所收集和使用的数据类型不同，其目的和价值也各不相同。如果不认识到这些不同类型的数据及其可以发挥的各种作用，政府将无法有效解决个人数据保护或竞争等问题。更好地衡量数据和数据流及其在生产和价值链中的作用也将有助于支持政策制定。

尽管从概念上讲，数据对于不同的群体意味着不同的事物，但数据保护法规的核心概念是个人数据。将特定类型的数据定义为个人数据可以帮助数据保护机构更有效地保护数据主体的权利，但这种方法具有局限性。

对数据进行分类的方法有很多，这些方法会影响到该类别的适当政策和法规。最重要的方面包括公共或私人意图以及传统或新的收集方法。

随着数据保护机构开始实施个人数据保护立法，他们应该向行业提供个人数据和非个人数据的明确定义，以使符合数据保护法规的公司能够收集、存储和处理数据。这还将降低在数据收集、存储和处理期间不合规的风险。重要的是，数据策略和数据法规共享相同的数据分类，以确保策略的内聚性，并实现合规性。

（三）在数据经济中驱动价值的推动因素

从数据中获取利益在很大程度上取决于能够促进获得有用数据的监管和政策框架；提高从数据中创造价值的人力和技术能力，制定相关制度；鼓励数据共享和互操作；提高政府以负责任的方式管理公民数据的合法性和公众信任。实现集成数据系统的数据基础架构是国家的关键战略资产。数据生态系统中各要素相互作用所创造的环境，以及它们之间和内部的关系和非线性过程的性质，决定了对技术投资激励的干预措施。

数字经济渗透到各个行业和社会活动中，数据政策需要被置于更广泛复杂的适应性数字生态系统的背景下。如前所述，这对包括商业、贸易和税收在内的其他政策领域都产生影响。各国应投资于数据能力和补充资产，以支持政策制定。

对与数据相关的创新和研发的投资，以及协调标准、技能和基础设施的能力，可以使政府制定更好的数据相关政策。同时，信任和道德问题对于制定相关政策也同样重要，需要优先考虑基于证据和协商的规章制度。建议如下。

- 非洲联盟的成员国应促进各种与数据相关的领域的研究、开发和创新，包括大数据分析、人工智能、量子计算和区块链。
- 所有利益相关者应建立数据分析和数据管理能力，以促进使用高质量数据和可信任的互操作系统。然而，在许多国家和地区，最大的数据生产者和收集者是国家。因此，以下关于数据治理的讨论中包含的许多观点与政府的行为有关。

1. *基础数据基础设施*

（1）宽带和数据的访问和使用

宽带基础设施存在接入障碍，其阻止人们以用户身份加入数据经济。根据国际电联宽带委员会的《通过宽带连接非洲》报告：到 2030 年，必须连接近 11 亿新的独立用户，才能实现普遍、负担得起和高质量的宽带互联网接入，估计在未来 10 年还需要增加 1000 亿美元来实现这一目标。

尽管存在这种情况和各种各样的环境限制，但非洲在发展创新数据生态系统方面仍处于有利地位，因为受遗留数据基础设施的阻碍较少，频谱利用率和拥塞水平相对较低。该地区的固定宽带普及率不到 1%，但移动互联网更为普及，因此非洲数据生态系统的演变将主要由移动宽带网络实现。

为了加速该框架的进化，非盟成员国之间应该有一个大规模的、强大的数字基础设施，以及足够的能力。成员国应优先实现有意义的连接和负担得起的互联网，吸引更多用户，并推动其对基础设施服务的需求。为了更有效地收集和利用该地区的数据，需要解决补充性基础架构不足的问题。

因此，成员国需要制定以下政策：

- 禁止高昂的“通行权”宽带电缆费并支持基础设施共享；
- 投资公共 Wi-Fi 和配套技术；
- 采用创新的频谱利用技术，并利用数字红利，扩大农村地区的宽带访问；
- 促进向 IPv6 的过渡，因为全球 IPv4 资源越来越枯竭；
- 投资国家主干和跨境连接基础设施，如国家和区域层面的互联网交换点（IXP），利用现有的国际带宽，降低互联网访问成本，提高区域内的数据访问速度；

- 利用创新模型为数据基础设施融资。

（2）数据基础设施

基础数据基础设施将促进数据系统发展，并允许共享、收集和存储大数据，或操纵现有数据源，这将影响政府如何应对与数据可用性、质量和互操作性有关的挑战。该框架将关注云服务、大数据和平台化三个数据基础设施方面。

从云计算基础设施和软件中开发公共数据价值，需要通过完善的安全和信任模型来告知敏感或专有数据的云存储和处理、API管理以及支持公平的数据生态系统市场。除了许多政府的数字基础设施不足，非洲国家在应对基础设施需求方面还面临许多挑战，因为这种基础设施通常由私营外国供应商提供。这意味着，为了利用数字转型机遇，还需要考虑其他挑战，如中介责任、管辖边界、互操作性和主权问题等。这些挑战表明，需要在许多非洲数据生态系统中开展合作和建立伙伴关系。

现有的技术、组织、法律和商业法规和立法应有助于共享基础设施的效率，以促进各种数据市场参与者获得在数据市场中运营所需的访问权限。数据生态系统应该能够支持各种应用领域，并允许在数据价值周期的不同阶段进行数据交换和集成，同时保持数据来源和完整性。

- **云服务**

出于政策目的，区分“云服务”和“基于云的服务”很有用。云服务提供的主要好处是通过提高系统效率来节省成本。例如，资源受限的公共部门和中小型微型企业（SMME）可以通过转向基于效用的云服务模型来减少 IT 设备（包括内部服务器、网络设备、存储资源和软件）的资本支出。

云供应中的互操作性是一个关键因素，因为它具备灵活性并使用户能够在一个云提供商和另一个云提供商之间切换。云计算的其他好处包括通过将IT资源的管理转移给第三方来减少能源消耗支出以及降低对系统管理和维护的需求。因此，资金可以转移到面向客户的活动和更好的公共服务交付上。采用新技术的准备工作必须与解决结构性数字鸿沟挑战（人力资本、基础设施等）同时进行。这些过程必须相辅相成并符合现实成员国的经济利益。

- **大数据**

大数据具有显著提高效率和生产力的潜力，这也为公共部门带来了机遇。

公共部门拥有大量数据，这些数据可被用于“大数据”分析。

- **平台化**

数据化还创造了全新的商业模式以及价值提取模式，其中“平台化”将多个卖家和买家聚集在一个平台上，促进了网络交易和信息交换。随着数字贸易和电子商务平台日益成为全球和跨境活动的基础，与传统上截然不同的监管和政策优先领域的整合变得越来越重要。然而，如果没有必要的结构和制度要求来有效演变和实施，数据本地化等政策将是不合理的。

针对以上分析，提出以下几点建议。

- 将数据作为增强公共利益的工具，需要各国加强国内数据基础设施建设，并要求利益相关者在国家、区域和全球层面积极参与。在制定全面的支持性数据政策框架时，应针对不同的国内任务制定具有时间敏感性的执行战略，以确保问责制和透明度。
- 成员国应优先分配资源，以确保有动力增加对数字基础设施、数据平台和软件功能的投资。数据基础设施投资必须支持数字社会契约。国家为提高数据的互操作性、质量和公共管理能力，还必须尽可能补充和加强公共数字系统，如数字ID、数字支付和开放数据流。适当的基础设施也是任何可互操作的集成数据共享系统的必要组成部分。此外，重复使用或重新利用数据通常需要功能良好的数据系统，以促进机器可读格式的数据安全流动，从而使数据对许多用户有价值。

建议采取以下行动。

- 成员国应利用规模经济和范围经济，采用能够为云服务和创造数据价值的其他新技术提供便利的基础设施，而不是专注于大量前期投资以取代不断贬值的传统ICT设备。
- 税收、贸易（包括投资和创新）和竞争政策必须一致、互补，并适应数据驱动的数字经济，特别是为基础设施发展战略提供帮助。
- 成员国必须确保本地企业参与外国软件即服务（SaaS）、基础设施即服务（IaaS）和平台即服务（PaaS）供应商的价值链，用于国家采购，并制定激励措施，让本地中小企业获得跨行业的数据价值链。这可以通过确保税收、贸易（包括投资和创新）和竞争政策的一致性、互补性和适应数据驱动的数字经济来实现。
- 在国内和整个地区采用更可持续的发电模式，以确保基础数字基础设施支持可持续的国内和跨境数据活动，减少对自然环境的开采影响。

关于数据治理的建议如下。

- 创建数据可移植权，使云服务的客户更容易在供应商之间切换。
- 为公共组织（中小企业也适用）制定合同标准，保护他们访问、检索、删除由云提供商处理的数据（包括非个人数据）的权利。
- 制定公平、合理和非歧视（FRAND）的许可义务，为平台和云提供商提供数据集，这些数据集成为进入市场的重要资源。

（3）数字ID

非洲大陆拥有最高比例的没有合法身份的人，民事登记发现，他们得不到国家提供的基本社会服务，如医疗保健、基础教育或食品服务。然而，数字经济为纠正非洲少数群体遭受的社会经济和结构性排斥等不平等现象提供了机会。

数字身份作为个人数据表达的一种形式，必须根据总体数据治理框架统一构建和实施。数字身份对数据经济中的私营和公共部门都有利，但需要一个强大的信任引导框架来减轻潜在的危害，例如基于不准确（或不公平）数据表示的个人数据滥用、排斥或歧视。此外，尽管公私伙伴关系可能促进社会创业创新，但这种合作可能会在上述危害之外加剧不平等（通过数据滥用）问题。因此，应修订现有国家身份主管部门/机构采用的框架，以反映这些机会、风险和危害。

公平和可靠的数字识别系统是跨各种用例将公共管理数据与其他类型的数据组合和重新利用的核心前提。区域数据政策活动应与同时进行的数字身份活动相一致。公共部门的数字身份举措必须继续以数据治理框架为指导，无论是基础框架还是功能框架。

2. 创建合法、可信的数据系统

可信的数据环境要求用户信任支撑数据经济的整个政治和经济体系。这种制度包括：通过法治保障基本人权；通过协商和透明程序建立体制和条例；要求负责监督数据使用机构以及公共和私人数据生产者，对公共和个人数据的使用负责。管理和监督数据环境人员的包容性和多样性（例如，通过性别多样化的团队）对于建立信任非常重要。一些非洲国家已经具备其中的许多方面。非洲大陆面临的挑战是确保所有国家都具备所有必要的方面，并适当地适应快速发展的数据技术，应对经济挑战。该框架列出了合法且可信赖的数据系统的所有基本组成部分，以便各国能够对其是否完全具备部分或全部组成部分进行基准测试。

因此，针对数据交易、统计数据和基于数据的决策制定的信任必须通过透明和稳健的法律和监管框架来维持，该框架同时保护数据不受损害，并支持促进数据访问、数据共享和数据更改的推动因素。强有力的信任框架以及支持该框架的机构能力，将允许政府从数据中创造价值，最大限度地减少公私数据不对称问题，并遏制数据生态系统中的非竞争行为。

在构建可信数字生态系统的背景下，需要特别考虑三个关键的相互关联领域：网络安全、网络犯罪和数据保护。道德设计和积极监管在确保司法结果方面的作用也值得强调。

（1）网络安全

随着技术的发展和颠覆性技术的采用，新的威胁和不必要的风险就会产生。这不仅影响资产、基础设施和网络，还会影响经济、社会和人民，而最脆弱的群体受到的影响最大。正因为如此，行为者对颠覆性技术的使用，公共和私营部门的规范、规则和安全管理实践可能会影响人们的公平、尊严和安全等基本权利。

虽然政策、法律和法规可以作为抵御威胁和保护人们免受风险的工具，但它们也可以用来使压迫和镇压制度正常化或合法化。因此，任何旨在加强数据安全的网络政策响应都应将相称性要素（包括合法性、正当目的、必要性和充分性）作为任何形式的网络人权限制必须满足的最重要要求。

（2）网络犯罪

数据生态系统凸显了连接公共和私人系统的庞大网络机遇和风险。由于网络犯罪和网络行动的跨国性质，数据安全政策主要在多边全球或区域论坛中制定。虽然非洲对这些论坛的参与有所增加，但非洲非国家行为者的参与仍然有限。此外，一个新出现的政策挑战是评估国家需要何种能力来实施区域和全球商定的网络犯罪公约以及自愿和非约束性的网络规范。

（3）数据保护

非法持有处理过的数据的风险主要由数据主体自己承担，而不是由提取数据价值的实体承担。因此，对于任何寻求利用数据经济潜力的国家和区域政策框架来说，缓解隐私风险的机制和原则都必须成为核心。

虽然这需要建立健全的数据治理机构和法律，但这些法律也需要对其实施的特定环境做出响应，包括考虑社会经济和技术现实以及公众能力。换言之，数据政策框架拟制定的政策法规需要符合现实情况。

例如，非洲有大量的人口是数字文盲，知情同意的数字机制可能不足以保护人民的权利。有一种风险是，获取同意的数字手段，例如选择一个链接到一组冗长法律条款的按钮，实际上并不等同于知情同意，因为意在构成同意的行为可能不是知情行为，或者行为者根本不理解该行为的意义。下文讨论了其他数据管理手段，如在全球范围内兴起的数据信托，以确保人们对其数据的权利得到维护。同样，数据治理的主要框架通常等同于数据保护，数据保护等同于隐私。它在很大程度上被理解为是一种个人权利和个人所遭遇的挑战。但是，在处理公共利益问题时，社区和集体的权利需要重点考虑。

（4）数据正义

数据正义的概念提出了一种比数据保护更广泛的观点。虽然维护权利的数据政策框架对于保护人们的权利至关重要，但当前数据保护规范框架中的个人化隐私概念可能不足以确保更公平地融入可信赖的数据经济。随着世界范围内数据驱动技术，特别是人工智能的迅猛发展，数据正义这一概念越来越受到关注。它试图确保对数据的日益依赖，尤其是对自动决策的依赖，不会延续历史的不公正和结构性不平等。

数据正义也超越了政治权利和正义的概念，扩展到社会和经济权利和监管，这是纠正不平等和确保人们行使权利所必需的条件。与数据可用性、可访问性、可用性和完整性相关的数据治理还有许多其他领域会影响公平包容。如果这些规则符合公众利益，它们将有助于更好地促进社会分配，不仅有助于数据服务消费，也有助于数据服务生产。

成员国应寻求通过网络安全、个人数据保护、法治以及有能力、有责任感的机构，建立一个可靠和值得信赖的数据环境。他们应该通过确保整个系统的合法性，建立对数据治理和国家数据系统的信任。

建议采取以下行动。

- 通过法治保障数字环境中的基本人权。
- 确保仅通过包容、协商和透明的程序建立制度安排和法规。
- 确保负责监督数据使用的机构以及公共和私人数据生产者，对公共和个人数据的使用向数据被使用人负责。
- 加强与其他数据保护机构（DPAs）的合作，确保对整个非洲大陆的个人数据以及个人和集体数字权利的充分保障和相互保护。

- 加强各国之间的法律互助协议和活动，以调查和起诉网络犯罪。
- 确保负责监督个人数据使用的机构被授权拥有数据访问和检查的权力，以执行隐私和数据保护法律法规。
- 进一步确保负责监督个人数据使用的机构在纠正个人数据误用和滥用的侵权方面具有以下纠正权力：

一是向数据控制者或数据处理者发出警告，指出意图实施的处理操作可能违反相关数据保护法律法规。

二是如果处理操作违反了相关数据保护法律法规，对数据控制者或数据处理者进行警告。

三是命令数据控制者将个人数据泄露事件告知受影响的数据主体。

四是实施临时或最终限制，包括禁止个人数据处理。

五是命令暂停向第三国接收方或没有提供与数据输出国类似的充分保护的国际组织传输数据。

六是负责监督个人数据使用的机构应有权协助他人或寻求法院的许可，以协助因个人数据被侵犯而遭受重大损害的人，从数据控制者或数据处理者处获得损害赔偿。

（5）数据伦理

与情境相适应的数据伦理可以降低新数据技术带来的风险。道德规范应该由所有与数据打交道的利益相关群体（包括研究人员、行业协会和数据专家）制定。这些道德规范对于指导数据的使用以及设计和实施数据系统过程都很有价值。

道德规范主要由公司和技术人员定义，因此被批评仅代表了少数人的观点。道德规范作为一种自我监管形式，可以减轻公司的监管责任，但在使用技术时，道德准则可能不足以保障人们的基本权利。

通过共同合作，可以提供符合法律的实践和技术细节，使数据系统具有可信性，因为法律通常比具体的道德规范具有更广泛的应用，但有时不能迅速适应新技术。道德可以前瞻性运作，使伦理设计成为可能，而法律往往在制定和运行上具有滞后性。道德行为准则应体现数字权利，并遵守国际和国家法律。

非盟支持通过考虑公民、消费者、边缘化和弱势群体的声音，使道德准则更具包容性。然而，确保遵守道德守则以及更新这些守则的机制尚不完善。

人权条约作为公民合法代表之间协商一致过程的产物，具有比道德规范更大的合法性，在国家一级通过区域裁决颁布时，可在法律上强制执行。尽管现有的人权机构和裁决者具有针对数据问题制定权利的必要能力，但他们的法律授权可能不足以使他们这样做。

针对以上分析，提出以下几点建议。

- 成员国应鼓励制定和遵守符合非洲背景并促进数字权利和人权保护的道德准则。这意味着处理数据的人，无论他们在哪个部门工作，都必须尊重权利并遵守这些道德标准。这些准则应关注非洲背景下的性别因素，确保它们减少对妇女和女童的伤害和排斥。成员国立法要求所有处理数据的技术和技术提供商都遵守特定的道德准则是不切实际的，因为其中许多技术是在其他司法管辖区设计、构建和运营的。但是，成员国应鼓励自己采用这些道德准则，仅使用遵守批准的道德行为准则的技术和技术供应商。
- 可以考虑授权国家、区域和非洲大陆间的现有人权机制来裁决数据的使用。

建议采取以下行动。

- 成员国必须在公共采购过程中采用符合人权的道德框架。
- 成员国应将对数据道德准则的评估纳入现有人权机构（例如人权委员会）的任务中。

3. *复杂的自适应系统监管的制度安排*

数据经济监管要面向未来，在面临不确定性时做出灵活的监管决策，因此监管机构既需要授权，也需要信心来积极监管。复杂的自适应性监管不仅要应对快速变化和不确定性的挑战，还要应对具有多因素动态特征的数据生态系统的复杂性。

（1）监管机构的能力建设

快速加强的数字化和数据化进程为传统的竞争和消费者保护以及全新的监管领域提出了新的监管挑战。虽然独立、透明和问责制等传统原则继续为数据的有效监管提供帮助，但政策制定者和监管机构需要发展新的能力，以应对这些挑战。

（2）摆脱监管孤岛

虽然不同的机构特点决定现有监管机构是否有能力管理新的治理领域，但显然，需要从传统部门孤岛监管转变为整合的监管行动，或者至少是协调的监管行动。这是由于制定了交叉的数字战略和政策，认识到数字化和数据化的跨领域性质。这对于在受数据经济影响的各个公共服务部门之间建立必要的协调，以及满足特定部门的数据治理需求至关重要。

国家监管机构和政策制定者可以在国际舞台上发挥作用。加强跨境数据流动方面的国际合作，确保数据本地化要求和对跨境数据流动的其他限制不会过度干扰跨境通信，影响全球数据网络可能带来的经济效益和社会效益，并将贸易限制降至最低，同时促进信任。

鼓励在数据隐私和网络安全倡议方面开展区域和国际合作，将数据隐私和网络安全规则和实践简化为共同的区域或全球标准和法律，并允许数据和数字贸易的自由流动。

（3）数据监管机构

在某种程度上，部门监管机构的有效能力取决于制度安排和监管机构执行政策的自主性。能否提高生态系统发展的效率和创新水平取决于生态系统内每个节点的人员和机构是否具备技能和能力，以利用由经济发展和社会政治参与综合网络带来的好处。在国家和区域一级开发一个综合数据系统也高度依赖于有利于获得有用数据的监管和政策框架，增强从数据中创造价值的人力和技术能力，鼓励数据共享和提升互操作性，增加国家以负责任的方式管理公民数据的合法性和公众信任。需要创造在保障权利的同时允许必要数据访问的条件，需要建设机构能力以优化数据潜力，并发展执法机制。创造在保障权利的同时允许必要数据访问的条件，需要建立优化数据潜力的制度能力，并开发执法机制。

（4）竞争

由于非洲的监管机构努力引入和执行传统的竞争监管，因此存在一种危险，即管理动态和适应性系统的静态竞争监管可能会抑制创新并破坏支持创新的基础技术。例如，专注于遏制互联网应用层主导地位的监管可能会对整个互联网及其基础设施产生负面影响甚至损害。监管机构需要谨慎，不要将基于静态效率模型的单边市场竞争规则工具化地应用于新数据平台和基于动态效率的产品，这些产品可能会产生创新的互补产品，从而提高消费者的福利，甚至为其平台上的本地竞争提供机会，同时在潜在的全球市场占据主导地位。

平台不同于市场中的传统运营商，因为它们由多个相关市场组成，这些市场有多个“侧面”，每个侧面都有特定的竞争动态。类似地，OTT 产品（通过互联网向用户提供各种服务）和服务看起来是垂直整合的，但实际上它们是互补的和增强竞争的。这些挑战要求监管机构具有同等的适应性，能够从公共利益的角度管理其复杂性。

（5）消费者保护

由于消费者保护机构不对某一特定部门负责，因此在行使职能时，他们通常依赖其他特定部门的监管机构。与数据治理相关的清晰、强大且可执行的规则可以为数字消费者保护提供充分的防御，同时为开展数字业务创建可预测的结构化框架。能够适应快速变化的技术和条件的敏捷监管协议和机制，可以大大有助于增强对数字生态系统的信任。其中包括遵守与访问数字平台保留的与非个人数据相关的要求、数字服务使用的某些基本算法的透明度、结构化平台基本数据的可移植性以及API的互操作性。

提高消费者数据使用透明度的一种方法是创建透明门户，但这取决于数据监管机构是否有资源来建立、监控和执行违规行为。这为消费者提供了对门户的安全访问，在那里他们可以看到自己的个人数据何时以及与谁共享，使消费者能够质疑未经他们同意共享或使用的数据。这可能不适用于通过假名化或匿名化数据实现的某些类别的公共利益数据共享。

非盟成员国应制定适当的法规，特别是在数据治理和数字平台方面，以确保在数字环境中保持信任。数据监管机构应拥有强制遵守数据法规的必要权力，例如发出警告、处罚违规行为、为数据受害者提供赔偿，以及与包括执法机构在内的其他机构合作的权力。

建议采取以下行动。

- 拥有数据监管机构的成员应评估现有的执法权力是否足够。
- 数据监管机构的成员应该考虑一系列的执法权力以及如何解决执法资源限制问题，如数据监管机构如何利用其他机构的帮助进行执法。

4. 重新平衡法律生态系统

数据保护法、竞争法、网络安全法、电子通信和交易法以及不同类别的知识产权法等法律分支都与数据有关。然而，它们之间可能会发生冲突或矛盾。对数据的集中控制不仅意味着市场进入的垄断，也会影响公共利益。数据、数据流和数据系统的集中极大地增加了网络攻击和数据泄露带来的损害。这些问题不属于竞争监管机构的管辖范围，但本该属于其管辖，因为这些问题涉及公共利益。竞争监管机构应拥有避免数据公司结构性集中化的权利，因为这种集中化会增加全社会发生网络攻击或大规模数据泄露的风险。数据的获取通常是有利于竞争的，但可能与其他法律产生矛盾，如关于数据和数据库的知识产权索赔以及隐私和数据保护。

虽然人们普遍认为原始数据不受任何公认的产权保护，但人们基于不同类型的知识产权、版权、特殊数据库保护、商业秘密和专利，对数据提出了索赔。这些权利都没有包括数据所有权。独特的数据库保护是独有的欧盟法律，只适用于欧洲。在一些国家已将版权扩展到数据库和数据汇编，但即使是这些国家也有不同的规则，一些法院为数据汇编扩展版权，而另一些法院则要求数据的创造性。版权的目的是保护人类作者，它在计算机编译数据库上的应用还不确定。竞争对手之间关于过度使用行业标准数据库的纠纷跨越了版权法和竞争法。一项法院裁决——南非高等法院豪登省分院裁定Discovery有限公司对Liberty集团有限公司提出的一项申请，提供了一个支持数据保护和竞争的解决方案：在这种纠纷中，如果数据是个人性质的，即它是由数据主体“拥有”的，则竞争者不能阻止他人访问该信息。虽然知识产权法适用于数据的问题仍有待解决，但对个人数据权利的主张应被视为比对数据的知识产权主张更为重要，因为数据保护对建设数据经济非常重要。

商业秘密在某些情况下也可能适用于数据，但具体是哪些情况还不清楚。知识产权法的适用既复杂又不确定，但至少可以明确的是，对基于知识产权的数据索赔，即使存在争议，也可能危及数据的有益流动和数据保护。

网络犯罪法禁止未经授权访问、使用或更改个人数据或ID系统。正如在整个政策框架中重申的那样，安全和保障对于政策的有效实施至关重要，并且是建立可信赖系统的门槛要求，尽管这还远远不够。网络犯罪法有可能提高进入数据经济的门槛。非洲联盟颁布的专门针对该地区的《马拉博公约》涉及网络犯罪和数据保护。但是它正等待批准，尚未生效。成员国有机会重新建立一个协调一致的法律体系，以充分平衡相互竞争的利益。

为了确保公平和安全地获取用于创新和竞争的数据，成员国必须建立一个清晰明确并在整个非洲大陆提供保护和义务的统一法律。如有必要，应定期重新审查现有法律文书，以确保它们不会相互冲突，并确保它们在成员国内提供补充性的保护和义务。根据其法律制度，成员国应支持在地方层面简化这些政策，以促进政策在所有经济层面的正确实施。应修订知识产权法以明确它们通常不会阻碍数据流动或数据保护。

建议采取以下行动。

- 作为一般规则，旨在放弃数字权利、个人数据保护和禁止竞争的合同，在法律上应该是不可执行的。这可以在数据保护和竞争监管中阐明，也可以根据具体情况考虑此类合同的促进竞争效果是否超过反竞争效果。
- 国家法律改革委员会或类似的专家法律机构应调查和考虑如何协调处理数据的不同法律分支、监管制度和监管机构。
- 成员国应支持更新或通过竞争法框架和条例，这些框架和条例应该分析竞争问题、设计补救措施和行使其权力，以应对数据驱动市场中的竞争挑战，并建设竞争监管机构实施这些规则的能力。
- 应修改知识产权法，规定以下内容：如果版权完全适用于数据库和数据汇编，则它应仅适用于表现出独创性/创造力的人类作者的作品，并且版权只适用于数据库或汇编中数据的原始排列，而不适用于数据本身；任何版权或其他知识产权，均不适用于个人数据；任何版权或其他知识产权，都受到竞争法规和替代权利的限制，这些权利为当前框架中未设想的本地创新提供保护；调整现有的知识产权制度，以利用下一代前沿技术。

（1）区域和全球治理合作

对数字和数据经济的监管越来越超出单个国家监管机构（NRA）的范围。有效的监管要求监管机构与其所在地区和全球的监管机构合作，以实现互联网作为一种公共产品在数字经济中的生产性。

正式的监管应为自我监管、混合和协作监管模式以及执法监督机制留出足够的空间。监管机构可以探索的工具和补救措施范围很广，从激励和奖励到宽容再到有针对性的义务。监管工具已经扩展到涵盖监管沙盒、道德框架、技术路线图、监管影响评估、多变研究和大数据模拟，以确定最平衡、相称和公平的监管应对措施。人工智能、物联网和在线虚假信息是一些有待解决的复杂问题。

（2）协商和循证立法

为了利用利益相关者的专业知识，监管还应关注公共利益的多方利益相关者协商的结果。通过更好地收集、分析、改进行政数据，监管机构可以大大提升机构内部的决策效率，还能在灵活和适应的框架内为利益攸关方提供更大的确定性，提高监管可信度。

在制定制度安排时，成员国应明确区分政策制定者和监管机构的角色，监管机构应充分独立于国家和行业，以便执行符合公共利益的相关政策。

监管机构应建立在自主、透明和问责的原则上。监管机构应在监管的早期阶段进行监管影响评估，以实施平衡监管和经济增长的最佳方法。监管机构应公布政策执行情况和改善各国监管战略的监管努力。监管机构还需要自筹资金或通过议会拨款获得资金，以实现财务独立。监管决定应以良好的数据为基础，并通过公共协商利用私营部门和民间社会的专业知识。竞争和部门监管机构应采用动态效率模型来避免工具性竞争监管。

建议采取以下行动。

- 明确区分政策制定者和监管者的角色，监管者应充分独立于国家和行业，以执行符合公共利益的政策。
- 设立竞争管理机构，以处理垄断问题。
- 实施明确的部门和竞争主管部门共同管辖程序，以确保数字基础设施和服务部门的协调监管，避免“挑选法院”。
- 数据监管机构应在区域和非洲大陆层面进行合作，以协调其框架，特别是在支持 AfCFTA 方面。
- 受监管机构决定影响的企业，应当有明确的申诉和补救机制，由监管机构之外的不同机构审理，使决定符合自然正义和公平行政行为的规则。

5. 创造公共价值

如果只拥有数据，而没有人力资源、足够的控制或价值激励，则不能发挥数据价值。这些挑战在许多非洲国家存在，在培育数据驱动的公共部门也同样存在。数据评估高度依赖于扶持性的监管和政策框架，这些框架有助于获取有用的数据，增强从数据中创造价值的人力、机构和技术能力，鼓励数据共享和提升互操作性，并提高国家以负责任的方式管理公民数据的合法性和公众信任。此外，支持集成数据系统的数据基础设施是各国的关键战略资产。数据生态系统中各要素相互作用所创造的环境，以及它们之间和内部的关系和非线性过程的性质，决定了技术投资创造激励的干预措施。这些条件取决于市场结构、服务竞争力以及市场监管的有效性。

（1）公共部门能力

公共部门的数字和数据能力是在许多重要领域提供服务的关键决定因素。为公共部门的数据优化创造条件，以更有效地满足公民的需求，是实现社会和经济包容性的必要条件。然而，多维的不平等和重叠的政策，限制了人力和机构加强数字创业文化的能力，以及培育包容性的数字创新社区和促进公平公正的数据生态系统市场的能力。

要建设以数据为驱动的公共部门，公务员队伍需要以领导和政治意愿进行改革，以确保各级公务员对如何利用数据来加强服务和促进政策实施有基本的了解。此外，数据驱动的公共部门需要通用方法和数据基础设施体系结构模型，以解决数据和数据驱动应用程序的潜在跨行业、跨应用程序、跨平台集成和交换问题。

（2）公共数据管理

公共部门负责管理关键的经济发展数据，包括用于多边机构报告的统计数据和经济指标，以及数字身份证等行政数据。这些数据通常是匿名的，并与各种用例中的其他数据结合在一起。

在公共部门，数据经常被用于加强社会契约，缓解政策制定中的信息不对称问题，监测干预措施的影响。匿名的公开数据可以与其他数据集结合用于商业，以降低市场进入成本，颠覆行业，提高效率并促进创新。然而，管理公共数据的机构也面临着各种各样的挑战。

（3）确保公共部门数据的质量和相关性

从技术角度定义数据质量，受到应用场景的影响，如数据可用性、数据类型、领域特征，以及数据使用或收集的方式等。例如，在健康研究中，一个数据质量评估框架将由 30 个或更多的数据质量指标组成，而对于从物联网设备收集的传感器数据质量，可能只考虑两个维度。此外，大数据分析的出现意味着要对数据进行处理和清洗，可以通过提高收集数据的质量，使其可用于各种各样的用例。

由于教育体系不适应数字现实，因此STEM、ICT和数字技能较差，现有人才有限，无法充分利用大数据分析技术和数据科学，从积累或生产的数据中创造价值。公共部门数据管理和数据共享的不足，阻碍了综合数据系统的发展。

鉴于数字化的飞速发展，作为公民数据的主要管理者，公共部门需要获得充足的资源，以保护公民的方式利用数据增强公共利益。实现这一目标的一种方法是与其他国际机构进行有针对性的培训和完成知识共同创造活动。公共数据管理机构已经拥有现有的分析专业（统计学、量化经济学、运筹学和社会研究等），这些现有的资源可以提高技能，并用于提高公共部门的数据价值创造能力。

为了促进对公共数据管理工作的信任，行业监管机构和公共数据管理人员必须确保与行业利益相关者合作。由于私营部门的数据质量评估往往超出公共部门的控制范围，因此行业数据治理工作更适合制定促进高质量数据使用的法律法规。

建议采取以下行动。

- 行业监管机构和公共数据管理员必须根据常见用例、算法和所用数据类型，在关于如何实施数据质量评估的具体指导方针范围内运作。这些准则可以借鉴全球最佳实践，但应根据非洲数据使用情况进行调整。由于创造数据价值需要交换、组合、战略存储和重新利用，公共部门的有效数据质量战略应以技术/实际/运营现实为依据，并应概述各政府机构在收集和维护高质量数据方面的作用、责任和任务。
- 成员国需要参与建立和采用统一的数据标准和系统的规范框架。
- 欧洲大陆的做法有利于发展规模经济，以激励私人投资基础数字基础设施。数据治理法规的区域协调可以进一步降低合规成本，减少ICT相关基础设施投资的不确定性和操作风险。
- 应为收集数据的公共机构提供充足的资源，以支持有关数据的多边论坛，并在适当的行业技术和监管规范、标准和最佳实践的指导下，广泛地获取和负责任地使用数据。

6. 协调行业政策，提升数据价值

竞争、贸易和税收政策密切相关。例如，具有竞争力的本地数据经济可能会增加数据驱动的服务，而贸易开放可以刺激国内数据经济中的国际数字贸易和外国直接投资。然而，这也可能加强全球寡头垄断在国内数据生态系统中的主导地位，造成与跨境数据流动相关的贸易紧张局势。同时，数据驱动的数字商业模式可能会削弱国内竞争并加强市场集中度，因为税务机关难以量化、评估、建立和跟踪数字价值链。

对于成员国而言，在应对数据市场的竞争、贸易和税收挑战时，通过统一方法采取集体行动更有可能取得更好的成果，以适应非洲的情况。

（1）竞争政策

数据驱动的商业模式的动态特征为在数字市场中实施传统竞争政策、有效竞争执法、补救措施和并购监管带来了挑战。解决这些挑战需要先发制人的市场干预，并与消费者保护、贸易、工业化和投资等互补政策持续协作。

竞争政策不仅应考虑到数据市场结构的经济影响，还应考虑到安全和隐私影响，特别是要避免数据代理商或平台的集中，因为这造成了单点市场失灵的风险。因此，竞争监管的执行和事前监管以及政策设计需要针对数据经济进行调整。

（2）贸易政策

数字系统不再在明确界定的国家管辖范围内运行。非洲大陆不同的地缘政治、特点以及机构和人员能力可能会影响数字贸易和区域协调的单边方法。国内采用的跨国界数据战略将需要不同的制度能力，只有基于现有的数据生态系统特点才能有效，这将影响如何在非洲国家内部和国家之间创造或提取数据价值，并将决定谁将在国内和区域层面的数据价值周期中获益最多。此外，实体道路基础设施、邮政可靠性、物流和供应链效率等“线下”因素是促进数字贸易和电子商务的关键推动因素。

为了实现数字贸易，数据必须跨境移动。虽然数据积累可以是一种安全可靠的数据管理方式，但在没有以安全方式使用、交换或重新利用数据的情况下，囤积数据也会产生利用不足的风险，这可能会降低效率并减少数字贸易的其他好处。

虽然非个人数据被跨国界使用和交换，但用户生成的数据和数字服务作为各种工业活动的重要投入，为加强数字服务的出口提供了巨大的空间。因此，针对个人数据跨境流动，出现了三种常见的通用程式化数据治理机制，包括开放转移制度、有条件转让制度和有限转让制度。根据数据类型和用例的不同，这三种程式化的模型也有不同的变体。通常，像个人数据这样的敏感数据比非个人数据有更严格的跨界数据要求。数据保护规则和标准也可以纳入卫生和金融等监管严格的行业的部门条例，因为这些行业需要更严格的质量评估和伦理考虑。

选择程式化的跨境数据保护机制时，应该在促进公平的经济发展和提供充分的数据保障之间取得平衡。成员国需要根据其经济现实和发展重点，了解不同跨境数据治理机制的经济影响。

电子商务平台让消费者以更有竞争力的价格从更广泛的选择中受益。加强电子商务的策略不能孤立地制定，因为电子商务涉及许多其他问题，包括数字身份识别、数据治理、关税、跨境数据流、网络安全、支付系统互操作性、消费者保护、竞争、税收和标准等。此外，提高电子商务的使用率需要解决诸如互联网普及率、邮政可靠性、支付服务的使用以及互联网服务器的安全性等问题。

贸易协议本身并不是合适的跨境数据治理工具。目前使用贸易协定来管理跨境数据流动的常用方法，并没有管理跨司法管辖区数据使用的、具有约束力的、通用的或可互操作的规则。然而，在《非洲大陆自由贸易区协定》的背景下，除了即将出台的电子商务和服务贸易协议之外，采用协调一致的方法来应对国内数据化相关的挑战，将有助于更好地协调区域内各种相互重叠的数字贸易和电子商务。

针对以上分析，提出以下几点建议。

- 为了培育具有竞争力、安全、可信赖和可访问的数据生态系统，竞争管理机构需要找到协调、有效的方式来监管集中度，同时在整个非洲大陆不同发展需求的背景下，保留占主导地位的企业所提供的利益。这包括在市场竞争问题升级之前对其进行事前监管。
- 税收、竞争和贸易领域的决策者需要培养人力和提升技术能力，以解决可能影响数据驱动市场的传统部门任务之外的新问题。
- 成员国必须以相辅相成的方式促进实现互补政策领域制度的可预测性和一致性。这样做可以引导产生新的动态数据驱动的商业模式，这些模式可以促进非洲内部的数字贸易和培育以数据为驱动的创业精神。同时，决策者应注意经济成果与数据治理之间的双向联系，并仔细权衡利弊。
- 成员国应采取协调、全面和统一的区域方法应对与数字经济相关的全球治理挑战，例如：在实施竞争政策方面开展跨境合作，以应对数据驱动的数字市场中的反竞争行为；通过监管和其他活动提升数据可移植性；经济合作与发展组织（OECD）在防止数据驱动型企业的避税行为所做的努力；世界贸易组织（WTO）在数据支持服务和电子商务方面的协议；建立协调一致的区域基础数据基础设施和数字数据系统发展倡议；加强人力、技术和机构能力，以支持数据互操作性、价值创造和公平参与数据经济；促进有关数据、大数据分析和人工智能的技术标准、道德、治理和最佳实践的国际协调。

建议采取以下行动。

- 政策制定者应注意经济成果与数据治理之间的双向联系，并仔细权衡利弊。不同的国家实体必须努力建立安全和负责任的数据共享框架，以促进数据需求、数据互操作性、跨境数据流动、数据价值链以及非洲数字转型战略（DTS）分配的关键优先领域内的开放数据标准和系统。
- 要使数据使用高效、包容和创新，就需要不同职责的监管机构之间进行协作，并在电信、金融、竞争、贸易、税收和数据监管等相互关联的政策领域协调市场监管。
- 竞争管理机构或相关机构需要培养人力和技术能力，以解决可能影响数据驱动市场的市场集中度以外的新的竞争问题。
- 市场定义指南、评估支配地位、反竞争做法、兼并评估、损害理论和设计补救措施等传统竞争工具，需要结合数据的动态性和数据驱动业务的特征进行调整。
- AfCFTA签署方需要确定电子商务协议如何与现有法律和政策一起运作，并且需要考虑和支持其他协议的目标，例如投资、知识产权和竞争政策。发展和加强公私对话机制，以改进与电子商务相关的政策制定。

（3）税收政策

全球平台的利润目前在何处征税，以及数字经济中数据在何处以及如何创造价值，两者之间是不一致的。在非洲，大多数国家主要是全球平台的数据市场，用户对平台利润的贡献可观，但没有合理的价值捕获机制。目前，非洲的数据流量以每年41%的速度增长，这意味着该地区的全球数字平台所提供的服务越来越普及。虽然多边机构一直在持续参与，主要由经合组织的税基侵蚀和利润转移（BEPS）包容性框架牵头，但尚未就数字税收的不同提议选项达成全球共识。

一些非洲国家不愿推迟对数字服务征税，或者没有意识到国际改革对其自身的好处，已经在实施单边机制，比如征收数字服务税和基于重要经济（数据）的均衡税，通过在其管辖范围内对数字经济的某些部分征税来获取一些数据价值。再如，扩大电信行业的特定行业税收，对移动货币交易和该地区一些过顶通信应用（OTT）的使用征税，如WhatsApp、Facebook、Twitter、Skype和Instagram。虽然这些税收是为了增加政府收入，但对消费者的负面影响减缓了数字接入速率，降低了包容性，并限制了公民的言论自由权。在供应方面，电信部门税收的增加对居民部门运营商的利润产生了负面影响，而基于数据的OTT在当地基本上免税。

从主权和税收优惠的角度来看，每个国家都有权对全球数字平台的利润征税，只要这些平台与本国公民和居民有经济互动。然而，尽管数以百万计的非洲公民和居民是全球数字平台运行的数据应用程序的用户，但在现行国际税收制度下的非洲国家没有必要的联系来对这些实体的利润征税。虽然有些平台在非洲国家开设了本地公司，但这些子公司只进行行政支助服务，在法律上不拥有这些平台的资产，因此不会从这些资产中获得任何应计收入。

数字经济的不同税收主张都需要访问交易数据，而全球数字平台目前不愿意共享这些数据。即使在某些数据被访问的情况下，也需要对其进行验证和确认。

在对数字经济征税的背景下，一些非洲国家最近采取的立法和政策措施可能既不利于建立单一市场，也不利于获取国际资源以实现全球公共产品，并满足非洲大陆竞争性数据经济的一些先决条件。新的税收来源可能会让非洲国家取消社交网络和数据服务的消费税，减少对当地市场和全球税收体系的扭曲。

非洲各国政府需要在其管辖范围内增加利用数字化和数据化机制的经济活动，因为在这一职责范围内提高生产力将增强提高税收的能力。这需要在该地区的工业政策范围内发展更多基于数据的本地公司。该途径有助于降低财政合规风险，因为该地区的很大一部分公共数据被外国数据公司捕获和控制。

建议采取以下行动。

- 成员国应支持在区域层面协调数字商品和服务的税收制度，并与全球保持一致，这将减轻与小型数据经济体市场有关的风险，这些市场无法产生显著价值，无法在全球市场上竞争，从而有助于扩大数据驱动价值创造所需的规模和范围，并改善普遍有限的税基。
- 非盟成员国可以与私营部门合作建立一个公共数据基金，通过建立必要的基础设施来提取这些交易数据，这些数据可以作为区域数据共享的一部分被保留，而不仅仅用于税收目的。
- 促进公共数据基金要求非洲国家将其税收管理系统数字化，以便更有效地评估和征收数字平台税。数字税务管理系统将增强税务登记、与国家税务局共享交易数据以及与数字平台交换纳税义务信息的能力，以实现合规，同时降低运营成本。
- 成员国应利用这个机会协调单一数字市场的数字服务税收，以开辟新的税收来源，从而取消对社交网络和数据服务的累退税和财政上产生反作用的消费税，并减少对当地市场和全球税收体系的扭曲。

（四）数据治理

为了使数据治理政策有效，应该鼓励多方利益相关者努力改善数据访问和使用的生态系统，鼓励数据的再利用和组合，以限制与工作流程相关的危害和风险，同时确保各种数据发挥其最大的经济和社会潜力。

1. 数据控制

促进企业和政府对数据的控制是提取数据价值的重要机制。政策有助于限制施加控制的方式，也鼓励实施符合数据政策战略目标的控制机制。

（1）数据主权

数据控制在国家层面上也可以理解为数据主权。数据主权借用了主权民族国家的概念。它指的是在国家互联网基础设施中产生或经过的数据应该受到国家的保护和控制。在数字背景下，它可以被理解为网络主权的一个子集，定义为网络领域对地方司法管辖的征服。存在弱数据主权和强数据主权两种方法。弱数据主权是指私营部门主导的数据保护倡议，强调数据主权的数字权利方面。强数据主权倾向于国家主导的方法，专注于维护国家安全。

一般来说，只有在某些条件下才允许将个人数据转移到另一个国家，例如，当另一个国家的法律要求对个人数据处理提供足够的保障措施（包括隐私和安全）时。各国往往行使数据主权以保护其公民的权利，例如通过规范数据跨境流动的数据保护制度来维护数据主体的权利，通常是通过制定数据保护标准和对等保护交换数据的协议。虽然充分的法律标准是互惠的必要条件，但各国执行共同商定标准的实际能力也是必要的。确保健全的数据治理实践是实现数据主权的基本步骤。

（2）数据本地化

虽然数据本地化通常被视为国家主权的表现形式，但作为一种可能的政策选项，数据本地化需要在成本效益的基础上进行评估。这一政策选择可能会带来现实的挑战。虽然数据本地化有时是出于保护数据主体的需要，但数据本地化也可以应用于非个人数据。这就是为什么必须在控制的背景下解读数据本地化，以便在政策中强调能够促进主权行为的支持机制的重要性。严格的数据本地化规则要求将所有数据存储在本地，而不仅仅是一份副本，这使得这些数据容易受到安全威胁，包括网络攻击和外国监视。

一些非洲国家面临着严重的技术能力限制，因此本地化能力需求可能远远超过国家数据中心的能力。同时，要求提供数据副本可能会使当地公司承担不适当的财务义务。

针对以上分析，提出以下建议。

- 成员国应优先考虑政治中立的伙伴关系，考虑自身主权和国家所有权，避免外国干涉，以免影响非盟成员国的国家安全、经济利益和发展。
- 非盟成员国有权根据其优先事项和利益制定数字和数据规则，特别是保护国家和公民的信息安全，防止第三方不公平地侵占资源和当地市场。
- 需要建立双边和多边协定，以行使国内主权和控制权，并需要对侵权行为采取追索行动。
- 需要根据对人权的潜在危害来评估本地化。
- 数据本地化要求数据特异性。数据本地化解决方案已经在跨不同司法管辖区部门垂直数据孤岛中得到明确阐述。例如，尼日利亚制定了某些形式的金融数据本地化，澳大利亚规定了健康数据本地化的形式，等等。在这一领域，为了促进更广泛的流动，在符合非洲自由贸易区等政策要求的情况下，非常需要明确的内容，以有助于最大限度地降低当地企业和创新者的成本，降低意外后果的风险。
- 数据政策不仅需要通过特异性来明确，还需要清晰的数据分类，这可以允许成员通过建立安全分类或特定级别的数据敏感性来行使主权。这些应该在数据政策中得到一致的应用。
- 应该将数据基础设施开发作为一种施加控制的机制，但必须考虑到环境影响、安全和安保基础设施、本地数据社区的重复成本以及总体成本等因素。
- 应对公共部门的能力进行投资，为国内有效的数据控制举措提供资源。
- 数据主体权利设计应明确提供有效的个人数据控制。应将探索数据信任和管理，作为有效控制个人数据的另一种形式。

建议采取以下行动。

- 数据保护机构（DPA）需要充分授权。
- 各成员国在执行方面处于不同阶段，要鼓励其发展战略行动采取国际和区域合作的做法。
- 起草者应通过风险评估和鼓励多方利益攸关方参与来设计政策中的数据本地化解决方案。

- 数据基础设施政策应与政策起草者的数据控制要求保持一致，但必须考虑网络安全、个人数据保护、环境风险和成本。
- 公共行政和投资政策应优先与数据控制能力保持一致。
- 通过政策和资产配置，确保相关机构在数据保护、网络安全和机构数据治理方面的能力建设。

2. 数据处理与保护

数据管制原则有助于概述个人和非个人数据的划分和义务，而数据处理则旨在概述处理个人数据的政策准则。对非个人数据的监管是由数据分类和特定的访问规则决定的。

这些形式的指导是实现隐私和数据保护的重要机制。个人数据处理是数据治理和培养信任环境的关键组成部分。建立信任被理解为培育健全的数据和数字经济的必要组成部分。作为个人数据处理的一个方面，数据主体权利也为确保数据的完整性和质量提供了好处。

在开发数字技术和系统时，可以采用“设计隐私保护”的方法，在设计和开发过程中默认将隐私纳入技术和系统。例如，它可以在其数据收集中确立极简原则，或自动进行严格的身份识别。这意味着在设计产品时，将隐私作为优先事项。这种设计还应包含对数据主体如何使用产品及维护隐私能力的特殊理解。

去标识化技术，包括匿名化和假名化，可以促进数据的部分使用，同时提供部分数据保护。虽然匿名化和假名化都可以使私人服务提供者和公共部门更好地利用数据，但它们都依赖于当前的技术和运算情况。随着新的数学运算方法的发展，以及计算机处理能力的增强，之前被认为无法识别的数据可能会变得可以识别。虽然数据保护法规通常要求去身份识别，但如果数据主体没有强大的法律权利，监管机构也没有能力实施数据保护。

针对以上分析，提出以下建议。

- 必须建立独立、有资金和有效的数据保护机构。此外，作为一种确保有效性的方法，有明确范围的问责制度对于帮助数据保护机构至关重要。必须建立合法的数据处理框架，包括明确的威慑性惩罚措施，以确保合规。它们必须涵盖所有相关的数据处理参与者。
- 在部署个人数据技术发展的过程中，应该有义务进行个人数据风险评估。

- 一个重要的子原则是最小化原则，它必须在公共和私人利益攸关方的数据处理框架下执行。个人数据收集的最小化是减轻数据主体风险和伤害的有效机制之一。
- 应探讨行为守则，以促进数据和部门的具体需求。经相关数据保护机构批准的此类守则可以提供部门和行业的专业知识，管理与处理相关的实际风险和危害，并确保在管理这些危害方面采取最佳做法。

建议采取以下行动。

- 数据处理框架应由所有相关的利益攸关方伙伴合作建立，但最好由数据保护机构推动。
- 数据保护机构应作为一个紧急事项与关于个人数据保护的国家立法一起建立。

3. 数据获取和互操作性

数据获取和可及性既可以从法律和法规所促进的被动获取形式来理解，也可以从主动的数据获取形式来理解。可访问性还涉及跨代理或跨部门的数据共享，然而，这需要不同代理之间具有互操作性。

因此，提出以下几点建议。

- 在公共数据的创建和维护中，应优先考虑开放数据标准。
- 应支持数据可移植性。
- 数据伙伴关系应作为推进高质量数据和保护隐私的机制被优先考虑。
- 数据分类可以作为一种方法，在处理许可和安全原则内确保数据处理框架的内聚性。
- 对处理的限制需要明确阐述，以免干扰低风险处理。

建议采取以下行动。

- 成员国应制定开放数据政策，为数据的生产和处理制定开放标准。
- 应审查部门法律和数据保护机构的行为准则，以确保其能与数据政策相匹配，合法地获取数据。
- 数据保护机构应具有信息获取和隐私保护双重功能。
- 应在卫生、研究和规划等数据部门优先实施多部门开放数据举措。

4. 数据安全

数据安全的概念包括许多方面，从数据中心硬件和存储设备的物理安全到管理访问控制，以及网络、软件和应用程序的逻辑安全，还包括组织程序和政策。

从监管的角度来看，机密性、完整性和数据可用性是由国家网络安全政策和立法决定的。数据的安全性（包括机密性、完整性和可用性）也不依赖于承载这些数据的服务器的物理位置。相反，它是由公共或私人服务提供商在存储、访问、共享和使用数据的过程中制定的规范性规则决定的，包括规范、政策、法规、法律和协议（如数据标准和技术接口），以及技术和安全措施（如加密、防火墙和访问控制）。

增加数据安全立法和技术措施，既可能提高保密性、完整性和可用性，也可能破坏基本自由和隐私权、尊严和在线安全（消极安全）。例如，一些国家可能通过制定网络安全立法，对数据共享和传输进行限制，以保护用户的数据安全。但这可能成为数据自由流动的障碍。从网络安全的角度来看，一些国家可能认为，如果数据存储在本国境内，就会更加安全。各国可能会错误地将其称为数据主权原则，而这些措施只是数据保护主义和数据本地化的一种形式。

在数据安全方面，一个难以坚持的原则是透明度。虽然各国向执法部门报告的攻击事件数量不断增加，但这方面的改进几乎完全是由数据保护法规推动的，而且报告的事件主要是数据泄露。另外，提高数据安全的透明度既需要技术，又需要与评估网络能力成熟度有关的政策。数据安全的透明度有可能改善针对攻击的技术和程序性防御机制，并加强基于信息共享的合作实践。

针对以上分析，提出以下建议。

- 成员国应制定国家网络安全政策以及必要的法律和技术措施，以维持对其数字空间的信任。
- 鼓励成员国开展区域合作，制定公共和私营部门都能满足的网络安全标准，以促进区域经济增长。
- 数据政策应与网络安全和网络犯罪政策保持一致，处理网络犯罪的立法应尊重人权。
- 建立针对网络攻击的联合制裁机制。

建议采取以下行动。

- 尚未制定网络安全措施的成员国应立即制定网络安全计划，并在政府治理结构内对其进行精简，以促进稳健性和减少脆弱性。
- 像CSIRT这样的网络安全机构应该被纳入数据政策的制定中。
- 数据处理作为一种安全保护的形式，应该由政策制定者在政策中明确规定。

- 应通过政策和资产配置，确保相关机构在数据保护、网络安全和机构数据治理方面的能力建设，并可得到数据保护机构的支持。

5. 跨境数据流动

关于国际和区域贸易的一个日益重要的问题是个人和其他数据的跨境转移。对于非洲来说，促进跨境交易和个人数据跨境流动的国际和区域框架对于建立共同市场，特别是实现非洲自由贸易区至关重要。个人数据的跨境转移是由一个国家想要追求的数据主权方式决定的。然而，这种方式受到了现代数据流动现实的挑战。对所谓的“数据流动”说法的批评，以及对发展中的数字红利的收益程度的批判应该得到承认，但也应该承认大量的数据流动实际上是在企业内部而不是企业之间横向发生的。

还值得一提的是，人们普遍认为数据的转移取决于接收国是否有足够的保护水平。然而，什么是“足够”的保护水平经常由一个国家的数据保护机构或类似机构决定。因此，在接收国没有数据保护法的情况下，个人数据的转移不能受到适当的监管，除非一个国家的法律禁止将数据转移到没有足够保护水平的国家或地区，或通过转移方之间的合同建立双边义务。

现实情况是，对跨境数据传输的广泛限制可能导致商业机会的损失，并降低组织进行国际贸易的能力，进而导致跨国订单的减少和市场竞争力的丧失。与其他司法管辖区的法规同步的数据监管有助于相互信任，并为可信数据交换（包括但不限于个人数据交换）奠定基础。从这个意义上说，个人数据保护监管能够促进和改善人员、货物和服务跨境流动的信任和贸易。

针对以上分析，提出以下建议。

- 数据保护框架应为跨境数据流动提供最低标准。
- 规范和标准应明确确保互惠性，并将其作为允许跨境流动的核心原则。
- 应优先考虑数据的特殊性，以避免对生产数据共享进行非预期性限制。
- 执法方面的考虑应被纳入政策制定过程中。
- 为确保有效的跨境处置，必须确保不同机构具有一定的数据处理能力。
- 非洲联盟成员应严格定义一个框架和模式，以规范跨境数据流动，并确定有权管理这一系统的非洲实体和人员。

建议采取以下行动。

- 数据保护机构应确定数据传输的最低标准。
- 应通过政策和资产分配确保相关机构在数据保护、网络安全和机构数据治理方面的能力建设，最好由数据保护机构与教育机构和政府技能计划和小组共同推动。

6. 数据需求

一些有意义的数字经济建议有助于创建更广泛的数据生态系统，同时也需要一些具体的政策干预措施来刺激数据需求。相关政策在促进各利益相关方有效使用数据的同时，也需要考虑实际情况，比如数据生态系统中许多本地参与者的数据实际上是数据稀缺而非饱和的。

针对以上分析，提出以下建议。

- 在创新政策中应优先考虑数据社区。这些社区需要国内政策的激励和支持，包括积极促进数据中心和其他形式的社区创新，这可以帮助培养数据能力和数据文化，民间社会行为者也应更广泛地参与其中。
- 对数据管理的监管规定应包括对监管沙盒的规定，以鼓励本地数据的发展。

建议采取以下行动。

- 政策制定者应将数据社区纳入数据政策制定过程中。
- 部门实施者应将数据社区纳入开放政府数据倡议的建立过程中。
- 大学应作为相关的政策利益相关者被纳入其中，以帮助建立“知识库”，使当地的数据经济能够从中获取足够的科学和技术知识。

7. 特定部门和特殊类别数据的数据治理

某些类别的数据和某些特定部门需要有针对性治理的数据，需要考虑到影响该类别或部门的具体问题。健康数据或儿童数据等类别，与金融数据等特定部门的类型不一样，两者都可能需要不同的处理。然而，特殊处理会造成数据孤岛的问题，使数据的可用性降低，并可能提高合规成本，尤其是在有不兼容的法规或要求时。特殊处理有时是必要的，但应与一般的数据治理和政策框架相协调。

数据访问和互操作性的一个关键建议是，应识别和明确规定需要特别考虑的数据类型，以便对该数据的特殊访问和其他要求与一般数据规则相结合。正如在数据本地化中所讨论的，明确规定的数据类型有时会受到数据本地化的限制，以追求数据类型所特有的政策目标。在数据处理和保护建议中，建议在国家数据保护机构批准的情况下，将行为准则用于对特定部门的要求。

针对以上分析，提出以下建议。

- 成员应避免使用未融入国家数据制度且不符合良好数据治理原则的特殊数据制度。
- 治理机制和政策应能够为儿童数据、健康数据和其他类型的敏感数据或部门特定数据制定类别和部门特定数据治理方案，这些数据或部门数据应在符合框架原则的前提下被区别处理。

（五）国际和地区治理

在跨国和非洲大陆层面，特别是在提供网络安全能力和解决与数据经济变化相关的数据保护问题方面，国家间的合作越来越重要。需要合作的范围包括政府之间的对话，与私营部门的合作，以及调查和起诉跨境违法行为等。考虑到现有的国家或其他分散的系统的局限性，建立一个全球信任架构对于确保数字经济和数字包容至关重要。

某些国际和非洲大陆范围内的倡议是推动实施的基础步骤。例如，非洲联盟和各区域分别关于数字编码的遗传数据，以及地理和环境数据的倡议，非洲联盟委员会将确保这些倡议与正在进行的数据政策工作相协调。

非洲联盟在泛非组织的支持下，应采取以下措施。

- 通过在数字生态系统社区内建立一个协商框架，促进整个非洲大陆处理数据的各个实体之间的合作，以保障每个参与者的利益。
- 加强与其他地区的联系，协调非洲在与数据有关的国际谈判中的共同立场，以争取全球数字经济中的平等机会。
- 支持发展区域和非洲大陆的数据基础设施，以承载先进的数据驱动技术（如大数据、机器学习和人工智能）以及必要的有利环境和数据共享机制，以确保数据在整个非洲大陆的流通。

1. 非洲大陆的数据标准

为了促进跨境合作，必须就数据标准达成共识，这是推进互操作性的一个整体考虑因素。这些多利益相关方形式的共识应参考通过国际标准化组织所做的工作以及在具体部门背景下达成的其他形式的国际共识。然而，尽管国际标准化对于竞争力至关重要，但应注意这些国际标准可能不足以满足该地区的需求。

针对以上分析，提出以下建议。

- 关于数据标准的共识应该参考国际标准化组织的工作，以及其他相关论坛。

- 在制定标准时需要对影响非洲大陆的背景因素进行具体思考。

建议在非洲联盟内部建立或授权一个机制，以集中管理和授权区域性的数据标准。

2. 开放数据门户等举措

一些重要的开放数据举措已经集中实施，应该以健全的区域数据经济的名义继续予以支持。这些举措包括非洲开发银行开放数据门户、由制度驱动的举措，以及组织一些志愿团体。

3. 非洲大陆机制

建议尽快批准《非盟网络安全和个人数据保护公约》，作为协调数据处理的基础步骤。还应探讨该公约的附加议定书，以反映自起草以来的变化。

《非洲大陆自由贸易协定》为数据政策框架的若干重要方面提供了合作机会，最显著的是在竞争、知识产权和投资协议方面。

针对以上分析，提出以下建议。

- 促进和推动非盟成员国内部和他们之间的数据流动，综合考虑非洲的情况，即不同的数字准备程度、数据成熟度以及法律和监管环境，制定跨境数据流动机制。
- 制定一个共同的数据分类和共享框架，促进数据的跨行业和跨境流通。
- 在非洲当局网络（RAPDP）的支持下，与非盟成员国负责个人数据保护的国家当局密切合作，建立一个协调机制和机构，监督个人数据在非洲大陆的转移，确保在国家一级遵守现有的数据和信息安全法律和规则。
- 在非盟成员国和其他非盟机制之间实现数据共享，加强互操作性。
- 在非洲大陆建立一个安全、有弹性的网络空间，通过制定非盟网络安全战略和建立业务网络安全中心，减少与网络攻击、数据泄露和滥用敏感信息有关的风险和威胁，并提供新的经济机会。
- 在非洲联盟内部建立机制和机构，以建设相关能力并向非盟成员国提供技术援助，并将这一数据政策框架纳入成员国内。
- 建议非洲自由贸易区竞争章节的谈判应设定最低标准，以确保价值链中的创新者、企业家和其他人能够获得非个人专有数据，以鼓励整个非洲大陆的竞争。
- 非洲自由贸易区的成员应考虑在竞争章节中加入以下条款：规定竞争主

管部门在考虑市场结构问题时，也要考虑市场结构的安全和隐私影响，避免数据经纪人或平台在国内和区域内过度集中。

- 非洲自由贸易区的成员还应该考虑在非洲自由贸易区的知识产权章节中加入条款，阐明数据在知识产权方面的状态，特别是：如果版权扩展到数据库和数据汇编，那么它只适用于由人类作者创建并显示出独创性的数据库和汇编，而且版权仅限于对数据库中原始数据选择和排列的复制，而不涉及数据本身；任何版权或其他知识产权，包括能够控制数据的商业秘密，都不适用于个人数据；任何版权或其他知识产权，包括能够控制数据的商业秘密，都受到竞争条例规定的限制。

建议采取以下行动。

- 成员国应批准《非盟网络安全和个人数据保护公约》，并根据需要制定附加议定书，以反映自起草以来的变化。
- 在非洲联盟内部建立或授权一个机制，以集中管理数据标准方面的区域参与。
- 一旦通过《非盟网络安全和个人数据保护公约》，应立即探索与非洲自由贸易区进程的衔接。
- 将数据纳入非洲自由贸易区关于竞争和知识产权章节的谈判中。
- 商定共同和一致的标准，以评估整个非洲大陆个人数据保护水平的充分性，以促进和实现数据的跨境转移和标准化保护。

4. 非洲大陆与区域机构和协会

区域机构和协会为在数据问题上建立统一的区域声音创造了一个核心机制。许多协会已经存在，确保本框架的实施与现有协会对话是一项优先建议。非洲大陆和区域机构尤其重要，因为要从数据中获益，需要数据流动的跨境性质。

区域经济共同体作为非洲联盟的组成部分，可以协助成员国建立相关能力，将数据政策本土化，就数据政策的协调达成共识，参与标准制定，并实现数据流动。

非洲人权和人民权利法院、东非法院和西非国家经济共同体法院提供了较好的能力来裁决有关隐私和平等的复杂争端。南部非洲发展共同体法庭一旦被重新接纳，也可以为数据争端提供一个论坛，尽管其授权范围更加有限。大陆和区域裁决机制最适合解决跨境数据争端。

现有的信息通信技术协会，如区域监管机构协会（ART- AC、WATRA、CRASA和EACO），是跨境协会同行学习的重要机制。随着跨境工具和标准的发展，它们也可以促进合作和知识共享。

非洲竞争论坛将自己描述为“非洲国家和跨国竞争机构的非正式网络”。非洲竞争论坛可以为竞争管理机构创造能力，以更好地监管数据问题。

针对以上分析，提出以下建议。

- 通过建设非洲数据保护当局网络和ICT监管机构区域协会的能力，加强非洲国家和地区之间的监管合作和知识共享。
- 应明确授权现有的大陆和区域裁决机制，处理涉及数字权利、数据权利以及跨境数据纠纷的数据问题。
- 非洲税务当局应通过非洲税务管理论坛进行合作，以形成非洲的立场，在国际税收改革进程中更有效地代表共同利益。
- 建立非洲年度数据创新论坛，并将其作为多方利益攸关方讨论的平台，促进国家之间的交流，提高政策制定者对数据是当今数字经济引擎的认识。